软件入门与提高丛书

Dreamweaver CS5 入门与提高

李敏虹　编著

清华大学出版社

北　京

内 容 简 介

本书以 Dreamweaver CS5 这个网页设计业界的标准应用软件作为教学主体，通过由浅入深、由基础操作到案例设计的方式，详细介绍了 Dreamweaver CS5 软件的界面操作和文档管理基础、网页文本编辑、网页图像设计、表格在网页布局中的应用、定义 CSS 规则优化网页元素外观、框架网页及各种链接技巧、行为特效与 Spry 特效应用、网页表单与数据库结合的动态设计，最后通过"个人网店"、"糖果树科技"网站、"缘海社区"网站以及"数码天堂"网站的综合实例，完整地介绍了 Dreamweaver CS5 网页设计的方法和动态功能模块开发的应用。

本书既可作为大中专院校相关专业师生和网页设计培训班的参考用书，也可作为从事网页设计与开发行业的人员以及众多 Dreamweaver 网页开发爱好者或业余用户的指导用书。

图书在版编目(CIP)数据

Dreamweaver CS5 入门与提高/李敏虹编著. --北京：清华大学出版社，2012.8(2018.2 重印)
(软件入门与提高丛书)
ISBN 978-7-302-28344-7

Ⅰ. ①D…　Ⅱ. ①李…　Ⅲ. ①网页制作工具，Dreamweaver CS5　Ⅳ. ①TP393.092

中国版本图书馆 CIP 数据核字(2012)第 046748 号

责任编辑：汤涌涛
装帧设计：刘孝琼
责任校对：周剑云
责任印制：王静怡
出版发行：清华大学出版社
　　　　　网　　　址：http://www.tup.com.cn, http://www.wqbook.com
　　　　　地　　　址：北京清华大学学研大厦 A 座　　　　邮　　编：100084
　　　　　社 总 机：010-62770175　　　　　　　　　　邮　　购：010-62786544
　　　　　投稿与读者服务：010-62776969, c-service@tup.tsinghua.edu.cn
　　　　　质量反馈：010-62772015, zhiliang@tup.tsinghua.edu.cn
　　　　　课件下载：http://www.tup.com.cn, 010-62791865
印 刷 者：清华大学印刷厂
装 订 者：三河市铭诚印务有限公司
经　　销：全国新华书店
开　　本：203mm×260mm　　　印　张：26.5　　　字　数：673 千字
　　　　　(附 DVD 1 张)
版　　次：2012 年 8 月第 1 版　　　　　　印　次：2018 年 2 月第 5 次印刷
印　　数：6801～7600
定　　价：49.00 元

产品编号：044099-01

普通用户使用计算机最关键也最头疼的问题恐怕就是学用软件了。软件范围之广，版本更新之快，功能选项之多，体系膨胀之大，往往令人目不暇接，无从下手；而每每看到专业人士在计算机前如鱼得水，把软件玩得活灵活现，您一定又会惊羡不已。

"临渊羡鱼，不如退而结网"。道路只有一条：动手去用！选择您想用的软件和一本配套的好书，然后坐在计算机前面，开机、安装，按照书中的指示去用、去试，很快您就会发现您的计算机也有灵气了，您也能成为一名出色的舵手，自如地在软件海洋中航行。

《软件入门与提高丛书》就是您畅游软件之海的导航器。它是一套包含了现今主要流行软件的使用指导书，能使您快速便捷地掌握软件的操作方法和编程技术，得心应手地解决实际问题。

本丛书主要特点有如下几个方面。

◎　软件领域

本丛书精选的软件皆为国内外著名软件公司的知名产品，也是时下国内应用面最广的软件，同时也是各领域的佼佼者。目前本丛书所涉及的软件领域主要有操作平台、办公软件、计算机辅助设计、网络和 Internet 软件、多媒体和图形图像软件等。

◎　版本选择

本丛书对于软件版本的选择原则是：紧跟软件更新步伐，推出最新版本，充分保证图书的技术先进性；兼顾经典主流软件，给广受青睐、深入人心的传统产品以一席之地；对于兼有中西文版本的软件，采取中文版，以尽力满足中国用户的需要。

◎　读者定位

本丛书明确定位于初、中级用户。不管您以前是否使用过本丛书所述的软件，这套书对您都将非常合适。

本丛书名中的"入门"是指，对于每个软件的讲解都从必备的基础知识和基本操作开始，新用户无须参照其他书即可轻松入门；老用户亦可从中快速了解新版本的新特色和新功能，自如地踏上新的台阶。至于书名中的"提高"，则蕴涵了图书内容的重点所在。当前软件的功能日趋复杂，不学到一定的深度和广度是难以在实际工作中应用自如的。因此，本丛书在帮助读者快速入门之后，就以大量明晰的操作步骤和典型的应用实例，教会读者更丰富全面的软件技术和应用技巧，使读者能真正对所学软件做到融会贯通并熟练掌握。

◎ 内容设计

本丛书的内容是在仔细分析用户使用软件的困惑和目前电脑图书市场现状的基础上确定的。简而言之，就是实用、明确和透彻。它既不是面面俱到的"用户手册"，也并非详解原理的"功能指南"，而是独具实效的操作和编程指导，围绕用户的实际使用需要选择内容，使读者在每个复杂的软件体系面前能"避虚就实"，直达目标。对于每个功能的讲解，则力求以明确的步骤指导和丰富的应用实例准确地指明如何去做。读者只要按书中的指示和方法做成、做会、做熟，再举一反三，就能扎扎实实地轻松入行。

◎ 风格特色

1. 从基础到专业，从入门到入行

本丛书针对想快速上手的读者，从基础知识起步，直到专业设计讲解，从入门到入行，在全面掌握软件使用方法和技巧的同时，掌握专业设计知识与创意手法，从零到专迅速提高，让一个初学者快速入门进而设计作品。

2. 全新写作模式，清新自然

本丛书采用"案例功能讲解+唯美插画图示+专家技术点拨+综合案例教学"写作方式，书的前部分主要以命令讲解为主，先详细讲解软件的使用方法及技巧，在讲解使用方法和技巧的同时穿插大量实例，以实例形式来详解工具或命令的使用，让读者在学习基础知识的同时，掌握软件工具或命令的使用技巧；对于实例来说，本丛书采用分析实例创意与制作手法，然后呈现实例制作流程图，让读者在没有实际操作的情况下了解制作步骤，做到心中有数，然后进入课堂实际操作，跟随步骤完成设计。

3. 全程多媒体跟踪教学，人性化的设计掀起电脑学习新高潮

本丛书有从教多年的专业讲师全程多媒体语音录像跟踪教学，以面对面的形式讲解。以基础与实例相结合，技能特训实例讲解，让读者坐在家中尽享课堂的乐趣。配套光盘除了书中所有基础及案例的全程多媒体语音录像教学外，还提供相应的丰富素材供读者分析、借鉴和参考，服务周到、体贴、人性化，价格合理，学习方便，必将掀起一轮电脑学习与应用的新高潮！

4. 专业设计师与你面对面交流

参与本丛书策划和编写的作者全部来自业内行家里手。他们数年来承接了大量的项

目设计，参与教学和培训工作，积累了丰富的实践经验。每本书就像一位专业设计师，将他们设计项目时的思路、流程、方法和技巧、操作步骤面对面地与读者交流。

5. 技术点拨，汇集专业大量的技巧精华

本丛书以技术点拨形式，在书中安排大量软件操作技巧、图形图像创意和设计理念，以专题形式重点突出。它不同于以前图书的提示与技巧，是以实用性和技巧性为主，以小实例的形式重点讲解，让初学者快速掌握软件技巧及实战技能。

6. 内容丰富，重点突出，图文并茂，步骤详细

本丛书在写作上由浅入深、循序渐进，教学范例丰富、典型、精美，讲解重点突出、图文并茂，操作步骤翔实，可先阅读精美的图书，再与配套光盘中的立体教学互动，使学习事半功倍，立竿见影。

经过紧张的策划、设计和创作，本丛书已陆续面市，市场反应良好。本丛书自面世以来，已累计售近千万册。大量的读者反馈卡和来信给我们提出了很多好的意见和建议，使我们受益匪浅。严谨、求实、高品位、高质量，一直是清华版图书的传统品质，也是我们在策划和创作中孜孜以求的目标。尽管倾心相注，精心而为，但错误和不足在所难免，恳请读者不吝赐教，我们定会全力改进。

编　者

关于本书

Adobe 公司开发的 Dreamweaver 软件是一款功能强大、易学易用的网页编辑工具。用户通过使用 Dreamweaver 可以虚拟一个功能完整的 Web 站点，并通过 Dreamweaver CS5 操作简单的功能完成 Web 页面设计，不仅可以制作形式丰富的多媒体网页，还可以配合数据库制作具备信息互动的动态网页，是现如今使用最广泛的一款网页开发软件。

本书采用成熟的教学模式，以入门到提高为教学方式，通过 Web 设计入门知识到软件应用方法，再到综合案例作品设计这样一个学习流程，详细介绍了 Dreamweaver CS5 的界面操作和文档管理方法、网页文本编辑、网页图像设计、表格在网页布局中的应用、定义 CSS 规则优化网页元素外观、框架网页及各种链接技巧、行为特效与 Spry 特效应用、网页表单与数据库结合的动态设计，最后通过"个人网店"、"糖果树科技"网站、"缘海社区"网站以及"数码天堂"网站的综合实例，完整地介绍了 Dreamweaver CS5 网页设计的方法和动态功能模块开发的应用。

本书结构

本书共分为 13 章，各章具体内容安排如下。

- 第 1 章：从讲解 Dreamweaver CS5 的新特性开始，介绍了软件的工作界面和网页文件管理，为后续的设计操作打下坚实基础。
- 第 2 章：介绍了网站架设、管理和发布的方法，以及动态网站环境配置、IIS7 的安装与设置、定义和管理本地网站等与网站开发有关的各种知识。
- 第 3 章：主要讲解网页文本的编排与设置，包括输入文本及属性设置、段落与列表的编排、文本与符号编辑，以及文本检查、查找与替代。
- 第 4 章：介绍了网页表格的各项设计手法，包括使用表格布局页面、表格及单元格设置、表格自动化处理等内容。
- 第 5 章：介绍为网页添加图像元素、制作多媒体内容的方法，包括插入与编修图像、互动图像特效、添加声音、Flash 动画和视频等操作应用。
- 第 6 章：由认识 CSS 规则开始，学习 CSS 规则在网页中的不同使用方法，包括创建并定义不同类型的 CSS 规则、创建与链接 CSS 文档、CSS 特效应用等实用操作。

- 第 7 章：介绍了框架与链接在网页设计中的应用，其中框架部分将学习如何设计框架式网页、嵌套框架及内容框架设计；链接部分将学习在网页中插入文本、图像、文件下载、电子邮件以及锚点链接的使用技巧。
- 第 8 章：介绍 AP Div(层)、行为和 Spry 特效的应用，学习如何使用 AP Div 定位网页元素，并配合行为制作多种动画特效，而应用强大的 Spry 技术则可以在网页中制作包括可展开的下拉菜单、可折叠区域等局部动态特效。
- 第 9 章：主要介绍了网页表单设计和设置站点数据库的方法，其中表单设计包括插入与设置各类表元件、表单美化及验证，站点数据库则包括创建数据库文件、提交表单信息到数据库、在网页上显示数据记录的方法。
- 第 10 章：本章将综合书中所介绍的各项功能，以个人网店网站为例，介绍静态页面设计和留言区模块设计的实例，综合介绍使用 Dreamweaver CS5 设计网站的方法。
- 第 11 章：本章以"糖果树科技"这个包含静态和动态页面的企业网站构建为例，介绍了包括文本段落编排、表格编排、图片编辑、CSS 规则应用和添加互动特效在内的静态网页设计方法，以及 ASP 动态网站设计的方法。
- 第 12 章：本章以一个名为"缘海社区"的网站为例，介绍社区网站会员申请、登录和管理会员资料相关功能的开发。
- 第 13 章：本章以"数码天堂"网站为例，介绍网站在线产品搜索功能模块开发的方法，其中包括关键字搜索功能模块和多条件搜索功能模块的制作。

本书总结了作者多年从事 Dreamweaver 网页设计的实践与经验，可以帮助想从事网页设计与开发行业的广大读者迅速入门并提高学习和工作效率，同时对众多 Dreamweaver 网页设计爱好者以及工作中需要应用网页设计技能的读者也有很好的指导作用。

本书由李敏虹编著，参与本书编写及设计工作的还有黄活瑜、黄俊杰、梁颖思、梁锦明、林业星、黎彩英、刘嘉、李剑明、黎文锋等。在本书的编写过程中，我们力求精益求精，但难免存在一些不足之处，敬请广大读者批评指正。

编者

Contents

目　录

第1章

Dreamweaver CS5 入门基础

Dreamweaver CS5 是一款强大的 Web 应用软件，它提供了所见即所得的可视化设计功能，在网站设计与部署方面极为出色，并且拥有超强的编码环境。它是当前最受欢迎、应用最广泛的一款网页与网站制作软件。本章针对 Dreamweaver CS5 在网站开发中的应用，介绍了一些入门的基础知识。

本章学习要点

➤ Dreamweaver CS5 的新特性
➤ Dreamweaver CS5 的工作界面
➤ Dreamweaver CS5 的文件管理

1.1 Dreamweaver CS5 的新特性

从操作界面上看，Dreamweaver CS5 与上一版的 CS4 没有太多区别，但整个操作环境及设计功能有了较大的改进。下面将介绍 Dreamweaver CS5 的新特性。

1.1.1 技术提升与支持

Dreamweaver CS5 全面增强了对 CSS3 和 HTML5 的支持，进一步发挥了这两者在 Web 设计上的应用，此外还支持 FTPS/FTPeS 和多屏幕预览等。下面详细介绍具体内容。

1. 支持 CSS3

由 1999 年开始定制的 CSS3 于 2011 年 6 月 7 日刚刚发布，全新的 CSS3 规则新增了不少功能，如文本阴影、对象变换、色彩渐变等技术，特别是趋向于模块化发展，使用户有更多的途径完善个人的页面布局。

Dreamweaver CS5 全面支持新的 CSS3 规则，特别是在对象编辑设计中全面地 CSS 化。以文本属性设置为例，绝大部分的设置都通过 CSS 来定义。同时以基于 CSS 编程平台的处理环境，为用户的样式及布局定义提供了完整支持。

2. HTML5 支持

HTML5 是全新的 HTML 标准，它实际指的是包括 HTML、CSS 和 JavaScript 在内的一套技术组合。既添加了许多新的语法特征和属性设置，同时也有一些属性和元素被移除掉，从而减少浏览器应用某些网络服务时要安装插件的需求，提供更多能有效增强网络应用的标准。

Dreamweaver CS5 使用 HTML5 进行前瞻性的编码，同时提供代码提示和设计视图渲染支持。

3. FTPS/FTPeS 支持

Dreamweaver CS5 现在加入了对 FTPS 和 FTPeS 协议的本机支持，从而更安全地部署 Web 文件。FTPS

是一种扩展的 FTP 协议，支持 Transport Layer Security(TLS)和 Secure Sockets Layer(SSL)加密协议。FTPS 可以显式或隐式地与服务器连接，其中显式又称 FTPeS；隐式则是客户端直接通过 TSL/SSL 加密与服务器联系，如果服务器无响应，则停止通信。

4. 多屏幕预览

Dreamweaver CS5 通过【多屏幕预览】面板，为智能手机、Tablet 和个人计算机进行 Web 网站架构及网页设计。特别是借助媒体查询支持，设计人员可以通过一个面板为各种设备设计样式并实现渲染可视化。

1.1.2 智能化环境集成

除了对 CSS3 和 HTML5 等技术的支持，Dreamweaver CS5 还进一步集成了智能化的操作环境，包括集成了 jQuery 和 Adobe BrowserLab，以及融合了移动 UI 构件。

1. jQuery 集成

Dreamweaver CS5 集成了 jQuery 的应用。jQuery 是一个免费且开放源代码的 JavaScript 代码库，既兼容 CSS3，还得到绝大多数浏览器的支持，而在开发 AJAX 应用方面具备良好的便捷性。

2. Adobe BrowserLab 集成

Adobe BrowserLab 是 Adobe 推出的一款基于 Flash 技术的在线跨浏览器页面预览工具。通过 Adobe BrowserLab 可生成网站或者博客在不同浏览器下的网页的快照，从而能方便地测试网站的兼容性。Dreamweaver CS5 与 Adobe BrowserLab 集成，可实现跨网络浏览器和操作系统快速、准确地测试网络内容。

3. 构建 Android 和 iOS 应用程序

Dreamweaver CS5 可借助新增的开放源代码 PhoneGap 框架，为谷歌的安卓(Android)移动平台和苹果的 iOS 移动平台构建并打包本机应用程序，将现有的 HTML 转换为手机应用程序。

4. 移动 UI 构件

Adobe 公司新发布的 Creative Suite CS5 全面进军移动互联领域，提供多款支持智能手机和平板电脑平台的软件开发工具。作为其中的一员，Dreamweaver CS5 以 Adobe AIR 为后盾，并通过与 Widget Browser 的进一步集成，使用户可以更轻松地为站点添加移动 UI 构件。

1.2　Dreamweaver CS5 的工作界面

随着新版本的不断发展，Dreamweaver CS5 让人一目了然的界面更便于用户操作。本节将详细介绍 Dreamweaver CS5 的工作界面及其操作应用。

1.2.1　工作区

启动 Dreamweaver CS5 后，可看到其操作界面主要由菜单栏、工具栏、编辑区、属性面板以及面板群组所组成，如图 1.1 所示。

图 1.1　Dreamweaver CS5 工作界面

编辑区是用户编辑和设计网页的主要工作区域，它为用户提供了代码、拆分、设计 3 种编辑视图模式和实时视图、实时代码、检查 3 种预览检测模式。

1. 代码视图

代码视图用于编写和编辑各类 Web 应用文件源代码，包括 HTML、CCS、JavaScript、服务器语言代码以及其他各类型代码。图 1.2 所示为代码视图模式。

2. 设计视图

设计视图是一个内容可视化模式，提供了一种便捷易用的设计环境，可将页面布局、页面文本、图片、表格等内容所见即所得的展示出来，如图 1.3 所示。

3. 拆分视图

拆分视图能把文档窗口以水平或垂直的方式拆分为两部分，同时将某个文档的代码视图和设计视图一起呈现(如图 1.4 所示)，方便用户同时进行代码编辑和页面设计。

图 1.2　代码视图

图 1.3　设计视图

4. 实时视图模式

实时视图是由 CS4 版本开始出现的一种新型视

图模式，该模式模仿网页浏览器环境，显示实际的页面效果(如图 1.5 所示)，用户可以像在浏览器中那样与网页交互。但实时视图是不可编辑的，用户通过启动拆分视图打开代码视图，在代码视图中进行编辑，然后刷新实时视图查看修改效果。

计的代码和样式，如图 1.7 所示。通过使用 CSS 样式面板时进行代码检查，以及在启用代码视图、拆分视图和实时视图时应用。

图 1.6　实时代码模式

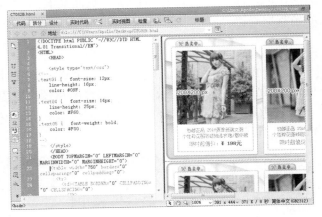

图 1.4　拆分视图

图 1.7　检查模式

图 1.5　实时视图模式

5. 实时代码模式

实时代码视图同样是由 CS4 版本开始出现的一种新型视图模式，只有在实时视图中查看文档时可用，与实时视图一样是不可编辑的。实时代码能显示浏览器用于执行页面的实际代码(如图 1.6 所示)，当用户在实时视图中与页面进行交互时，它可实现动态变化。

6. 检查模式

检查模式可以让用户通过代码窗口检查页面设

1.2.2　菜单栏

菜单栏包含用于网页及网站设计的绝大部分命令，并分为【文件】、【编辑】、【查看】、【插入】、【修改】、【格式】、【命令】、【站点】、【窗口】、【帮助】10 类，如图 1.8 所示。

用户单击任意一个菜单项目即可打开一个菜单，并可再选择右侧带有三角图示 ▶ 的菜单命令打开级联子菜单。其中有些菜单命令显示为灰色，表示在当前状态下可用。

图 1.8　菜单项下的级联子菜单

下面简单介绍各个菜单项目所包含的操作命令。

- 【文件】：提供管理网页文档的操作功能，如新建、打开、保存以及对网页进行预览及验证等命令。

- 【编辑】：包含网页设计过程中一些常用的编辑功能，如重做、剪切、复制、粘贴、查找等标准编辑命令，以及对标签库、快捷键及首选参数进行设置等命令。

- 【查看】：包含诸如放大、缩小等编辑区视图设置功能，以及设计视图的切换、显示标尺、网格等设计辅助元素的功能。

- 【插入】：用于插入各种网页元素，如插入图片、表格、表单、媒体、超链接、模板、Spry 特效，以及定义收藏夹和获取更多对象等命令。

- 【修改】：提供修改网页各种设置的命令，如页面属性、表格、图像、框架集、模板等命令。

- 【格式】：包含设置段落格式及字体格式的命令，如缩进、凸出、段落格式、字体、样式、颜色，以及检查拼写等命令。

- 【命令】：提供用于简化重复操作的开始录制、播放录制、应用源格式命令，以及清理 HTML 命令、优化图像等命令。

- 【站点】：提供操作与设置站点的命令，如新建站点、管理站点、获取、取出、上传，以及检查站点范围的链接等命令。

- 【窗口】：包含显示与关闭面板群组中各种面板的命令，如属性面板、数据库面板、CSS 面板、文件面板，以及隐藏面板等命令。

- 【帮助】：包含打开 Dreamweaver CS5 各种帮助文档与取得在线帮助资源的命令。

1.2.3　【插入】面板

通过【插入】面板可在网页中插入种类丰富的元素。该面板以形象的图示按钮呈现网页设计中常用的各项操作功能，并根据功能类型分为【常用】、【布局】、【表单】、【数据】、Spry、InContext Editing、【文本】、【收藏夹】8 类，单击该工具栏上方的对应标签，即可显示相应的插入分类项目，如图 1.9 所示。

图 1.9　【插入】面板

1.2.4　编辑区

编辑区用于显示正在设计中的网页，是设计网页的主要区域。它包括文档工具栏、浏览器导航工具栏、状态栏三部分，如图 1.10 所示。

文档工具栏中包含用于切换视图模式的【代码】、【拆分】、【设计】三组按钮，以及用于文档预览检测的【实时代码】、【实时视图】、【检查】、【检查浏览器兼容性】、【在浏览器中预览和调试】、【可视图化助理】、【刷新设置视图】图示按钮和【标题】设置栏。

浏览器导航工具栏为Dreamweaver CS5新增一项工具栏，主要用于在实时检视的状况下控制网页的浏览。

状态栏左侧是标签选择器，右侧包括【选取工具】、【手形工具】、【缩放工具】、【设置缩放比率】图示命令，便于查看网页和选择网页元素。最右侧显示"编辑区窗口大小"、"网页载入速度"和"字符编码"三种状态信息。

图 1.10 Dreamweaver CS5 编辑区

1.2.5 【属性】面板

【属性】面板位于编辑区的下方，用于设置网页元素使其符合设计要求。例如调整文本的大小、样式、边框等。

【属性】面板显示的内容会因选择的元素类型不同而有所不同，例如选择文本或未选择内容时，会显示【格式】、【样式】、【字体】、【大小】等设置项目；而选择图像时，则会显示【宽】、【高】、【源文件】、【链接】等设置项目，如图1.11所示。

图 1.11 选取不同内容时显示不同属性

【属性】面板分为常用和高级两组设置项目，单击右下方的三角图示按钮 ∇ 可以显示/隐藏高级设置项目。暂时不使用高级设置项目时，可将其隐藏以便

编辑区有更大的空间，如图1.12所示。

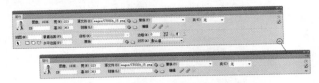

图 1.12 打开【属性】面板高级设置项目

1.2.6 面板群组

Dreamweaver CS5 的面板群组默认位于界面的右边，除了前面介绍的【插入】面板，还包含CSS、【标签】、【应用程序】、【文件】等面板群组。每个面板群组中包括多个面板，如【文件】面板群组中包括【文件】、【资源】、【代码片段】等。

双击面板标题栏可将面板组缩小成一个图标，以增加编辑区的空间，如图1.13所示。当需要某个面板时，可单击这些图标以显示面板。

图 1.13 缩小面板群组

在显示面板群组的情况下，可再单击面板的标题展开所选面板，若是想隐藏某一个面板则双击面板标题即可，如图1.14所示。在【文件】面板栏中单击面板标题，便可展开【文件】面板。

当需要某个面板独立显示在其他位置时，可以将它从面板群组分离出来。拖动面板的标题栏到所需的位置即可。分离出来的面板将以浮动状态显示，如图1.15所示。若是再拖动浮动面板中的标题栏到面板群组原来的位置，则可将面板重新组合。

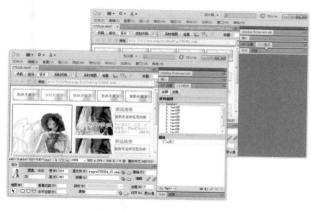

图 1.14　重新组合面板

图 1.16　嵌入面板

图 1.15　分离面板

浮动面板也可以根据操作需要，嵌入到 Dreamweaver CS5 的上方、下方或左右两侧。方法很简单，只需拖动浮动面板至界面边缘，则面板自动嵌入界面，与整个操作界面融为一体，如图 1.16 所示。

1.3　Dreamweaver CS5 的文件管理

网站(WebSite)是由众多的网页、图片以及其他一些支持程序等文件组成，而网页文件则是网站文件管理的重点。本节将为大家介绍使用 Dreamweaver CS5 管理和浏览网页文件的各种操作方法。

1.3.1　新建/打开网页文件

Dreamweaver CS5 提供多种途径用于新建网页文件，用户可以根据需要选择其中一种方法。在创建时根据实际需求自由选择。

1. 新建网页文件

打开 Dreamweaver CS5 后默认显示起始页，在【新建】栏中选一种文件类型，便可以快速创建新文件，如图 1.17 所示。

在新建网页文件或已打开网页文件的情况下，也可以选择【文件】|【新建】命令(或按 Ctrl+N 快捷键)，打开【新建文档】对话框，从中选择一种文件类型，包括 HTML、ASP、JSP、PHP 等，然后单击【创建】按钮，创建所需的网页文件，如图 1.18 所示。

Dreamweaver CS5 在【示例中的页】分类中提供

【CSS 样式表】和【框架页】两种模板类型，一共数十个模板项目。用户可以根据需要选择所需的模板，如图 1.19 所示。

图 1.17　起始页

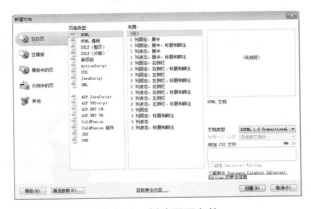

图 1.18　新建网页文件

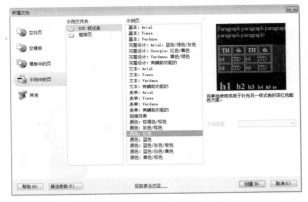

图 1.19　【新建文档】对话框提供的各种模板

2. 打开网页文件

打开网页文件，就是将现有的网页打开并显示在 Dreamweaver CS5 的编辑区，从而查看、修改或设计

网页。选择【文件】|【打开】命令，在显示的【打开】对话框中选择文件所在目录，选定要打开的文件，然后单击【打开】按钮即可，如图 1.20 所示。

图 1.20　打开网页文件

1.3.2　保存/另存网页文件

完成网页设计后需要保存时，可执行【文件】|【保存】命令(或按 Ctrl+S 快捷键)，打开【另存为】对话框，如图 1.21 所示。选择保存目录，确定文件名后单击【保存】按钮就可以把网页的当前内容保存。

若是保存对旧文件的编辑修改，执行【文件】|【保存】命令或使用 Ctrl+S 快捷键，则不显示【另存为】对话框，以覆盖旧文件的方式进行保存。

【另存为】命令通常在备份文件时使用，应尽量不要和原文件放在同一位置。执行【文件】|【另存为】命令，弹出【另存为】对话框，如图 1.21 所示。从中选择目录、确定新文件名后单击【保存】按钮。

图 1.21　【另存为】对话框

1.3.3　设置网页文件属性

网页文件属性设置包括外观、链接、标题、编码、跟踪图像等，在网页设计开始前设置网页属性，可减少操作次数，提高效率。

选择【修改】|【页面属性】命令，或者在未选定任何网页内容的情况下，单击【属性】面板上的【页面属性】按钮，可打开【页面属性】对话框，如图1.22所示。

图 1.22　【页面属性】对话框

在【页面属性】对话框左侧的【分类】列表框中包含【外观(CSS)】、【外观(HTML)】、【链接(CSS)】、【标题(CSS)】、【标题/编码】、【跟踪图像】6 个分类，当选择某个分类后，右侧会显示所选分类的详细设置。下面介绍各个分类的详细设置。

- 【外观(CSS)】：用于设置网页页面上的字体、字体大小、颜色、网页背景、边框等由 CSS 样式控制的网页元素效果。
- 【外观(HTML)】：用于设置网页页面背景颜色和图像、边距和文本链接等页面外观属性。
- 【链接(CSS)】：可设置链接的字体、字体大小，以及链接、访问过的链接、活动链接、下划线样式等由 CSS 样式控制的网页链接文本效果。
- 【标题(CSS)】：包含设置网页中各级标题的字体、字体大小、颜色的命令。
- 【标题/编码】:可设置网页的文档编码类型、文档类型。

- 【跟踪图像】：在网页中插入用作参考的图片，并设置其透明度。

1.3.4　预览网页文件效果

网页设计过程中时常需要预览网页的设计效果，以便发现问题及时修改。在 Dreamweaver CS5 中，选择文档工具栏上的【预览】|【预览在 IExplore】命令(或按 F12 功能键)，可打开浏览器预览当前网页文件效果，如图1.23所示。

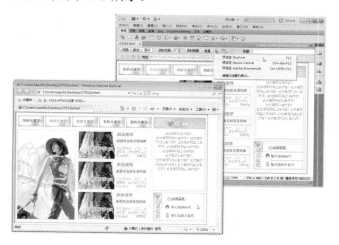

图 1.23　预览网页效果

预览网页效果需要先保存网页，当网页未保存而执行预览时，Dreamweaver CS5 会弹出提示框，如图1.24所示，询问是否保存对网页的修改，单击【是】按钮可以进行预览；单击【否】或【取消】按钮可返回网页编辑状态。

图 1.24　询问是否保存对网页的修改

1.4　章 后 总 结

本章入门基础内容首先介绍了 Dreamweaver CS5

的新特性，接着针对 Dreamweaver CS5 操作界面的构成进行拆分与讲解，在读者对新版 Dreamweaver 有比较完整、系统的认识后，接着介绍网页文档的管理和浏览，使读者充分地掌握网页制作的基本知识。

1.5 章后实训

本章实训题要求通过 Dreamweaver CS5 的【示例中的页】分类，新建一个【完整设计：Georgia，红色/黄色】示例页，如图 1.25 所示。

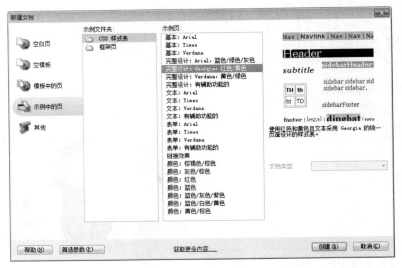

图 1.25 创建示例页

第 2 章

网站架设、管理与发布

除了网页页面设计，Dreamweaver CS5 还拥有强大的网站功能，本章介绍什么是网站、网站的分类，同时了解动态网站的运行环境、服务器配置，以及相关的开发语言和数据库应用基础。

本章学习要点

➢ 网站的构成
➢ 动态网站的设计
➢ 本地站点的定义与管理
➢ 网站的上传

图 2.2　访问网站并浏览其网页

2.1　网站与网站类型

本节主要讲解什么是网站及动态和静态网站的区别，为后续学习构建网站打下基础。

2.1.1　什么是网站

网站的英文名称是 WebSite，一般人们也称为站点，是指由一系列网页文件集合而成，通过网络服务器发布，为访问者提供服务和信息的平台。用户可通过网页浏览器或者其他浏览工具访问这些网页，以获取网站所提供的服务和信息，如新浪网(如图 2.1 所示)、淘宝网、腾讯网等。

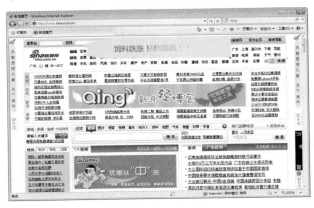

图 2.1　新浪网站

网站的作用是提供信息并与浏览者产生互动，所提供的绝大多数信息内容由网页呈现，如文本、图片、动画、视频等。在网站中的信息并非全部显示在同一页面，而是以不同分类由多个网页分别显示。由于网站是作为一个信息库而存放于网络空间，因此能够让任何人访问。在网站众多的网页文件中，都会有一个首页(取名为 index 或 default)，浏览者访问一个网站时将首先进入其首页，网站首页显示网站中最主要的信息，并提供打开其分类网页的导航内容。图 2.2 所示为网络用户访问网站的示意图。

2.1.2　网站的构成

一般人对网站的初步认识就是网页。其实在一个网站中，网页的功能是呈现信息和实现交流互动。而除此之外还包含其他与网页相关的不同类型文件，如图像、Flash 动画、视频等多媒体素材，布局网页的CSS 样式表，支持网页动态特效的 Java 文件，以及ASP 动态网页和支持网站后台运行的数据库文件等。图 2.3 所示为构成一个网站的文件内容。

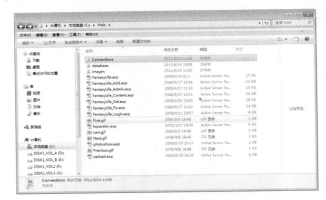

图 2.3　网站的文件构成

以下内容构成一个网站的文件资料类型。

- 图像：这是网站中最基本的内容之一，既包括组成页面外观的装饰图片，也有制作页面功能的图标(如按钮元素)和呈现信息的专题图片等，这些图片一般放置在名为 images的文件夹中。

- 多媒体：主要包括声音、视频影片和 Flash等文件类型，通过为网页添加多媒体文件便可以完成声色俱全的精彩网页。

- 语言支持：包括外部 CSS 样式表、Java 特效文件等，主要是指支持页面中特效运作的插件，以 JavaApplet 特效设计为例，需要由一个格式为.class 的专属文件支持，才可正常显示页面特效。

- 动态网页：主要包括 ASP、ASP.NET、PHP 等文件类型，这些文件的特点是表面上看是一个网页，其中包含了各种支持动态交互的语言，如本书后面所介绍的实例操作则是以 ASP 文件为主。

- 数据库：主要应用在动态网站设计中，一般放置在名为 Database 的文件夹内，其作用是提供浏览者通过网页对数据库内容进行添加、修改和删除处理，以实现某种交互式操作，例如通过表单页面申请加入会员后，将在数据库中插入一条新会员记录。

2.1.3　静态网站和动态网站

网站主要可分为静态和动态两种，其中，静态网站并非就是页面内容静止不动，而动态网站也不就单指网页中有动画、视频或动态特效这么简单。下面分别介绍静态和动态网站的区别。

1. 静态网站

静态网站是指未加入动态交互程序，只是通过 HTML 语言以及其他静态网页程序编写而成的网页，如此就不需要经过服务器端而运行。即使网页具备一些诸如跟随鼠标文字、闪烁的图片等动态特效，若是不包括交互程序，同样属于静态网页。

静态网站可以说是被动地接收服务器提供的信息资料，因此，判断一个网站是否为静态网站，可以看该网站是否提供交互功能。例如一个拥有搜索引擎的页面，能够让浏览者通过提交关键字而进行资料搜索，所以即使网页中其他内容都为静态，那么页面应用了动态网页语言，该网站就属于动态网站。

静态网站的文件格式主要有 html 和 htm 两种。这种格式的网页只需通过编写 HTML 语言就可以直接编写因此实现信息共享非常方便，成为了目前网络信息传递的一个重要媒介。图 2.4 所示是一个 html 格

式的静态网页。

图 2.4　由 HTML 语言所编写的静态网页

2. 动态网站

动态网站是指包含能够根据浏览者提供的信息回馈而有针对性地在网页中显示相关信息的 Web 页的网站。目前多数动态网站都是在 HTML 语言的基础上加入了动态程序(如 ASP、ASP.NET、PHP、JSP 等)的特殊网页文件。也就是说它不仅在页面上显示诸如 Flash 动画、动态特效等内容，还能够进行数据库连接，与浏览者产生交互作用，并且可设置自动更新、动态显示数据等。

动态网站的运行原理大致是这样的：当浏览者打开动态网页时，首先由服务器执行网页中的动态程序，再将产生的结果显示在浏览者的浏览器上。动态网页中所执行的程序类型或条件不同而产生不同的结果，例如浏览者在搜索元件中输入不同关键字并搜索，所显示的页面内容有所不同。

由于通过动态程序可以实现自动操作、实时生成页面、数据传递等功能，因此，动态网站具有维护方便、易于更新内容或结构，以及实现人站交互目的的强大优势。图 2.5 所示为具备动态程序的网页。

图 2.5　应用了动态语言的网站

2.2　动态网站的设计

对比静态网站，动态网站的设计由于需要应用到更多的技术支持，因此整个操作将更为复杂。本节将介绍设计动态网站的环境需求、前期规划、组件安装等内容。

2.2.1　动态网站环境需求

动态网页是由服务器端执行生成页面内容，因此，想要开发并运行动态网页必须先配置一个完整的动态环境。下面先简单介绍动态网站环境的三个需求。

- 为了使动态网页能够正常运行，则用于设计动态网页的本地电脑必须具有服务器功能，也就是配置动态网站服务器。
- 数据库是动态网页开发不可缺少的重要一环，只有利用数据库才能实现大批量的、快速的处理数据信息，才可以在动态网页中呈现浏览者所需数据资料，因此，完成配置动态网站服务器后，还需要指定数据源，以便动态网页运行时能够查找所需的数据信息。

- 在设计动态网页的具体过程中，设计软件必须先定义动态属性的网站，然后再为相关的网页绑定数据库源，从而运用【服务器行为】为网页添加管理数据库资料的功能。

2.2.2　网站设计前的规划

动态网页文件其实是用于实现各种动态交互功能的一种文件程序。为了实现一个动态网站需求，可以先规划好动态项目的规划图，再根据该图建立一组关联的动态网页，其中的每一个网页用于实现某个功能并显示指定数据信息。

预先规划动态网站或项目的结构流程图，并根据该图创建相关的动态网页文件，有利于后续实现各种动态功能的操作设计，设计者再通过 Dreamweaver CS5 软件为不同功能或目的的动态文件制作例如显示、登录、管理等操作的动态动能，从而完成整个动态网站或项目。

以一个网站公告板设计为例，若是以 ASP 语言完成该动态网页，可首先规划一组 ASP 网页文件，并用相关功能作为命名，例如系统主界面为 index.asp，用于显示详细公告内容的页面为 Content.asp，用于管理员登录的页面为 Login.asp，发布公告页面为 Issue.asp 等。

图 2.6 所示为一个网站公告板设计的结构图。正是通过这些动态网页的组合产生一个具备显示公告信息、管理员登录、管理公告内容等功能的网络公告系统。

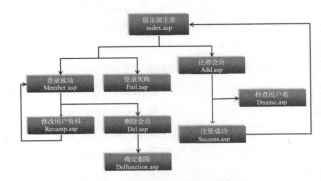

图 2.6　网站公告系统文件规划

2.2.3　安装 IIS 系统组件

当使用 Dreamweaver CS5 的 ASP 动态行为制作动态页面时，需要先安装 IIS，以便在本地电脑模拟远端服务器的工作环境，测试网页的动态效果。

IIS 全称为 Internet Information Server(互联网信息服务)，是 Windows 系统的 Web 服务器基本组件，其中包括 Web 服务器、FTP 服务器、NNTP 服务器和 SMTP 服务器，分别用于网页浏览、文件传输、新闻服务和邮件发送等。

Windows 7 默认以 IIS7 作为系统服务器组件，而在使用该组件之前需要为其进行一次"打开"操作。

打开 IIS 系统组件的操作步骤如下。

Step 1　在系统桌面下方的任务栏中单击【开始】按钮，选择【控制面板】命令，打开控制面板，如图 2.7 所示。

图 2.7　打开控制面板

Step 2　在【控制面板】窗口的【程序】选项中单击【卸载程序】链接，如图 2.8 所示，打开卸载程序窗口。

Step 3　在打开的【程序和功能】窗口左侧单击【打开或关闭 Windows 功能】链接，如图 2.9 所示。

Step 4　打开【Windows 功能】窗口，选中【Internet 信息服务】选项，并依照图中所示或根据个人需要，选中所需的子选项，最后单击【确定】按钮，如图 2.10 所示。

图 2.8　添加 IIS 组件

图 2.9　IIS 详细信息

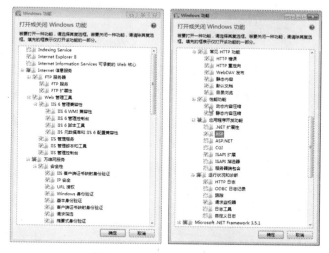

图 2.10　选择所需的 IIS 选项

Step 5　选择需要开启的系统功能项目，并确认打开后，系统开始更改功能处理，其中需要等待几分钟，如图 2.11 所示。

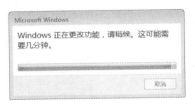

图 2.11　完成 IIS 安装

2.2.4　设置 IIS 网站属性

安装 IIS 之后，需要对 IIS 进行一些属性及功能设置，以使动态网站能够正常运行，并预览检测。

设置 IIS 网站属性的操作步骤如下。

Step 1　打开控制面板，在窗口右上方选择【查看方式】为【大图标】，然后打开管理工具，如图 2.12 所示。

图 2.12　打开管理工具

Step 2　在【管理工具】窗口中双击【Internet 信息服务(IIS)管理器】项目，打开新版的 IIS 管理器，如图 2.13 所示。

图 2.13　打开 IIS 管理器

Step 3 　打开【Internet 信息服务(IIS)管理器】后，在左侧展开目录选择 Default Web Site 项目，然后在右边视图区中单击 ASP 图标，如图 2.14 所示。

图 2.14　设置 ASP

Step 4　显示 ASP 设置界面，将【启用父路径】项目设置为 True，然后在右侧操作区中单击【应用】项目，如图 2.15 所示。

图 2.15　启用父路径

Step 5 　在窗口左侧链接区中选择 Default Web Site 项目，返回网站设置主页，双击【默认文档】图标，如图 2.16 所示。

Step 6　显示【默认文档】设置界面，在右边操作区中单击【添加】项目，如图 2.17 所示。

图 2.16　设置默认文档

图 2.17　添加默认文档

Step 7 打开【添加默认文档】对话框，在【名称】文本框中输入默认的文档名称，然后单击【确定】按钮，如图 2.18 所示。

Step 8 在窗口左侧链接区中选择 Default Web Site 项目，返回网站设置主页，在右边的操作区中单击【绑定】项目，如图 2.19 所示。

图 2.18　输入文档名称

图 2.19　单击【绑定】项目

Step 9 打开【网站绑定】对话框，单击【编辑】按钮，如图 2.20 所示。

Step 10 打开【编辑网站绑定】对话框，在【端口】文本框中输入 8081，然后单击【确定】按钮，如图 2.21 所示。

Step 11 在窗口左侧链接区中选择 Default Web Site 项目，返回网站设置主页，在右边的操作区中单击【基本设置】项目，如图 2.22 所示。

图 2.20　【网站绑定】对话框

Step 12 打开【编辑网站】对话框，在【物理路径】文本框中设置网站文件所在位置，然后单击【确定】按钮，如图 2.23 所示。

图 2.21　设置端口

图 2.22 单击【基本设置】项目

图 2.23 【编辑网站】对话框

至此，大致完成动态网站所需的 IIS 设置，若用户在 IIS 管理窗口下面单击【内容视图】按钮，便可看到所指定网站的文本内容，如图 2.24 所示。

图 2.24 检视动态网站内容

完成 IIS 设置后，用户可在"功能视图"的 IIS 管理窗口右边操作区中单击【浏览*8081(http)】项目，直接预览所指定的动态网站内容。若用户未指定物理路径，则打开默认的 IIS 测试页面，如图 2.25 所示。

图 2.25 IIS7 默认测试页面

2.2.5 设置系统用户权限

由于动态网站的运行具有较大的复杂性，特别是在文件权限方面具有诸多要求，需要一个具有"完成控制"的系统账户才可以顺利地运行测试动态网站内容。本小节将详细介绍设置系统用户权限的方法。

设置系统用户权限的操作步骤如下。

Step 1 在系统中打开系统分区(一般默认为 C 盘)的 \Windows\ServiceProfiles\NetworkService 文件夹，接着在文件夹窗口上方单击【组织】下拉按钮，选择【布局】|【菜单栏】命令，如图 2.26 所示。

图 2.26 打开系统文件夹并显示菜单栏

Step 2 在显示的菜单栏中选择【工具】|【文件夹选项】命令，如图 2.27 所示。

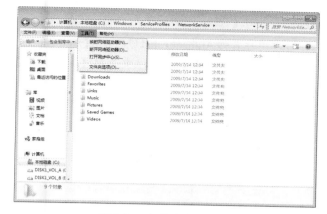

图 2.27 打开文件夹选项

Step 3 在【文件夹选项】对话框中切换至【查看】选项卡，在【高级设置】列表框中选中【显示隐藏的文件、文件夹和驱动器】单选按钮，然后单击【确定】按钮，如图 2.28 所示。

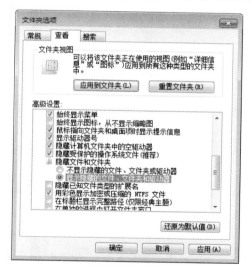

图 2.28 设置显示隐藏的文件夹

Step 4 返回 NetworkService 文件夹，可看到新显示一个 AppData 文件夹，双击进入该文件夹后，再双击打开 Local 文件夹，如图 2.29 所示。

Step 5 在 Local 文件夹中右击 Temp 文件夹，从弹出的快捷菜单中选择【属性】命令，如图 2.30 所示。

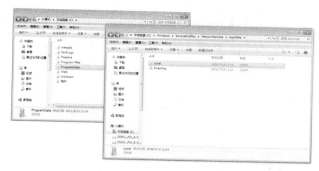

图 2.29 打开 Local 文件夹

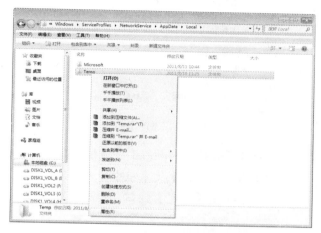

图 2.30 设置 Temp 文件夹属性

Step 6 打开【Temp 属性】对话框，单击【编辑】按钮，如图 2.31 所示。

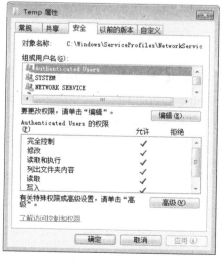

图 2.31 编辑权限

Step 7　打开【Temp 的权限】对话框，单击【添加】按钮，如图 2.32 所示。

图 2.32　添加用户

Step 8　打开【选择用户或组】对话框，在【输入对象名称来选择】文本框中输入大写字母 A，然后单击【确定】按钮，如图 2.33 所示。

图 2.33　选择对象

Step 9　打开【发现多个名称】对话框，选择 Authenticated Users 项目，然后单击【确定】按钮，如图 2.34 所示。

图 2.34　选择系统用户

Step 10　返回【Temp 的权限】对话框，选择新添加的用户名称 Authenticated Users，在【Authenticated Users 的权限】列表框中选中【完全控制】复选框，然后单击【确定】按钮，随之弹出提示框，确认是否继续操作，单击【是】按钮，如图 2.35 所示。

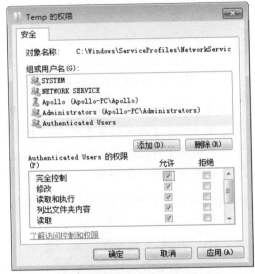

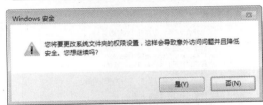

图 2.35　设置完全控制

2.3　定义与管理本地网站

在进行网站设计与管理之前，首先要定义网站，Dreamweaver CS5 可将指定的文件夹识别为网站，对网站的操作也就由此开始。定义的操作主要包括定义网站名称、本地文件夹路径，以及设置远端站点和测试服务器等。

2.3.1　定义本地网站

Dreamweaver CS5 在网站定义上不再分为"基本"

和"高级"两种方式，而是整合为"站点"、"服务器"、"版本控制"和"高级设置"四种定义，其设置的内容包括站点本地信息、远程信息以及其他网站建立过程中需要提前定义的规范与资料等。

下面介绍通过一系列完整的设置，特别是其中的一项"服务器"的定义，一次完成动态网站的建立以及相关的运行环境配置的处理操作。

定义网站的操作步骤如下。

Step 1　启动 Dreamweaver CS5 后，在菜单栏上执行【站点】|【新建站点】命令，如图 2.36 所示，打开站点设置对象对话框。

图 2.36　选择【新建站点】命令

Step 2　在站点设置对象对话框左边的列表框中选择【站点】项目，填写站点名称，指定本地站点文件夹，如图 2.37 所示。

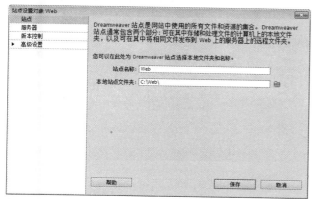

图 2.37　设置【站点】项目

Step 3　在左侧列表框中选择【服务器】项目，单击【添加新服务器】按钮，打开添加新服务器的对话框，先输入服务器名称，再分别设置连接方法、FTP 地址、用户名和密码等信息(用户需要先申请主机空间，然后如实填写空间登录信息)，如图 2.38 所示。

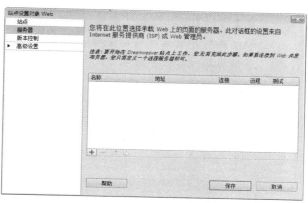

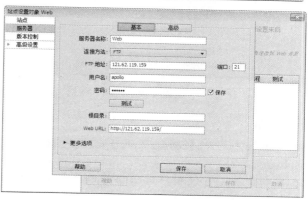

图 2.38　【基本】选项卡

Step 4　接着在添加新服务器对话框中切换到【高级】选项卡，显示远程服务器的高级设置，在下方的【测试服务器】选项组中选择【服务器类型】为 ASP JavaScript，然后单击【保存】按钮，如图 2.39 所示。

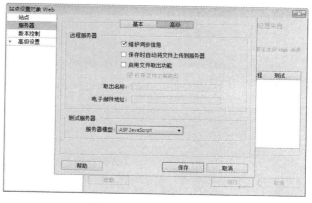

图 2.39　【高级】选项卡

Step 5　选择左侧列表框中的【版本控制】项目，先在【访问】下拉列表框中选择 Subversion 选项，然后分别设置协议类型、服务器地址、存储库路径、服务器端口、用户名和密码等内容，如图 2.40 所示。

图 2.40　设置【版本控制】项目

说　明

　　【版本控制】功能可用于选择连接到使用 Subversion (SVN) 的服务器。Subversion 是一种版本控制系统，它使用户能够协作编辑和管理远程 Web 服务器上的文件。

 在左侧列表框中展开【高级设置】子列表，再选择【本地信息】项目，设置默认图像文件夹位置(一般先在根文件夹下创建 images 文件夹，再指定其为默认图像文件夹)，如图 2.41 所示。

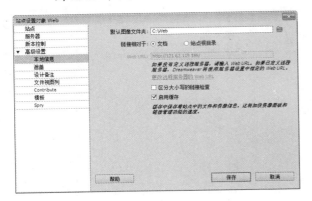

图 2.41　设置【本地信息】项目

 选择左侧列表框中的【遮盖】项目，设置网

站是否遮盖某些扩展名文件。如果需要使用遮盖功能，可选中【启用遮盖】及【遮盖具有以下扩展名的文件】复选框，再在下方的文本框中输入需要遮盖的文件扩展名，如图 2.42 所示。

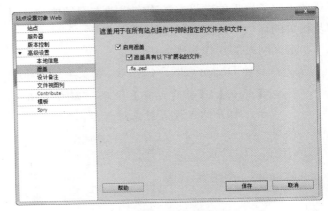

图 2.42　设置【遮盖】项目

 在团队合作设计网站过程中，写备注是一个良好的习惯，可以方便互相沟通。设置时在左侧列表框中选择【设计备注】项目，此处默认选中了【维护设计备注】复选框，用户也可以设置是否选中【启用上传并共享设计备注】复选框，如图 2.43 所示。

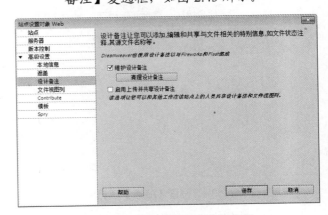

图 2.43　设置【设计备注】项目

在左侧列表框中选择【文件视图列】项目，建议使用默认设置或根据需要添加自定义列。如果选中【启用列共享】复选框，【维护设计备注】和【启用上传并共享设计备注】

选项都会被启用，如图 2.44 所示。

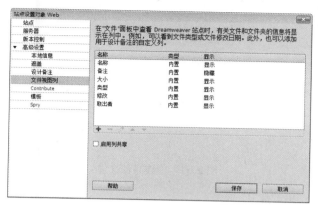

图 2.44   设置【文件视图列】项目

 选择 Contribute 项目，设置是否启用 Contribute 兼容性。必须将 Contribute 也安装在本地电脑后，才能完成 Contribute 应用，如图 2.45 所示。

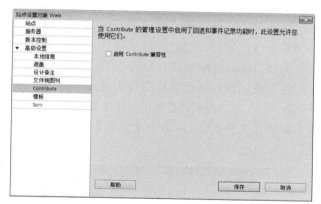

图 2.45   设置 Contribute 项目

 在左侧列表框中选择【模板】项目。设置当更新模板时是否改写文件的相对路径，默认为不改写，如图 2.46 所示。

 在 Spry 项目中则可以设置 Spry 资源文件夹位置，默认在站点根目录下新建名为 SpryAssets 的文件夹，最后单击【保存】按钮关闭站点设置对象对话框，如图 2.47 所示。

完成所有分类项目的设置后，在【文件】面板中可看到指定的网站文件，如图 2.48 所示。

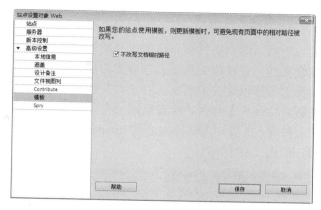

图 2.46   设置【模板】项目

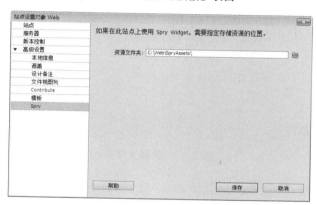

图 2.47   设置 Spry 项目

图 2.48   完成定义站点

2.3.2   创建网站文件

定义动态网站之后，网站其实还只是一个空文件夹，接下来就需要为网站创建和管理各种网站资源。如创建文件夹，创建、打开、修改和浏览网页文件等。

1. 创建文件夹

为网站创建文件夹，可用于分类管理网页文件、图像文件、音视频文件等。创建的方法是在【文件】面板上选择已定义的网站，右击打开快捷菜单，选择【新建文件夹】命令。接着显示一个处于重命名状态的文件夹，直接输入文件夹名称 images，然后按 Enter 键，如图 2.49 所示。

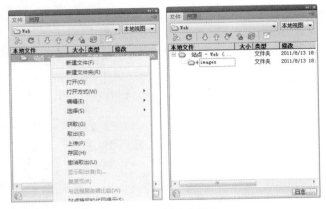

图 2.49　创建文件夹

2. 创建网页文件

在【文件】面板中选择站点名称，再右击打开快捷菜单，选择【新建文件】命令。新建的网页文件处于重命名状态，输入网页文件名称 index.html，然后按 Enter 键，如图 2.50 所示。

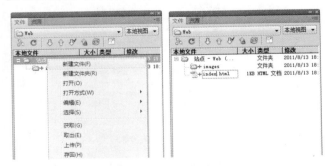

图 2.50　创建网页文件

按照以上方法，再创建其他的文件及所需的文件夹，则一个网站中的基本内容就差不多成型了，如图 2.51 所示。

图 2.51　创建其他文件

提　示

用户可根据需要选择新建网页文件的路径，例如右击站点创建的新文件在站点根目录下，右击站点内的文件夹中创建的新文件则在该文件夹目录下。

3. 移动文件位置

网站内的文件夹和文件位置是可以调整的。当需要调整文件位置时，通过拖动的操作方法来进行。

例如，移动鼠标至 data.html 文件上方，再按住鼠标左键不放，然后拖至目标文件夹 database 上方再松开鼠标即可。此时弹出【更新文件】对话框，询问是否更新相关文件的链接，单击【更新】按钮，如图 2.52 所示。

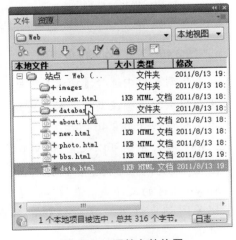

图 2.52　调整文件位置

图 2.52　调整文件位置(续)

2.3.3　检查网站超链接

在网站制作过程中不可避免地会增加、修改链接文件及素材内容，这也就难免会造成链接错误或无效链接。为了保证网站质量，可在发布之前检查站内超链接，以确保所有超链接准确无误。

在菜单栏中选择【站点】|【检查站点范围内的链接】命令，或者在【文件】面板中右击网站标题，打开快捷菜单后从中选择【检查链接】|【整个本地站点】命令，如图 2.53 所示，开始针对整个网站中所有内容进行检查。

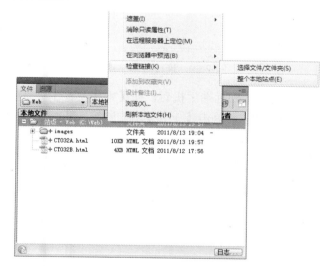

图 2.53　显示断掉的链接

完成检查链接后，Dreamweaver CS5 窗口下方将显示【结果】面板，其中的【链接检查器】选项卡会列出网站中的错误链接项目，如图 2.54 所示。

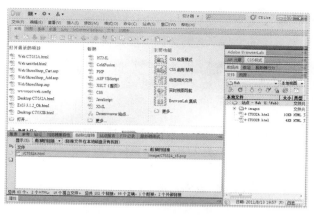

图 2.54　显示错误链接

修改这些错误链接时，只需直接双击【结果】面板中显示的错误链接项目，Dreamweaver CS5 将自动打开链接所在网页文件，并显示错误链接位置，如一张图片的错误地址，则该图片对象自动被选取，用户便可以在【属性】面板的【源文件】文本框中修改，如图 2.55 所示。

图 2.55　快捷修改错误链接

在【链接检查器】选项卡中，可以检查"断掉的链接"、"外部链接"、"孤立的文件"这 3 种链接类型。单击【显示】下拉按钮，在下拉列表中即可选择链接类型，如图 2.56 所示。

下面详细介绍 3 种链接类型。

● 断掉的链接：错误链接，形成的原因主要有链接对象名称出错、文件类型出错或所在路径出错。

● 外部链接：链接到网站外部文件或互联网上某个网站的链接类型。

● 孤立的文件：未被网站内其他文件建立链接的文件。这类文件可能是尚未使用或多余的。

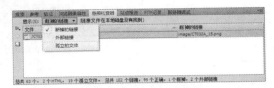

图 2.56　选择链接类型

2.3.4　上传本地网站

完成整个网站的制作之后，便可以使用 Dreamweaver CS5 提供的网站发布功能把网站上传到远端服务器，让所有人都能够访问网站中的内容。

使用 Dreamweaver CS5 提供的网站发布功能，必须先定义服务器信息。其中包括指定服务器名称及其目录、用户名、密码。定义远程信息后可以单击【测试】按钮，测试能否成功连接到远端服务器，如图 2.57 所示。

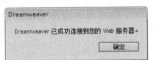

图 2.57　定义远程信息

为了便于检视网站发布情况，可先将【文件】面板展开为本地和远端网站视图窗口，单击【文件】面板右上方的【展开以显示本地和远端站点】按钮，如图 2.58 所示。

展开并显示本地和远端窗口后，单击上方工具栏中的【连接到远端主机】按钮，使 Dreamweaver CS5 连接到远端服务器，如图 2.59 所示。

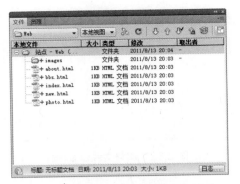

图 2.58　展开以显示本地和远端站点

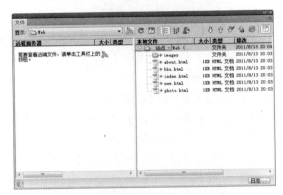

图 2.59　连接远端站点

成功连接到远端主机后，在【本地文件】列选择要上传的网站，单击【上传】按钮，开始上传网站，如图 2.60 所示。

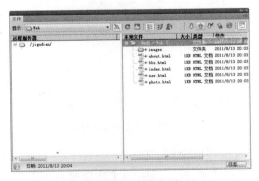

图 2.60　上传网站

当上传完成后，将在【远程服务器】区中显示上传到远端服务器的文件，如图 2.61 所示。

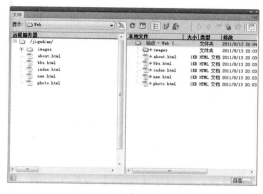

图 2.61　完成上传网站

2.3.5　同步更新网站文件

上传网站到远端主机之后，继续对本地网站内容进行网页文本、图片更新、删除过期的网页、新增网页等修改，修改完成后可通过"更新"的方式，将修改结果上传到远端主机，使远端主机内容与本地站点内容一致。

同样，使用"同步"功能之前，需要先将Dreamweaver CS5 连接到远端主机。

更新网站文件的操作步骤如下。

Step 1　在【文件】面板中，展开并显示本地和远端站点，单击【同步】按钮，如图 2.62所示。

图 2.62　完成同步文件设置

Step 2　弹出【同步文件】对话框，在【同步】下拉列表框中选择要同步的内容是整个网站或鼠标选中的文件，在【方向】下拉列表框中则选择【放置较新的文件到远程】同步处理方式，选中【删除本地驱动器上没有的远端文件】复选框，单击【预览】按钮可先获取网站信息，如图 2.63 所示。

图 2.63　同步处理

Step 3　显示【同步】对话框，其中显示了要更新的动作及其文件，确认无误后单击【确定】按钮，执行同步操作。如果远端服务器有需要删除的文件，将会弹出确认删除文件的对话框，此时单击【是】按钮即可，如图 2.64所示。

图 2.64　确认同步的动作及其文件

完成更新网站文件后，可看到远端站点与本地站点的内容一致，如图 2.65 所示。

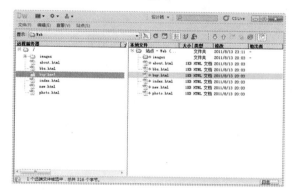

图 2.65　完成更新

2.4　章后总结

为了使读者能够顺利地学习后续所介绍的网页

设计和网站开发内容,本章介绍了静态/静态网站两者的区别、网站的构成,还介绍了安装、设置、共享和测试 IIS 系统组件的方法,以及基本的网站管理方法,包括新建/打开、保存/另存、文件属性与预览等网页文件管理,最后详细介绍了定义、维护和上传网站等具体操作。

2.5 章后实训

本章实训题要求通过 Dreamweaver CS5 在 "我的文档" 文本夹中建立名称为 "糖果树集团" 的网站,

并创建 images 文件夹和 index.html、about.html、product.html、servers.html、sale.html 和 news.html 网页文件。

制作方法如下:在【我的文档】中创建一个名为【糖果树集团】的新文件夹。启动 Dreamweaver CS5 程序,选择【站点】|【新建站点】命令,打开设置站点对象的对话框,在【站点】设置界面中分别输入站点名称并指定新建的文件夹为本地站点文件夹,完成网站基本设置,接着在【文件】面板中分别新建文件夹和网页文件。整个操作流程如图 2.66 所示。

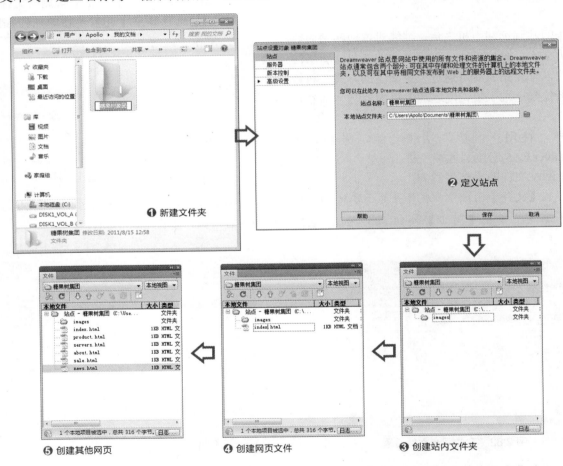

图 2.66　定义 "糖果树集团" 网站的操作流程

第 3 章

网页文本的编排与设置

　　Dreamweaver CS5 为网页设计提供了齐全而又实用的文本编排功能，特别是进一步提升了 CSS 样式规则在网页设计中的应用，使得大多数的文本设置都以创建 CSS 规则的形式来完成。本章通过丰富的实例介绍如何通过【属性】面板、功能命令，并配合建立 CSS 规则进行各项文本设置操作。

本章学习要点

> 文本的输入及属性设置
> 段落文字的编排
> 列表文本的制作
> 文本与符号的插入
> 文本的检查、查找与替代

3.1 文本输入与属性设置

网页中的文本主要以输入或复制粘贴的方法产生，再根据美观需求设置其外观属性，设置后便是我们所看到的漂亮的网页文字。

3.1.1 编辑字体列表

Dreamweaver CS5 默认提供了一组中英文字体，其中中文字体只有"宋体"和"新宋体"两种，显然不能满足于精美文本外观设置，因此，当需要使用系统中已有的其他字体时，就需要编辑 Dreamweaver 的字体列表。

编辑字体列表的操作步骤如下。

 打开 Dreamweaver CS5 程序并新建一个网页文件，在【属性】面板左边单击 CSS 按钮，打开【字体】下拉列表，选择【编辑字体列表】选项，如图 3.1 所示。

图 3.1 编辑字体列表

 打开【编辑字体列表】对话框，在【可用字体】列表框中选择需要的字体项目，再单击 ≪ 按钮添加所选字体，如图 3.2 所示。

图 3.2 选择并添加字体

 若需要添加更多字体项目，则单击对话框左上方的 ➕ 按钮，可看到添加的字体显示在【字体列表】列表框中，如图 3.3 所示。

图 3.3 添加更多字体

 接着再从【可用字体】列表框中选择字体项目，再单击 ≪ 按钮。添加完成后，单击【确定】按钮即可，如图 3.4 所示。

图 3.4 添加字体列表项目

完成字体列表编辑后，在【属性】面板中打开【字体】下拉列表，便可看到已添加的可用字体了，如图 3.5 所示。

图 3.5 编辑字体列表的结果

3.1.2 设置文本大小与颜色

网页文本的外观设置主要有大小、颜色、粗体、斜体四种基本设置，当用户在网页中输入所需的文本资料后，便可通过【属性】面板根据美观要求设置这些属性。

设置文本大小与颜色的操作步骤如下。

Step 1 打开本书光盘中的 "..\Example\Ex03\3.1.2.html" 文档，选择网页上的文本，在【属性】面板中展开【大小】下拉列表，选择所需的字体大小参数，如图 3.6 所示。

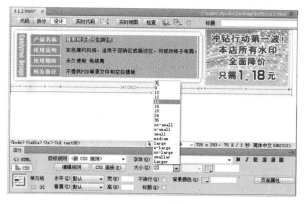

图 3.6　设置文本大小

Step 2 随之打开【新建 CSS 规则】对话框，在【选择器名称】下拉列表框中输入样式名称，再单击【确定】按钮，如图 3.7 所示。

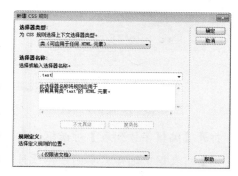

图 3.7　新建 CSS 规则

提　示

由于 Dreamweaver CS5 全面支持 CSS 规则样式应用，因此，通过【属性】面板设置文本外观属性后，将自动弹出【新建 CSS 规则】对话框，要求命名文本属性 CSS 规则，如此，后续其他文本属性设置可通过套用已建 CSS 规则，快速设置相同文本外观。

Step 3 在文本选取状态下，在【属性】面板中展开文本调色板，选择所需的颜色，如图 3.8 所示。

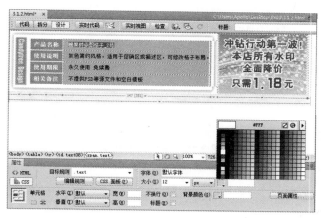

图 3.8　设置文本颜色

Step 4 选择其他文本内容，在【属性】面板中展开【目标规则】下拉列表，选择前面步骤新建的 CSS 规则，以套用 CSS 规则的方式快速设置文本大小与颜色，如图 3.9 所示。

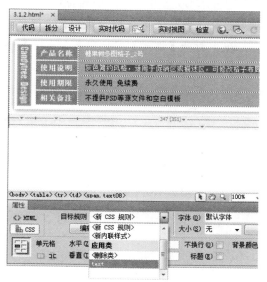

图 3.9　套用 CSS 规则

Step 5 根据步骤 4 的方法，为网页中其他文本设置大小与颜色，结果如图 3.10 所示。

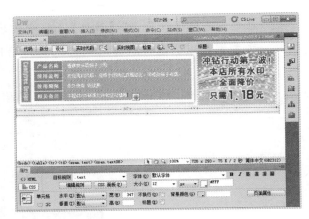

图 3.10　设置其他文本

图 3.12　设置标题 1 格式

3.1.3　设置文本格式

Dreamweaver CS5 为网页文本提供了格式设置，默认格式分为段落和标题两种，包括一种段落格式和六种标题格式，套用这些格式可快速完成网页文本属性设置。

设置文本格式的操作步骤如下。

Step 1　打开本书光盘中的 "..\Example\Ex03\3.1.3.html" 文档，选择右上方的文本，再在【属性】面板中打开【格式】下拉列表，选择【标题 6】选项，如图 3.11 所示。

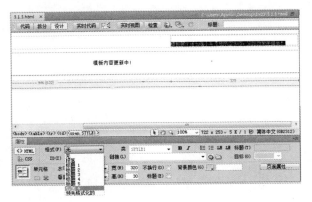

图 3.11　设置标题 6 格式

Step 2　选择下面的文本，再在【属性】面板中打开【格式】下拉列表，从中选择【标题 1】选项，如图 3.12 所示。

3.1.4　实例——设置网页标题

本小节实例将通过编辑字体列表、设置格式、字体和颜色来美化网页标题，请先打开实例文件 "..\Example\Ex03\3.1.4.html"，依照下面的操作方法设置网页标题。

设置网页标题的操作步骤如下。

Step 1　打开练习文档后，在【属性】面板左边单击 CSS 按钮，打开【字体】下拉列表，选择【编辑字体列表】选项，如图 3.13 所示。

图 3.13　编辑字体列表

Step 2　打开【编辑字体列表】对话框，在【可用字体】列表框中选择需要的字体项目，再单击 《 按钮添加所选字体，然后单击【确定】按钮，如图 3.14 所示。

图 3.14　添加字体

Step 3　在网页上选择标题文本，然后在【属性】面板中打开【字体】下拉列表，选择新添加的字体选项，如图 3.15 所示。

图 3.15　设置文本字体

Step 4　打开【新建 CSS 规则】对话框，在【选择器名称】下拉列表框中输入样式名称 text01，再单击【确定】按钮，如图 3.16 所示。

图 3.16　新建 CSS 规则

Step 5　单击【属性】面板中的【文本颜色】色块，打开色板，选择 "#360" 颜色选项，如图 3.17 所示。

Step 6　在【属性】面板中打开【格式】下拉列表，选择【标题 2】选项，如图 3.18 所示。至此完成网页标题的美化设置。

图 3.17　设置文本颜色

图 3.18　设置网页标题格式

3.2　段落文字的编排

为了符合大多数人的阅读习惯，网页文本也需要与一般的文书编排一样，以段落的方式工整美观地表达资讯。本节将介绍文本换行与断行处理，同时介绍设置段落格式、对齐方式、缩进与凸出等方法。

3.2.1　文本换行与断行

在网页中连续地输入文本其实都在一行之内，只不过限制于编辑区宽度自动由下一行接着显示。若想将网页中一行文本变为两行显示，可通过换行或断行处理来实现。

通过换行的文本将另起一个段落(对应于 HTML

中的<p>标记),并且行与行之间存在较大行距;而断行后的文本虽然另起一行显示(对应于 HTML 中的
标记),但仍与上一行同属一个段落,且行与行的间距比较小,适合在较小区域内编排大量文本。

文本换行与断行的操作步骤如下。

Step 1 打开本书光盘中的 "..\Example\Ex03\ 3.2.1.html" 文档,定位光标在第一行文字指定位置,按 Enter 键可执行换行,如图 3.19 所示。

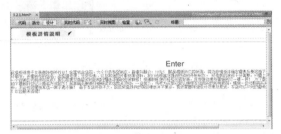

图 3.19　文本换行

Step 2 定位光标在第二行文字的指定位置,按 Shift+Enter 快捷键便可执行断行,如图 3.20 所示。

图 3.20　文本断行

Step 3 根据与前面两个步骤相同的方法,接着为网页中的文本进行换行与断行处理,完成如图 3.21 所示的结果。

图 3.21　为文本进行换行与断行的结果

3.2.2　设置段落格式

Dreamweaver CS5 中直接输入的文本不具备段落格式,当为文本执行换行后自动产生段落格式,此外,也可以通过【属性】面板为文本设置段落格式,接着再适当为段落首行设置空格,从而产生标准的段落效果。

设置段落格式的操作步骤如下。

Step 1 打开本书光盘中的 "..\Example\Ex03\ 3.2.2.html" 文档,方法是在【属性】面板中打开【格式】下拉列表,然后选择 【段落】选项,如图 3.22 所示。

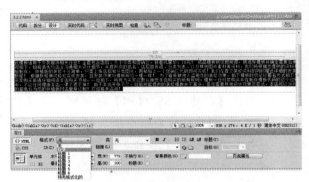

图 3.22　套用段落格式

Step 2 定位光标在第一行文字指定位置,按 Enter 键可执行换行,接着以相同操作为文本内容进行其他换行处理,如图 3.23 所示。

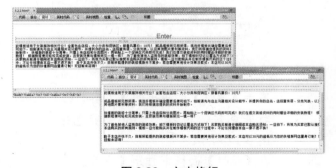

图 3.23　文本换行

Step 3 定位光标在第一个段落文本前方,然后在【插入】面板中切换至【文本】选项卡,打开【字符】下拉列表,选择【不换行空格】

选项，如图 3.24 所示。

图 3.24　选择【不换行空格】选项

Step 4 弹出 Dreamweaver 对话框，提供网页文档需使用的编码类型，单击【确定】按钮，如图 3.25 所示。

Step 5 直接单击【字符：不换行空格】按钮，接着插入空格，使段落前的缩进达到两个中文字符宽度，如图 3.26 所示。

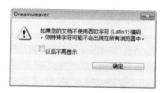

图 3.25　确认网页使用编码

图 3.26　插入空格

3.2.3　设置段落对齐方式

使用 Dreamweaver CS5 为网页输入的文本默认左对齐。当需要为文本段落设置其他对齐时，可通过【属性】面板提供的四种对齐设置来实现。四种对齐设置方法如下。

- 左对齐▤：使文本或段落第一行都靠左显示。左对齐是默认的文本书写或阅读惯例，

设置该对齐方式的段落，可让人们方便地沿着左边垂直方向找到第一行的开头。

- 居中对齐▤：可使文本或段落的第一行在相应的范围内居中显示，也是一种常见的美化排版方式。

- 右对齐▤：使文本或段落的每一行靠右显示，一般应用在特殊环境中的文本处理。

- 两端对齐▤：设置该对齐方式后，文本其实仍显示出靠左对齐的效果，但对拥有大量内容的段落而言会使每一行内容都尽量对齐左右两端，因此，适用于想充分利用版面的编排。

设置段落对齐方式的操作步骤如下。

Step 1 打开本书光盘中的 "..\Example\Ex03\ 3.2.3.html" 文档，定位光标在网页第一行文本，单击【属性】面板中的【左对齐】按钮▤，如图 3.27 所示。

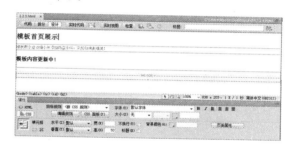

图 3.27　文本左对齐

Step 2 定位光标在网页第二行文本，单击【属性】面板中的【右对齐】按钮▤，如图 3.28 所示。

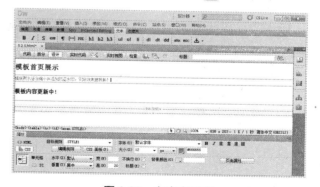

图 3.28　文本右对齐

Step 3 定位光标在网页第三行文本，单击【属性】

面板中的【居中对齐】按钮 ，单击【确定】按钮，如图 3.29 所示。

图 3.29　文本居中对齐

完成网页文本对齐设置后，便可看到如图 3.30 所示的对齐效果。

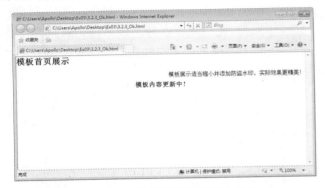

图 3.30　设置段落对齐的结果

3.2.4　段落的缩进与凸出

设置段落缩进和凸出，可将不同段落设置为不同阶层，当缩进段落时，则段落中各行的靠左位置向右移；而当凸出段落时，则段落中各行的靠左位置向左移。

设置段落缩进与凸出的操作步骤如下。

Step 1 打开本书光盘中的 ".\Example\Ex03\ 3.2.4.html" 文档，选择网页中需要设置缩进的文本，如图 3.31 所示。

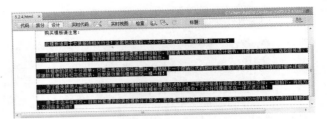

图 3.31　选取文本

Step 2 在【属性】面板左边单击 HTML 按钮，再单击【内缩区块】按钮 ，如图 3.32 所示。

图 3.32　缩进文本

完成文本缩进设置后，可以看到相对于上方的内容，下方的文本向右整体缩进，如图 3.33 所示。

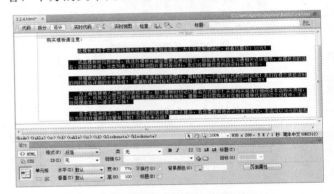

图 3.33　文本居中对齐

3.2.5　实例——编辑网站项目介绍文本

本实例综合网页文本段落处理功能，编排 ".\Example\Ex03\3.2.5.html" 文档中的介绍文本资料，使网站的项目介绍更加规范。

编排网站公告内容的操作步骤如下。

Step 1 定位光标在第一段文本前方，将【插入】面板切换至【文本】选项卡，两次单击【不换行空格】按钮，空出两个空格，如图 3.34 所示。

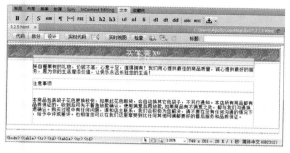

图 3.34　插入空格

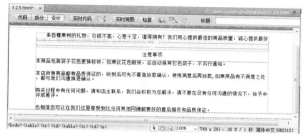

图 3.37　其他换行处理

Step 2　定位光标于第二行文本后边，然后在【属性】面板的 CSS 设置界面中单击【居中对齐】按钮 ，打开【新建 CSS 规则】对话框，输入 CSS 名称，然后单击【确定】按钮，如图 3.35 所示。

Step 5　选择换行后的文本，在【属性】的 HTML 设置中单击【内缩区块】按钮 ，如图 3.38 所示。

图 3.35　设置居中对齐

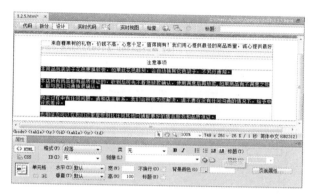

图 3.38　编辑文本

Step 3　定位光标在网页第三段文本第一行的指定位置，按 Enter 键执行换行，如图 3.36 所示。

3.3　制作列表文本内容

网页中的段落可通过设置列表使多行文本清晰易读。文本列表设置分为项目列表和编号列表两种，本节将介绍这两种列表类型的应用和修改列表样式的方法。

3.3.1　项目列表

图 3.36　文本换行

Step 4　依照步骤 3 的操作，分别为第三个段落文本作其他换行处理，结果如图 3.37 所示。

通过设置项目列表可将多个段落的文本，用符号图案排成一组文本段落，使文本资料整齐、清晰地排列在网页中。

设置项目列表的操作步骤如下。

Step 1　打开本书光盘中的 "..\Example\Ex03\ 3.3.1.html" 文档，拖动选择网页中的文本段落，在【属性】面板中单击【项目列表】按钮，如图 3.39 所示。

Step 2 弹出【新建 CSS 规则】对话框，输入 CSS 名称，然后单击【确定】按钮，如图 3.39 所示。

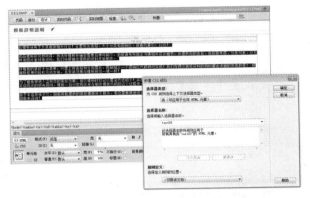

图 3.39　设置项目列表

设置项目列表后，各段落文本的间距变小，同时前面以小黑点为项目符号，结果如图 3.40 所示。

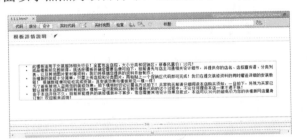

图 3.40　使用菜单设置项目列表

3.3.2　编号列表

设置编号列表后的文本同样整齐排列，但各行文本前所显示的却是一组有顺序的数字资料。

设置编号列表的操作方法如下。

Step 1 打开本书光盘中的 "..\Example\Ex03\ 3.3.2.html" 文档，在网页中拖动选取多个文本段落，如图 3.41 所示。

Step 2 在【属性】面板中单击 HMTL 按钮切换至 HTML 设置，单击【编号列表】按钮，如图 3.41 所示。

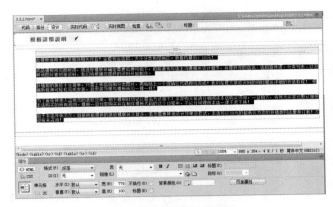

图 3.41　设置编号列表

设置编号列表后，各行文本的间距变小，同时在各行前方按顺序显示数字，如图 3.42 所示。

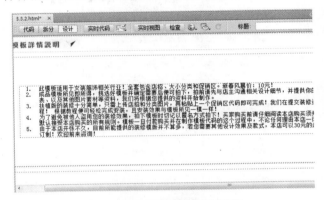

图 3.42　设置编号列表的结果

3.3.3　修改列表样式

为网页文本设置项目列表默认的列表符号为黑色小圆点，而设置编号列表则以一组阿拉伯数字为默认编号样式，当需要特殊的列表符号或编号样式时，可通过设置列表属性来实现。

修改列表样式的操作步骤如下。

Step 1 打开本书光盘中的 "..\Example\Ex03\3.3.3.html" 文档，选取网页中设置了项目列表的标题文本，如图 3.43 所示。然后选择【格式】|【列表】|【属性】命令。

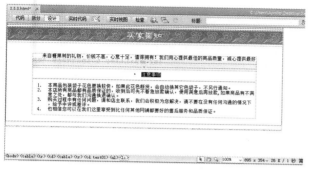

图 3.43　选择项目列表内容

 打开【列表属性】对话框，在【样式】下拉
列表选择【正方形】选项，单击【确定】按
钮，如图 3.44 所示。

图 3.44　修改列表样式

 选取网页下方的编号列表内容，然后选择
【格式】|【列表】|【属性】命令，如图 3.45
所示。

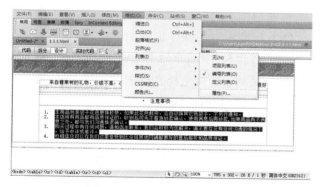

图 3.45　选择项目列表内容

 打开【列表属性】对话框，在【样式】下拉
列表中选择【小写字母】选项，单击【确定】
按钮，如图 3.46 所示。

图 3.46　修改列表样式

3.3.4　实例——制作列表内容

本实例将综合本节所学的知识，为实例文档
"..\Example\Ex03\3.3.4.html"中的文本设置项目列表
和编号列表，然后修改项目列表样式。

制作列表内容的操作步骤如下。

 选择第一组文本，在【属性】面板的 HTML
设置中单击【项目列表】按钮，如图 3.47
所示。

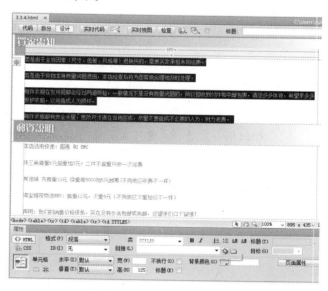

图 3.47　设置项目列表

 选择第二组文本，在【属性】面板中单击【编
号列表】按钮，如图 3.48 所示。

 选择【格式】|【列表】|【属性】命令，打
开【列表属性】对话框，在【样式】下拉列
表选择【大写字母】选项，然后单击【确定】
按钮，如图 3.49 所示。

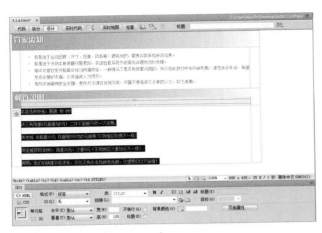

图 3.48　设置编号列表

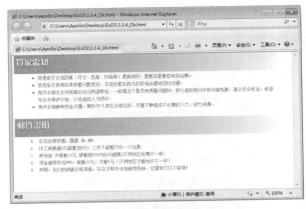

图 3.51　网页列表内容设置结果

图 3.49　选择【大写字母】选项

Step 4　选择网页中的列表项目文本，再选择【格式】|
【列表】|【属性】命令，打开【列表属性】
对话框，在【样式】下拉列表中选择【正方
形】选项，然后单击【确定】按钮，如
图 3.50 所示。

图 3.50　选择【正方形】选项

本实例中网页列表内容的设置结果如图 3.51
所示。

3.4　插入文本及符号内容

有些特殊的文本内容在网页文本编辑中无法通
过键盘输入，如常见的版权、货币符号等非英文字母，
本节将介绍在网页中输入这些内容的方法。

3.4.1　插入日期内容

使用 Dreamweaver CS5 的"日期"功能可快速在
网页中插入当前日期和时间信息(以系统当前日期和
时间为准)，该功能还可以设置自动更新，当网页内容
经过修改，然后再次保存时，日期内容将自动更新为
当前最新日期和时间。

插入日期内容的操作步骤如下。

Step 1　打开本书光盘中的".\Example\Ex03\3.4.1.html"
文档，定位光标在最下方一行文本后面，按
Shift+Enter 快捷键执行断行，如图 3.52
所示。

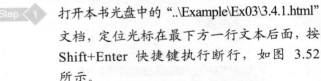

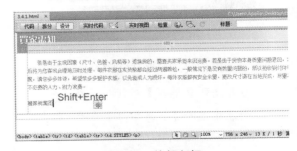

图 3.52　执行断行

Step 2　接着在【插入】面板的【常用】选项卡中单击【日期】按钮，如图 3.53 所示。

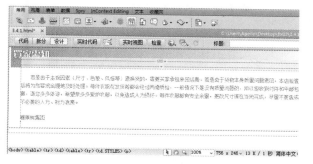

图 3.53　插入日期

 Step 3　打开【插入日期】对话框，在【日期格式】列表框中选择一种格式，再选中【储存时自动更新】复选框，然后单击【确定】按钮，如图 3.54 所示。

提　示

在【插入日期】对话框中选中该复选框，则所插入的日期信息将附带一段代码，如图 3.55 所示，使时间信息在网页每一次保存时自动更新。

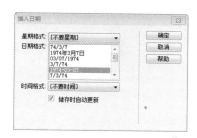

图 3.54　设置日期格式

图 3.55　自动更新日期代码

3.4.2　插入水平线

使用水平线可分割页面以区分网页中不同的内容。Dreamweaver CS5 提供了插入水平线的功能，通过该功能可轻松为网页插入水平线。

插入水平线的操作步骤如下。

 Step 1　打开本书光盘中的 "..\Example\Ex03\3.4.2.html" 文档，定位光标在需要插入水平线的位置，如图 3.56 所示。

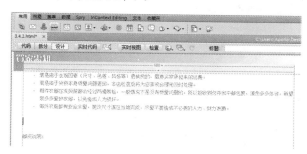

图 3.56　定位光标

 Step 2　在【插入】面板的【常用】选项卡中单击【水平线】按钮，在网页中插入的水平线将显示在所定位光标的下方，并且自动横跨整个区块(如表格内)，并且会根据浏览器窗口大小变化而自动伸缩。图 3.57 所示为网页插入水平线的效果。

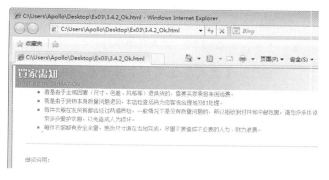

图 3.57　为网页插入水平线的效果

3.4.3　插入特殊符号

使用 Dreamweaver CS5 提供的"符号"功能，可在网页中插入商标、版权、货币等特殊符号，从而使网页文本内容的编辑更加专业化。

插入特殊符号的操作步骤如下。

Step 1　打开本书光盘中的 "..\Example\Ex03\ 3.4.3.html" 文档，定位光标在下方文本中，【插入】面板切换至【文本】选项卡，打开【字符】下拉列表，从中选择【商标】字符项目，如图 3.58 所示。

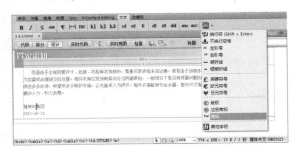

图 3.58　插入商标符号

Step 2　定位光标在网页第一行文本内，在【插入】面板中打开【字符】下拉列表，选择【其他字符】选项，如图 3.59 所示。

图 3.59　插入其他字符

Step 3　打开【插入其他字符】对话框，从中选择插入左小括号符号，然后单击【确定】按钮，如图 3.60 所示。

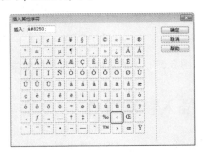

图 3.60　插入左小括号

Step 4　定位光标在网页第一行文本另一位置，在【插入】面板中打开【字符】下拉列表，选择【其他字符】选项。

Step 5　打开【插入其他字符】对话框，从中选择插入右小括号符号，然后单击【确定】按钮，如图 3.61 所示。

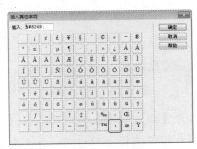

图 3.61　插入后小括号

本实例为网页文本插入特殊符号的效果如图 3.62 所示。

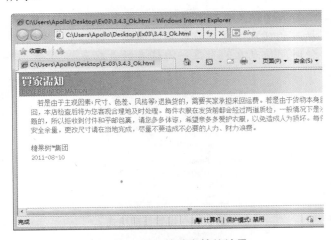

图 3.62　插入特殊字符的结果

3.4.4　实例——插入特殊文本符号

本实例将综合本节所学的知识，为实例文档 "..\Example\Ex03\3.4.4.html" 插入所需的各类特殊文本符号。

插入特殊文本符号的操作步骤如下。

Step 1　定位光标在网页第一段文本所在表格的右边，在【插入】面板的【常用】选项卡中单击【水平线】按钮，如图 3.63 所示。

Step 2 定位光标在网页中间文本标题"注意事项"左边，在【插入】面板中打开【字符】下拉列表，选择【其他字符】选项，如图 3.64 所示。

Step 3 打开【插入其他字符】对话框，从中选择插入水平杠字符，然后单击【确定】按钮，如图 3.65 所示。

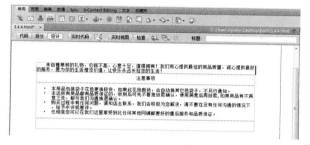

图 3.63　插入水平线

图 3.64　插入其他字符

图 3.65　插入水平杠字符

Step 4 依照步骤 3 的方法，在网页中间的文本标题右边插入相同的水平杠字符，结果如图 3.66 所示。

图 3.66　插入另一水平杠字符

Step 5 定位光标在网页最下方的空白单元格，在【插入】面板的【常用】选项卡中单击【日期】按钮，如图 3.67 所示。

图 3.67　插入日期

Step 6 打开【插入日期】对话框，在【日期格式】列表框中选择一种格式，再选中【储存时自动更新】复选框，然后单击【确定】按钮，如图 3.68 所示。

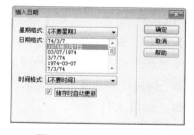

图 3.68　设置日期格式

为本实例的网页插入特殊字符后，预览网页效果，如图 3.69 所示。

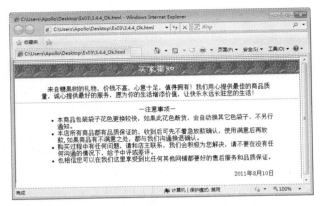

图 3.69 为网页插入特殊字符后的效果

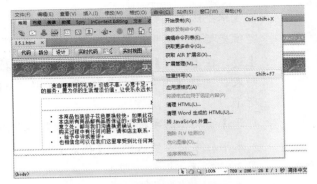

图 3.70 选择【检查拼写】命令

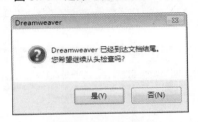

图 3.71 确认检查范围

3.5 文本检查、查找与替代

在网页设计的文本编辑中难免会产生错误，Dreamweaver CS5 提供了文本拼写检查功能，可以帮助用户快速检查网页文本资料中的错误内容。当发现第一个错误后，还可通过查找与替代的方法，将更多相同的错误找出并修正。

3.5.1 文本的拼写检查

Dreamweaver CS5 的"检查拼写"功能主要针对网页中的英文内容进行检查，当网页出现错误或不规范的英文内容时，"检查拼写"功能能够快速地找出错误的文本并进行修改。

拼写检查文本的操作步骤如下。

Step 1 打开本书光盘中的"..\Example\Ex03\ 3.5.1.html"文档，选择【命令】|【检查拼写】命令，如图 3.70 所示。

Step 2 开始对网页进行文本拼写检查，首先弹出提示框，询问是否检查整份文本，可单击【是】按钮，如图 3.71 所示。

Step 3 打开【检查拼写】对话框，在【字典中找不到单词】文本框中显示查找到的第一个单词，并提供更新建议，选择适当的建议项目，然后单击【更改】或【全部更改】按钮，如图 3.72 所示。

图 3.72 更改检查错误

Step 4 弹出另一提示对话框，显示拼写检查完成，单击【确定】按钮即可，如图 3.73 所示。

图 3.73 拼写检查完成提示框

3.5.2　查找所选的内容

有些网页中有太多文本内容，这对于找某个词语或句子而言不是一件轻松的事；同时，如果用户在编辑网页过程中发现某个词语用错，想接着查找下一处相同的错误，同样要花费不少时间。遇到这种情况时，使用 Dreamweaver CS5 的查找功能，可快速查找到隐藏在网页中的文本信息。

查找所选内容的操作步骤如下。

Step 1　打开本书光盘中的".. \Example\Ex03\3.5.2.html" 文档，在网页中选取已发现的错误内容，然后选择【编辑】|【查找所选】命令，如图 3.74 所示。

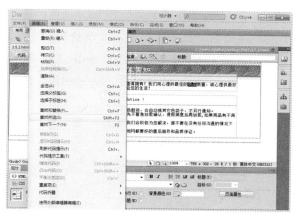

图 3.74　选择【查找所选】命令

 Step 2　网页中自动选取其他位置相同的内容，如图 3.75 所示，接着便可根据需要修改所指定查找的文本内容。

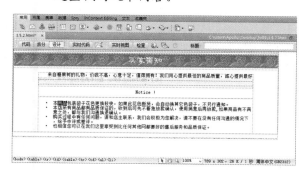

图 3.75　显示已查找的其他位置内容

3.5.3　批量替代文本

使用 Dreamweaver CS5 提供的"查找和替换"功能，可一次查找并且批量修改网页中已发现的某个重复出现多次的错误词语。

批量替代文本的操作步骤如下。

Step 1　打开本书光盘中的".. \Example\Ex03\3.5.3.html" 文档，在网页中选取错误的文本内容，然后选择【编辑】|【查找和替换】命令，如图 3.76 所示。

Step 2　打开【查找和替换】对话框，在【查找】文本框中输入需要查找并替换的文本内容，在【替换】文本框中输入替换后的文本内容，然后单击【替换全部】按钮，如图 3.77 所示。

图 3.76　选择【查找和替换】命令

图 3.77　输入查找和替换的文本

完成文本查找和替换后，Dreamweaver CS5 自动打开【搜索】面板，其中显示已为网页查找并替换的项目，如图 3.78 所示。

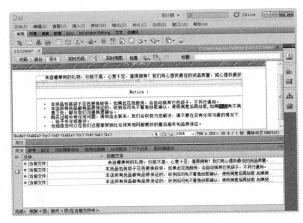

图 3.78　查找和替换结果

3.5.4　实例——检查与取代文本

本实例将使用"拼写检查"和"文本查找与替换"功能，对实例文档"..\Example\Ex03\3.5.4.html"中的内容进行校阅处理，以使网页中的文本信息准确无误。

本例操作步骤如下。

Step 1　打开实例文档后，选择【命令】|【检查拼写】命令，如图 3.79 所示。

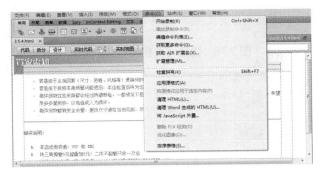

图 3.79　选择【检查拼写】命令

Step 2　开始检查网页文本拼写，弹出提示框，询问是否检查整份文本，可单击【是】按钮，如图 3.80 所示。

Step 3　打开【检查拼写】对话框，在【字典中找不到单词】文本框中显示查找到的第一个单词，并提供更新建议，选择适当的建议项目，然后单击【更改】按钮，如图 3.81 所示。

图 3.80　确认检查范围

图 3.81　更改检查错误

Step 4　弹出另一提示对话框，显示拼写检查完成，单击【确定】按钮即可，如图 3.82 所示。

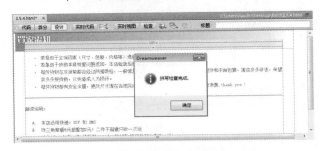

图 3.82　完成拼写检查

Step 5　在网页第一行文本中选取错误的内容，然后选择【编辑】|【查找和替换】命令，如图 3.83 所示。

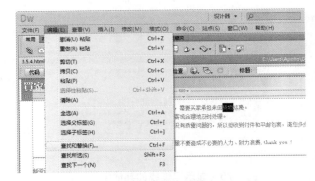

图 3.83　选择【查找和替换】命令

Step 6　打开【查找和替换】对话框，在【查找】文本框中输入需要查找并替换的文本内容，在【替换】文本框中输入替换后的文本内容，然后单击【替换全部】按钮，如图 3.84 所示。

图 3.84　替换全部

本实例操作完成，Dreamweaver CS5 自动打开【搜索】面板，其中显示已为网页查找并替换的项目，如图 3.85 所示。

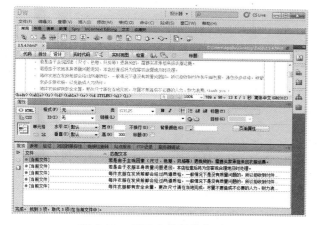

图 3.85　显示查找与替换结果

3.6　上机练习——编排商品描述

本例上机练习将综合本章有关文本编排与设置的相关知识，介绍一个商品描述页面中的描述文本编排方法。请先打开练习文档 "..\Example\Ex03\3.6.html"，再按照以下步骤进行操作，完成的操作结果如图 3.86 所示。

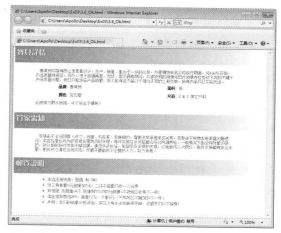

图 3.86　编排商品描述页的结果

编排商品描述的操作步骤如下。

Step 1　定位光标在第一个段落文本前方，然后在【插入】面板中切换至【文本】选项卡，打开【字符】下拉列表，选择【不换行空格】命令，如图 3.87 所示。

图 3.87　插入空格

Step 2　单击【字符：不换行空格】按钮，接着插入空格，使段落前的缩进达到两个中文字符的宽度，如图 3.88 所示。

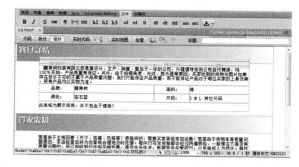

图 3.88　插入另一空格

Step 3　依照前面两个步骤在第二段文本前面插入空格，如图 3.89 所示。

图 3.89　为另一段落插入空格

Step 4　再次选择第一段文本，在【属性】面板左边单击 CSS 按钮，再设置大小为 12，如图 3.90 所示。

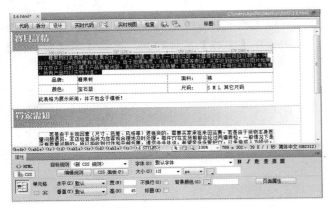

图 3.90　设置文本大小

Step 5　打开【新建 CSS 规则】对话框，在【选择器名称】下拉列表框中输入样式名称 STYLE01，再单击【确定】按钮，如图 3.91 所示。

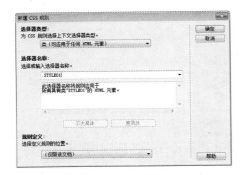

图 3.91　新建 CSS 规则

Step 6　单击【属性】面板中的【文本颜色】色块打开色板，选择#666 颜色选项，如图 3.92 所示。

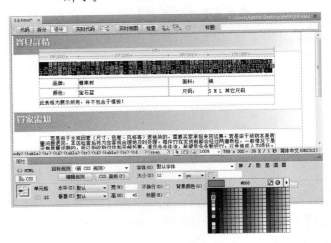

图 3.92　设置文本颜色

Step 7　选择第一段文本下方的"糖果树"文本，在【目标规则】下拉列表中选择新建 CSS 规则 STYLE01，快速设置文本外观属性，如图 3.93 所示。

图 3.93　套用 CSS 规则

Step 8　依照步骤 7 的操作方法，为网页中其他文本内容套用同一 CSS 规则，快速设置其他文本外观属性，如图 3.94 所示。

Step 9　选择第一段文本下方的"品牌:"文本内容，在【属性】面板中单击【右对齐】按钮 ，如图 3.94 所示。

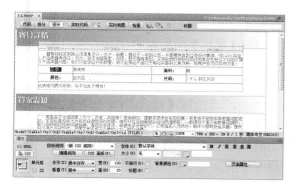

图 3.94　设置对齐方式

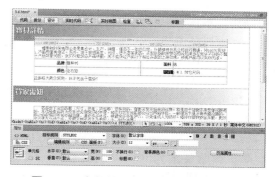

图 3.97　为其他三组文本套用 CSS 规则

Step 10 打开【新建 CSS】规则对话框，输入 CSS 名称为 STYLE02，然后单击【确定】按钮，如图 3.95 所示。

图 3.95　新建另一 CSS 规则

Step 11 再次选取设置右对齐的文本，在【属性】面板中设置大小为 12，如图 3.96 所示。

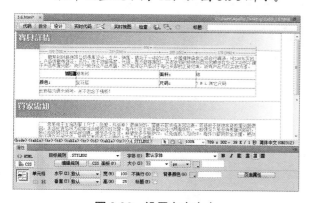

图 3.96　设置文本大小

Step 12 依照步骤 7 的操作方法，为其他三组文本套用 CSS 规则 STYLE02，快速设置其外观属性，结果如图 3.97 所示。

Step 13 拖动选择网页最下方的文本段落，在【属性】面板中单击【项目列表】按钮 ，如图 3.98 所示。

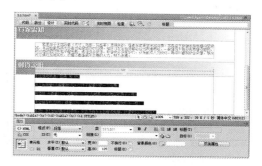

图 3.98　设置项目列表

Step 14 选择【编辑】|【查找和替换】命令，打开【查找和替换】对话框，在【查找】文本框中输入需要查找并替换的文本内容 YY，在【替换】文本框中输入替换后的文本内容"衣服"，然后单击【替换全部】按钮，如图 3.99 所示。

图 3.99　替换文本内容

3.7　章后总结

添加并设置网页文本是 Dreamweaver 网页设计最

基本的操作，本章详细介绍了包括文本输入、设置文本属性、文本段落编辑、列表设置、文本符号编辑以及针对网页文本的检查和替换等操作。

3.8 章后实训

本章实训题要求为网页中的公告文本设置外观属性并作列表处理，然后将其中的文本"物品"替换成"衣服"。

操作方法如下：打开练习文档，先选取其中所有文本，通过【属性】面板设置文本大小为12，颜色为白色，再通过按 Enter 键在对应位置执行换行处理；接着再次选取换行后的各文本段落，通过【属性】面板设置列表，再选择【格式】|【列表】|【属性】命令，打开【列表属性】面板，设置列表样式为"正方形"，最后使用【编辑】|【查找和替换】命令，全部替换网页中的文本"物品"为"衣服"。整个操作流程如图 3.100 所示。

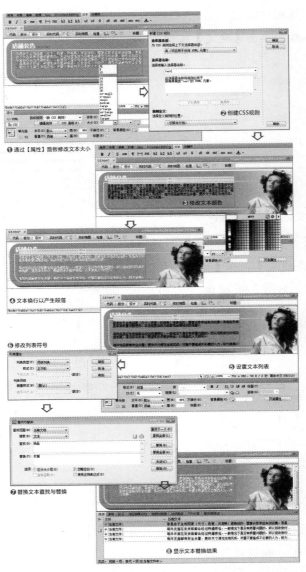

图 3.100　编辑并检查文本段落的操作流程

第 4 章

用表格设计页面布局

Dreamweaver CS5 提供了强大的表格设计功能，特别是整合了 CSS 规则的应用，使表格在网页中的布局排版和美化处理仍然具有无可替代的优势。本章通过丰富的实例介绍如何在网页中插入表格、编排表格和单元格及进行表格外观设置和自动化处理等方法，同时学习网页页面内容的编排布局与定位美化。

本章学习要点

- ➤ 使用表格进行布局
- ➤ 表格与单元格的美化
- ➤ 表格的自动化处理

4.1 用表格布局和编排内容

表格是由单元格所组成的，表格中的单元格可以是一行或多行，每一行的单元格数目不定，如果表格只有一个单元格，那么其中的单元格就是表格本身。本节将介绍如何使用表格和单元格在网页中布局和编排网页内容。

4.1.1 插入表格

在网页中可以通过插入多个表格，或者是在表格中插入表格进行页面内容的布局定位，以便根据需要将内容分布在网页版面的不同位置。

插入表格的操作步骤如下。

Step 1 打开本书光盘中的 "..\Example\Ex04\4.1.1.html" 文档，然后将光标定位在需要插入表格的位置。在【插入】面板中切换至【常用】选项卡，然后单击【表格】按钮，如图 4.1 所示。

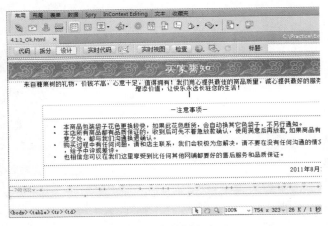

图 4.1 定位插入点

Step 2 弹出【表格】对话框，设置表格行数为 1、列数为 1、表格宽度为 600 像素，边框粗细为 1 像素，然后单击【确定】按钮，如图 4.2 所示。

Step 3 插入表格后，拖动选取上方的文本，再将文本移至表格内(如图 4.3 所示)，以利用表格

定位网页内容。

图 4.2 【表格】对话框

图 4.3 在表格中添加内容

提 示

当使用表格布局页面区域时，可使用"跟踪图像"功能，指定一张布局草图作为网页排版参考。选择【修改】|【页面属性】命令，打开【页面属性】对话框，在【跟踪图像】分类中指定【跟踪图像】素材并设置【透明度】参数，如图 4.4 所示。

图 4.4 设置跟踪图像和设置结果

4.1.2　设置表格属性

在 Dreamweaver CS5 中为网页插入表格时，可同时设置部分重要的表格属性。插入表格后，也可通过【属性】面板为表格设置宽和高、填充与间距、边框、表格 ID 等属性。

设置表格属性的操作步骤如下。

Step 1 打开本书光盘中的"..\Example\Ex04\4.1.2.html"文档，选择页面中需要设置属性的表格，然后在【属性】面板中设置宽度为 680 像素，如图 4.5 所示。

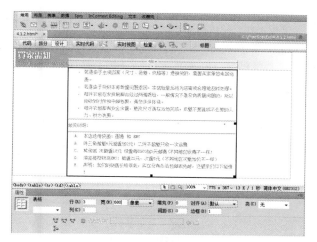

图 4.5　设置表格属性

 在【属性】面板中修改【边框】为 0，使表格不显示边框，如图 4.6 所示。

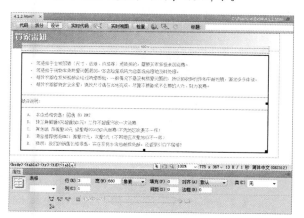

图 4.6　设置修改边框

4.1.3　设置表格对齐方式

表格对齐是指表格相对于页面或包含表格的对象(如图层)的对齐方式。此外，还有网页内容相对于表格中各单元格内的对齐方式。通过设置表格和单元格的对齐方式，可以更美观地编排数据、图形和文本内容。

设置表格对齐方式的操作步骤如下。

Step 1 打开本书光盘中的"..\Example\Ex04\4.1.3.html"文档，选择网页中的表格，在【属性】面板中展开【对齐】下拉列表，选择【居中对齐】选项，如图 4.7 所示。

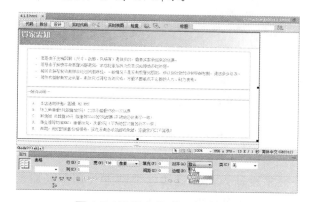

图 4.7　设置表格【居中对齐】

 再选择网页中的另一个表格，在【属性】面板中展开【对齐】下拉列表，选择【左对齐】选项，如图 4.8 所示。

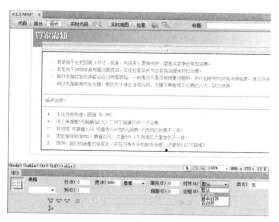

图 4.8　设置表格【左对齐】

Step 3 将光标定位在表格中第二行单元格，在【属性】面板中展开【水平】下拉列表，选择【居中对齐】选项；再展开【垂直】下拉列表，选择【底部】选项，如图 4.9 所示。

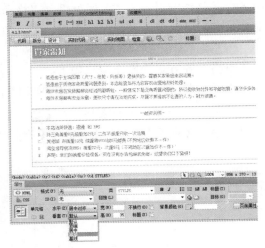

图 4.9 设置单元格【居中对齐】

4.1.4 手动调整表格大小

很多设计人员会直接以手动方式调整表格的大小，这种直观的方法有利于用肉眼直接判断表格或单元格的宽度与高度。

手动调整表格大小的操作步骤如下。

Step 1 打开本书光盘中的"..\Example\Ex04\4.1.4.html"文档，选择需要调整大小的表格，向右拖动表格右边框的调整点，增加表格的宽度，如图 4.10 所示。

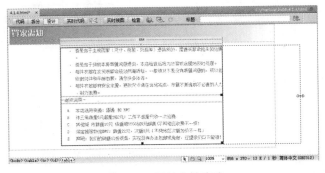

图 4.10 调整表格宽度

Step 2 向下拖动表格第三条水平框线，可以调整表格第二行的高度，如图 4.11 所示。

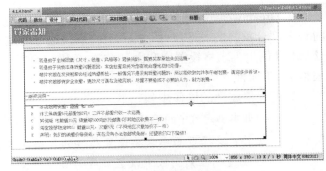

图 4.11 调整第二行的宽度

Step 3 最后向右下方拖动表格右下方调整点，适当调整整个表格的大小，如图 4.12 所示。

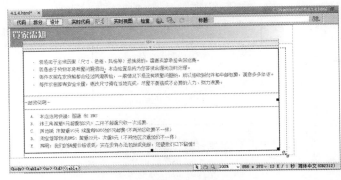

图 4.12 调整整个表格的大小

4.1.5 设置单元格属性

为了使单元格内所陈列的内容整齐美观，可为单元格设置适合的宽度和高度。设置单元格的大小，可在网页中定位光标选取某个单元格，或拖动选取一组单元格，然后使用【属性】面板设置其宽度和高度参数。

设置单元格宽和高的操作步骤如下。

Step 1 打开本书光盘中的"..\Example\Ex04\4.1.5.html"文档，拖动选择页面中表格第一列单元格，在【属性】面板中切换至 HTML 设置，在【宽】文本框中输入 30，然后按 Enter 键，如图 4.13 所示。

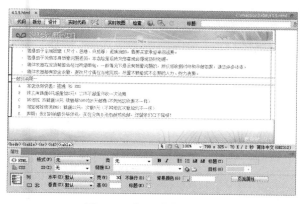

图 4.13 设置单元格宽度

 拖动选择表格第二列单元格，在【属性】面板的【高】文本框中输入 120，然后按 Enter 键，如图 4.14 所示。

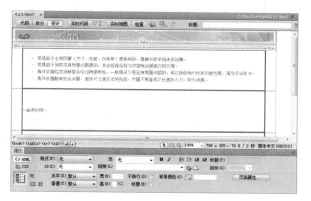

图 4.14 设置单元格高度

 选择第二列第二行单元格，在【属性】面板的【高】文本框中输入 30，然后按 Enter 键，如图 4.15 所示。

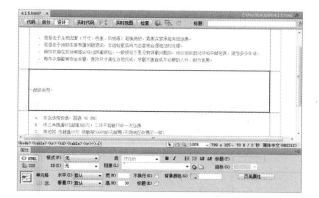

图 4.15 设置其他单元格高度

图 4.16 所示为设置单元格宽高属性的结果。

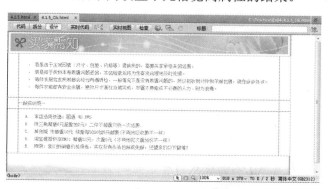

图 4.16 设置其他单元格的结果

4.1.6 合并与拆分单元格

在网页中直接插入的表格以整齐行列呈现，但在很多情况下，出于一些内容特殊定位的需要，将对单元格进行合并或拆分，以便更灵活地编排网页内容。

合并与拆分单元格的操作步骤如下。

 打开本书光盘中的 "..\Example\Ex04\4.1.6.html" 文档，拖动选择表格第一列单元格，然后在【属性】面板中单击【合并所选单元格，使用跨度】按钮□，如图 4.17 所示。

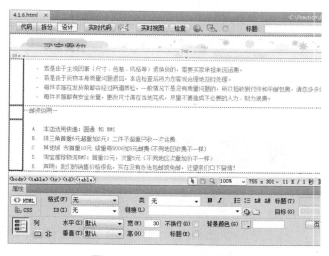

图 4.17 合并第一列单元格

 依照步骤 1 的方法，再合并表格第三列单元格，结果如图 4.18 所示。

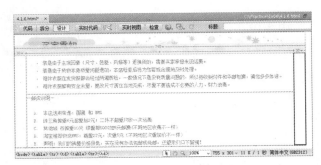

图 4.18　合并第三列单元格

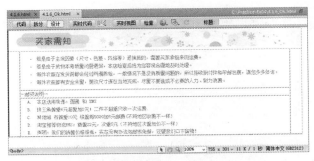

图 4.21　调整单元格报的结果

Step 3　接着定位光标在第二列第二行单元格，在【属性】面板中单击【拆分单元格为行或列】按钮，打开【拆分单元格】对话框，设置行数为 2，然后单击【确定】按钮，如图 4.19 所示。

图 4.19　【拆分单元格】对话框

Step 4　折分单元格后，拖动选择一组列表文本，再拖动移入拆分后新单元格内，如图 4.20 所示。

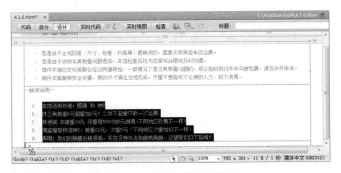

图 4.20　调整单元格资料

为表格的单元格进行合并及拆分并进行文本资料编排后，结果如图 4.21 所示。

4.1.7　插入或删除表格行/列

在表格内容编排中，常常需要在某个位置添加更多内容，或是将其中一些多余的内容去掉，这时可通过插入或删除表格行/列的方式来实现。

插入或删除表格行/列的操作步骤如下。

Step 1　打开本书光盘中的 "..\Example\Ex04\ 4.1.7.html" 文档，定位光标在表格第一列，选择【插入】|【表格对象】|【在左边插入列】命令，如图 4.22 所示。

图 4.22　插入列

Step 2　拖动选择表格最后一列单元格，按 Delete 键，快速删除所选单元格，如图 4.23 所示。

Step 3　定位光标在表格第二行任一单元格，选择【插入】|【表格对象】|【在上面插入行】命令，如图 4.24 所示。

Step 4　在表格中插入行后，拖动选取第三行中的标题文本，再拖动移至新插入的行内，如图 4.25 所示。

图 4.23　删除列

图 4.24　插入行

图 4.25　移动资料

 向右拖动表格第二列垂直边框，扩大第一列的宽度，再向下拖动表格第三行水平边框，扩大第二行的高度，如图 4.26 所示。

图 4.26　调整列宽和行高

4.1.8　实例——编排网页表格资料

本实例将综合各种表格布局和编排方法，为网页插入表格、编辑表格和单元格，完成一个产品描述表的制作。首先打开 "..\Example\Ex04\4.1.8.html" 文档，然后根据以下步骤完成整个操作。

编排网站公告内容的操作步骤如下。

Step 1　定位光标在表格第二行，在【插入】面板中单击【表格】按钮 ，如图 4.27 所示。

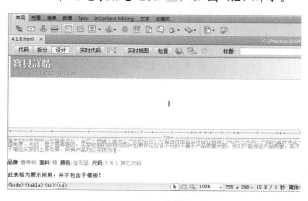

图 4.27　定位插入点

Step 2　打开【表格】对话框，设置表格行数为 4、列数为 4、表格宽度为 680 像素，边框粗细、单元格边距和单元格间距都为 0，然后单击【确定】按钮，如图 4.28 所示。

图 4.28　插入表格

Step 3　拖动选取新插入表格的第一列单元格，然后在【属性】面板中单击【合并所选单元格，使用跨度】按钮□，如图 4.29 所示。

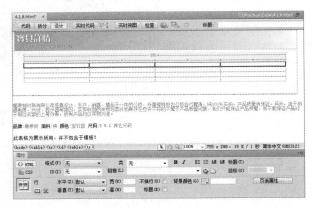

图 4.29　合并单元格

Step 4 依照与步骤 3 相同的操作，合并表格第四行单元格，结果如图 4.30 所示。

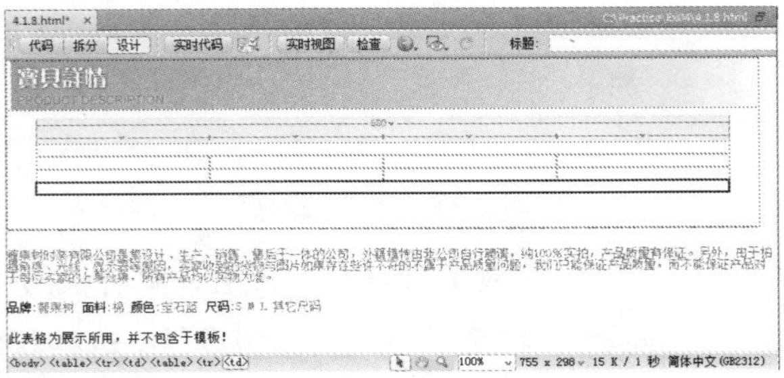

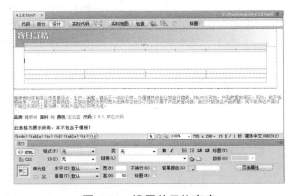

图 4.30　合并第四行单元格

Step 5 定位光标在表格的第一行，然后在【属性】面板中设置【高】为 50，如图 4.31 所示。

图 4.31　设置单元格高度

Step 6 拖动选取表格第二至第四行，在【属性】面板中设置【高】为 20，如图 4.32 所示。

图 4.32　设置其他单元格高度

Step 7 拖动选取表格下方第一段文本，再拖动所选文本至新插入表格第一行，如图 4.33 所示。

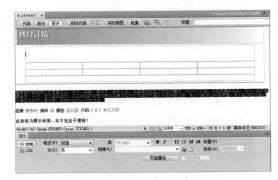

图 4.33　移动文本位置

Step 8 依照与步骤 7 相同的操作，移动表格下方其他文本至表格的对应位置。

Step 9 拖动选择表格第一列的第二、三行单元格，在【属性】面板中设置【水平】对齐为【右对齐】，如图 4.34 所示。

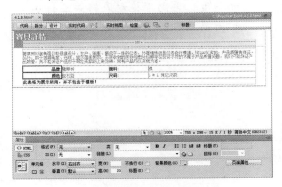

图 4.34　设置单元格右对齐

Step 10　依照与步骤 9 相同的操作，为表格第三列第二、第三行单元格设置【右对齐】，结果如图 4.35 所示。

图 4.35　设置右对齐方式

Step 11　拖动表格第二条垂直边框，扩大第一列单元格的宽度，如图 4.36 所示。

图 4.36　手动调整单元格宽度

4.2　表格与单元格美化处理

除了用于定位与编排网页内容，通过设置表格与单元格的格式，还可以达到美化页面的效果，使表格与整个页面背景及外观风格更搭配。用户只需通过对表格与单元格背景、边框属性进行巧妙设置，即可达到美化的效果。

4.2.1　设置表格边框效果

为网页插入的表格默认以灰色作为边框颜色。用户可根据网页的色调风格为表格边框设置合适的颜色，使之与整个页面更搭配。使用 Dreamweaver CS5 需要先定义 CSS 规则，从而实现表格边框设置。

设置表格边框颜色的操作步骤如下。

Step 1　打开本书光盘中的 "..\Example\Ex04\ 4.2.1.html" 文档，在菜单栏中选择【窗口】|【CSS 样式】命令或按下 Shift+F11 快捷键，在打开

【CSS 样式】面板中单击【新建 CSS 规则】按钮，如图 4.37 所示。

图 4.37　添加 CSS 规则

Step 2　打开【新建 CSS 规则】对话框，在【选择器名称】下拉列表框中输入名称，然后单击【确定】按钮，如图 4.38 所示。

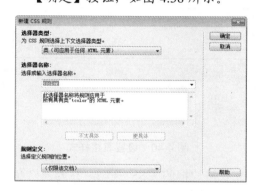

图 4.38　输入新 CSS 规则的名称

Step 3　打开 CSS 规则定义对话框，在左边的【分类】列表框中选择【边框】选项，然后在右边区域分别设置 Style、Width、Color 的各项参数，再单击【确定】按钮，如图 4.39 所示。

> **说　明**
>
> 在 CSS 规则【边框】定义设置中，分别提供了表格 4 条边(Top(顶边)、Right(右边)、Bottom(底边)、Left(左边))的 Style、Width、Color 这三种属性设置。其中 Style 设置表格边框的样式；Width 设置表格边框的大小；Color 设置表格边框的颜色。

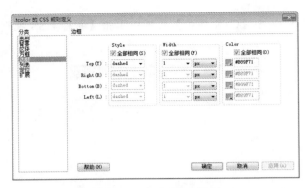

图 4.39　定义 CSS 规则

Step 4 选择网页中间的表格，在【属性】面板中打开【类】下拉列表，选择前面步骤新建的 CSS 规则，为表格套用 CSS 规则，如图 4.40 所示。

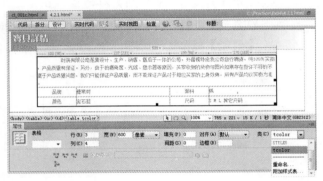

图 4.40　设置表格样式

建立表格边框的 CSS 规则，并为表格套用 CSS 规则，结果如图 4.41 所示。

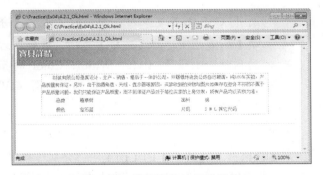

图 4.41　设置表格边框的结果

4.2.2　设置表格背景效果

为网页表格设置背景时除了可以使用颜色，还可以指定图片素材。需要注意的是：若同时设置这两种属性，那么背景图像将会遮盖背景颜色的效果。

设置表格背景效果的操作步骤如下。

Step 1 打开本书光盘中的 "..\Example\Ex04\ 4.2.2.html" 文档，然后在菜单栏中选择【窗口】|【CSS 样式】命令或按 Shift+F11 快捷键，在打开的【CSS 样式】面板中单击【新建 CSS 规则】按钮，如图 4.42 所示。

Step 2 打开【新建 CSS 规则】对话框，在【选择器名称】下拉列表框中输入名称，然后单击【确定】按钮，如图 4.43 所示。

图 4.42　添加 CSS 规则

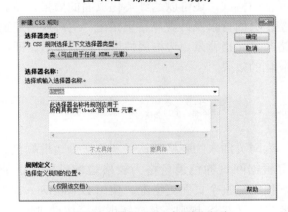

图 4.43　输入 CSS 规则的名称

Step 3 打开 CSS 规则定义对话框，选择【分类】列表框中的【背景】选项，单击右边 Background-image 下拉列表框后的【浏览】按钮，如图

4.44 所示。

图 4.44 定义 CSS 规则的背景选项

Step 4 打开【选择图像源文件】对话框，然后选择本书光盘中的 "..\Example\Ex04\images 4.2.2.jpg" 文件，单击【确定】按钮，如图 4.45 所示。

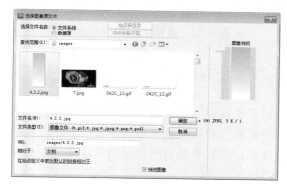

图 4.45 选择背景图片

 Step 5 选择需要设置背景的表格，然后在【属性】面板的【类】下拉列表中选择新建的 CSS 规则，如图 4.46 所示。

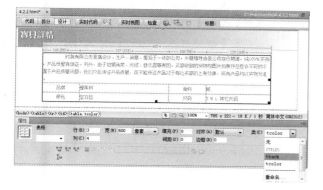

图 4.46 选择新建的 CSS 规则

为表格套用 CSS 规则后，表格将以指定的图片作为背景效果，结果如图 4.47 所示。

图 4.47 设置表格背景的效果

4.2.3 设置单元格边框效果

除了表格边框，用户也可以针对单元格设置上下左右四个内边框效果。而同样的，在 Dreamweaver CS5 中设置单元格边框效果与设置表格边框效果相似，都需要使用 CSS 规则对其进行控制。

设置单元格边框效果的步骤如下。

Step 1 打开光盘中的 "..\Example\Ex04\4.2.3.html" 文档，然后在菜单栏中选择【窗口】|【CSS 样式】命令或按 Shift+F11 快捷键，打开【CSS 样式】面板后单击【新建 CSS 规则】按钮，如图 4.48 所示。

图 4.48 添加 CSS 规则

Step 2 打开【新建 CSS 规则】对话框，在【选择器名称】下拉列表框中输入名称，然后单击【确定】按钮，如图 4.49 所示。

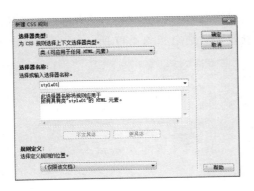

图 4.49　设置新 CSS 规则

打开 CSS 规则定义对话框，在左边的【分类】列表框中选择【边框】选项，然后在右边区域中分别设置 Style、Width、Color 的各项参数，再单击【确定】按钮，如图 4.50 所示。

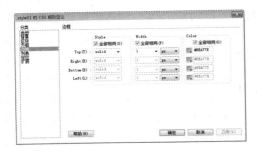

图 4.50　定义 CSS 规则

Step　4 在网页的表格中拖动选取第一行，在【属性】面板中打开【目标规则】下拉列表，选择前面步骤新建的 CSS 规则，如图 4.51 所示。

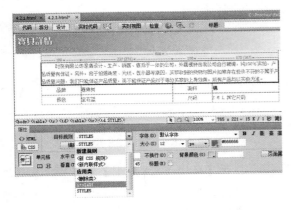

图 4.51　套用 CSS 规则

注　意

为单元格的外观设置定义 CSS 规则后，返回编辑界面套用 CSS 规则时，每次只能为表格中所选的某一行或某一列单独套用；为表格中其他行或列套用 CSS 规则，就需要逐行逐列多次套用。

建立表格边框的 CSS 规则，并为表格套用 CSS 规则的结果如图 4.52 所示。

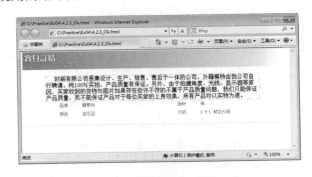

图 4.52　设置单元格边框的结果

4.2.4　设置单元格背景效果

对于表格中的单元格也可以单独设置背景效果，这就使页面的布局更加丰富、更具个性。设置单元格背景效果与设置表格背景效果的方法相似，都需要通过 CSS 规则控制。

设置单元格背景效果的操作步骤如下。

Step　1 打开本书光盘中的"..\Example\Ex04\4.2.4.html"文档，然后在菜单栏中选择【窗口】|【CSS 样式】命令或按 Shift+F11 快捷键，打开【CSS 样式】面板后单击【新建 CSS 规则】按钮，如图 4.53 所示。

Step　2 打开【新建 CSS 规则】对话框，在【选择器名称】下拉列表框中输入名称，然后单击【确定】按钮，如图 4.54 所示。

Step　3 打开 CSS 规则定义对话框，在左边的【分类】列表中选择【背景】选项，在右边的 Background-image 下拉列表中指定素材图片，然后单击【确定】按钮，如图 4.55 所示。

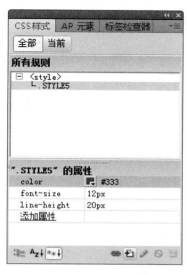

图 4.53　添加 CSS 规则

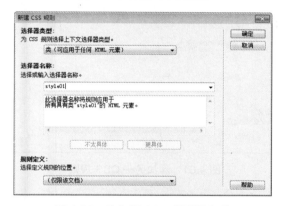

图 4.54　输入新 CSS 规则的名称

图 4.55　定义 CSS 规则

 在表格中拖动选择第一行单元格，在【属性】面板的【目标规则】下拉列表中选择新建的CSS 规则，如图 4.56 所示。

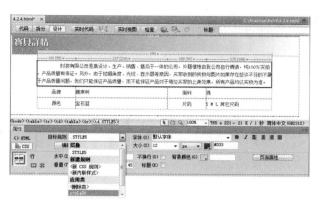

图 4.56　套用 CSS 规则

 拖动选取表格第二、第三行单元格，在【属性】面板的【背景颜色】文本框中输入颜色参数，为单元格填充单色，如图 4.57 所示。

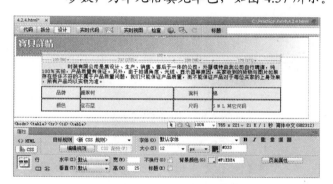

图 4.57　设置单元格颜色

为表格中的单元格设置不同的背景效果后，结果如图 4.58 所示。

图 4.58　设置单元格背景后的结果

4.2.5　实例——美化网页表格元素

本实例将综合本节所学表格美化技巧，对练习文

档 "..\Example\Ex04\4.2.5.html" 中的表格进行美化处理。

美化网页表格元素的操作步骤如下。

Step 1 在【CSS 样式】面板中单击【新建 CSS 规则】按钮，打开【新建 CSS 规则】对话框。在【选择器名称】下拉列表框中输入名称，然后单击【确定】按钮，如图 4.59 所示。

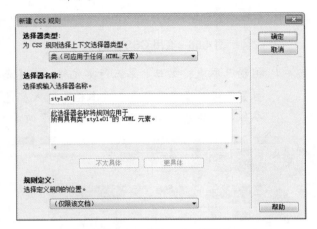

图 4.59　添加 CSS 规则

Step 2 打开 CSS 规则定义对话框，在左边的【分类】列表框中选择【边框】选项，然后在右边中分别设置 Style、Width、Color 的各项参数，再单击【确定】按钮，如图 4.60 所示。

Step 3 在【CSS 样式】面板中再次单击【新建 CSS 规则】按钮，打开【新建 CSS 规则】对话框，在【选择器名称】下拉列表框中输入名称，然后单击【确定】按钮，如图 4.61 所示。

Step 4 打开 CSS 规则定义对话框，在左边的【分类】列表中选择【背景】选项，在右边的 Background-image 下拉列表中指定素材图片，然后单击【确定】按钮，如图 4.62 所示。

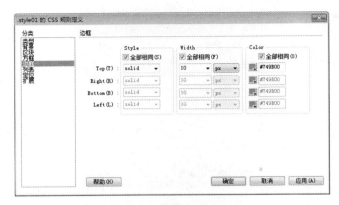

图 4.60　设置边框规则

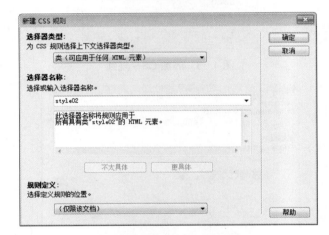

图 4.61　添加另一 CSS 规则

图 4.62　设置背景规则

Step 5 选择网页中的表格，在【属性】面板中打开【类】下拉列表，选择新建的 CSS 规则，如图 4.63 所示。

图 4.63　设置表格边框

 在表格中拖动选择第一列单元格，在【属性】面板的【目标规则】下拉列表中选择新建的 CSS 规则——Styleo2，如图 4.64 所示。

图 4.64　设置第一列单元格背景

 依照与步骤 6 相同的操作，接着为表格第二列单元格套用 CSS 规则，以填充该列的背景，结果如图 4.65 所示。

图 4.65　设置其他单元格背景的结果

4.3　表格自动化处理

使用 Dreamweaver CS5 表格自动化处理功能，可快速为网页建立表格资料、排序表格资料，使网页的内容编排更便捷。本节将详细介绍自动排序表格和导入表格式数据两种表格的自动化处理功能。

4.3.1　自动排序表格

使用"排序表格"功能可使网页表格根据其中某一列内容进行排序，并且还可以根据两个列的内容执行更加复杂的表格排序。下面将通过【排序表格】命令为表格进行排序，使之依照第一列的数字由小到大排列。

自动排序表格的操作步骤如下。

 打开光盘中的 "..\Example\Ex04\4.3.1.html" 文档，选择需要排序的表格，再选择【命令】|【排序表格】命令，如图 4.66 所示。

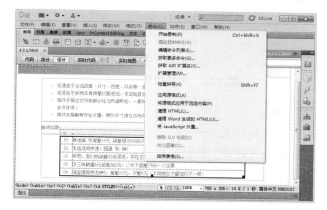

图 4.66　选择【排序表格】命令

 打开【排序表格】对话框，设置【排序按】为【列 1】、【顺序】为【按数字顺序】和【升序】，再选中【排序包含第一行】复选框，然后单击【确定】按钮，如图 4.67 所示。

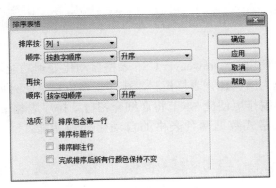

图 4.67　设置表格排序

自动化快速完成表格排序处理后，按 F12 功能键可预览网页效果，结果如图 4.68 所示。

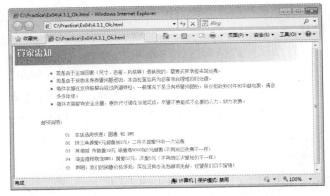

图 4.68　表格排序后的结果

注　意

如果按字母顺序对一组由一位或两位数组成的数字进行排序，则会将这些数字作为单词进行排序(排序结果如 1、10、2、20、3、30)，而不是将它们作为数字进行排序(排序结果如 1、2、3、10、20、30)。

4.3.2　导入表格式数据

使用导入表格式数据的方法，可将其他应用程序(如 Excel、文本文件)所创建的表格式数据(其中的内容同样以单元格区分，或是用制表符、逗号、冒号、分号或其他分隔符隔开)导入到网页，并自动设置为表格的格式，缩减了插入表格输入数据等一系列操作。

导入表格式数据的操作步骤如下。

　打开本书光盘中的 "..\Example\Ex04\4.3.2.html" 文档，将光标定位在网页下方的空白单元格，选择【文件】|【导入】|【表格式数据】命令，如图 4.69 所示。

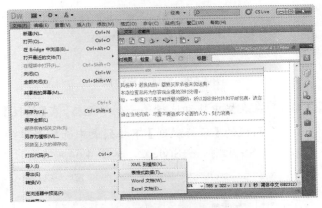

图 4.69　选择【表格式数据】命令

Step 2　弹出【导入表格式数据】对话框，在【数据文件】文本框中指定 "..\Example\Ex04\4.3.2.txt" 素材文件，再设置表格宽度为 500 像素，单元格边框、边距、间距都为 0，最后单击【确定】按钮，如图 4.70 所示。

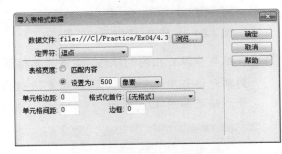

图 4.70　设置导入数据源文件

Step 3　拖动选取导入表格中的所有单元格，然后在【属性】面板中设置高度为 22，再展开【目标规则】下拉列表，选择 STYLE5 规则项目，如图 4.71 所示。

Step 4　向右拖动表格的第二条垂直边框，扩大第一列的宽度，如图 4.72 所示。

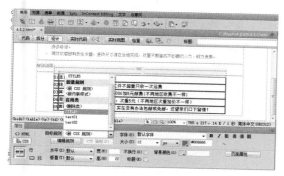

图 4.71　设置单元格属性

图 4.72　设置单元格宽度

自动化快速导入表格式数据并对表格进行编排后的结果如图 4.73 所示。

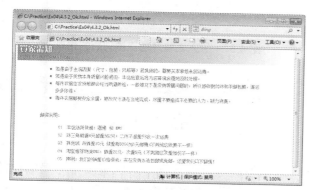

图 4.73　设置表格属性的结果

4.3.3　实例——快速建立规范的表格资料

本实例将综合排序表格和导入表格式数据，为练习文档 "..\Example\Ex04\4.3.3.html" 快速建立一组规范排列的表格资料。

快速建立规范表格资料的操作步骤如下。

Step 1　将光标定位在网页下方的空白单元格中，然后选择【文件】|【导入】|【表格式数据】命令，如图 4.74 所示。

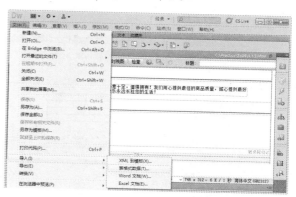

图 4.74　选择【表格式数据】命令

Step 2　打开【导入表格式数据】对话框，在【数据文件】文本框中指定 "..\Example\Ex04\4.3.3.txt" 素材文件，再设置表格宽度为 520 像素，单元格边框、边距、间距都为 0，最后单击【确定】按钮，如图 4.75 所示。

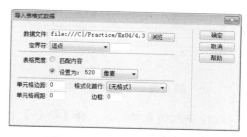

图 4.75　设置导入表格式数据

Step 3　拖动选取导入表格中的所有单元格，然后在【属性】面板中展开【目标规则】下拉列表，选择 text01 规则项目，如图 4.76 所示。

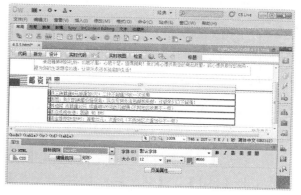

图 4.76　套用 CSS 规则

Step 4 在【属性】面板中设置【高】参数为 25，如图 4.77 所示。

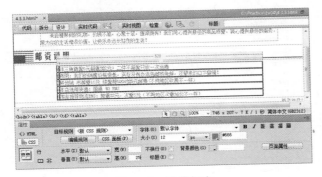

图 4.77　设置行高

Step 5 向右拖动表格的第二条垂直边框，扩大第一列的宽度，如图 4.78 所示。

图 4.78　手动调整列宽

Step 6 选择导入的表格，再选择【命令】|【排序表格】命令，如图 4.79 所示。

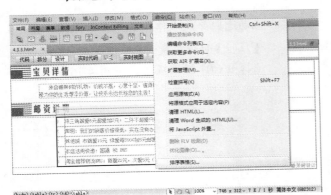

图 4.79　选择【排序表格】命令

Step 7 打开【排序表格】对话框，设置【排序按】为【列 1】、【顺序】为【按字母顺序】和【升序】，再选中【排序包含第一行】复选

框，然后单击【确定】按钮，如图 4.80 所示。

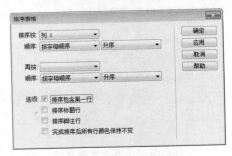

图 4.80　设置表格排序

本实例结合快速导入表格式资料并设置表格资料自动排列后的结果如图 4.81 所示。

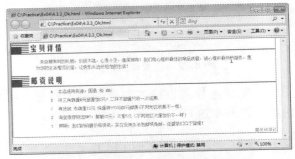

图 4.81　导入表格并快速排列后的结果

4.4　上机练习——设计产品说明表

本例上机练习将综合本章网页表格布局编排的相关知识，介绍一个产品说明表的设计方法。请先打开练习文档 "..\Example\Ex04\4.4.html"，再按照以下步骤进行操作，完成如图 4.82 所示的操作结果。

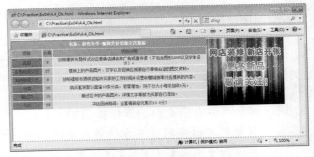

图 4.82　产品说明设计结果

设计产品说明表的操作步骤如下。

Step 1 定位光标在表格中的空白单元格，选择【文件】|【导入】|【表格式数据】命令，如图 4.83 所示。

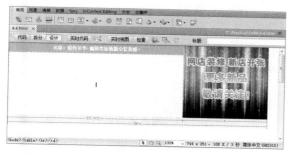

图 4.83　导入表格式数据命令

Step 2 打开【导入表格式数据】对话框，在【数据文件】文本框中指定 "..\Example\Ex04\4.4.txt" 素材文件，再设置表格宽度为 575 像素，单元格边框、边距、间距都为 0，最后单击【确定】按钮，如图 4.84 所示。

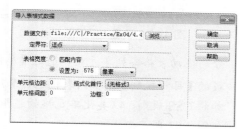

图 4.84　设置导入表格式数据

Step 3 拖动选择导入的表格中的所有单元格，然后在【属性】面板中设置【高】参数为 25，在【目标规则】下拉列表中选择 STYLE8 规则项目，如图 4.85 所示。

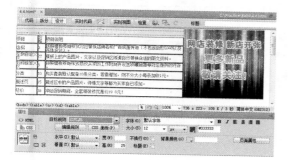

图 4.85　设置表格属性

Step 4 拖动选择导入表格的第一列，在【属性】面板中设置【宽】参数为 90，如图 4.86 所示。

图 4.86　设置单元格宽度

Step 5 依照与步骤 4 相同的操作，为表格的第二列设置宽度为 25，第三列设置宽度为 457，结果如图 4.87 所示。

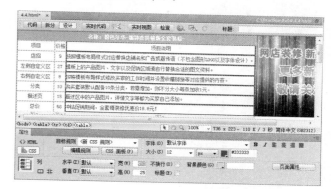

图 4.87　设置其他单元格宽度

Step 6 拖动表格第一行单元格，在【属性】面板中单击【背景颜色】色块，然后移动光标至表格上方的绿色标题栏单击选取颜色(如图 4.88 所示)，为所选单元格填充相同的绿色。

Step 7 依照与步骤 6 相同的方法，为表格的第一列单元格设置橙色(#FF5E28)，第二列单元格设置灰色(#C8C8C8)，第三列单元格设置灰色(#EAEAEA)，结果如图 4.89 所示。

Step 8 按 Shift+F11 快捷键，在打开的【CSS 样式】面板中单击【新建 CSS 规则】按钮，如图 4.90 所示。

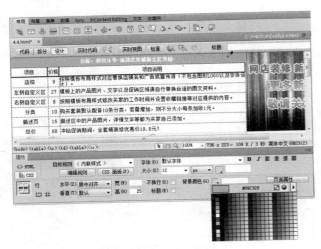

图 4.88 填充颜色

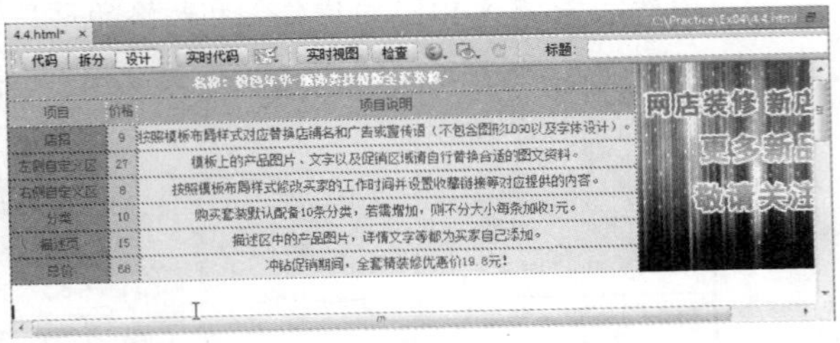

图 4.89 填充其他颜色

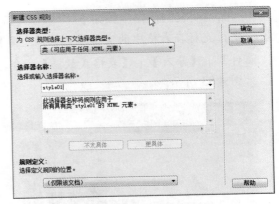

图 4.91 输入选择器名称

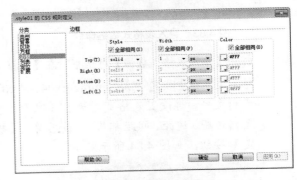

图 4.92 设置边框规则

Step 11　分别拖动表格各列单元格，通过【属性】面板的【目标规则】下拉列表框选择套用新添加的 CSS 规则，以美化单元格的边框效果，如图 4.93 所示。

图 4.90 添加 CSS 规则

Step 9　打开【新建 CSS 规则】对话框，在【选择器名称】下拉列表框中输入名称，然后单击【确定】按钮，如图 4.91 所示。

Step 10　打开 CSS 规则定义对话框，在左边的【分类】列表框中选择【边框】选项，然后在右边区域中分别设置 Style、Width、Color 的各项参数，再单击【确定】按钮，如图 4.92 所示。

图 4.93 导入表格式数据后的效果

4.5　章后总结

表格是用于布局网页版面、定位和编排各种网页内容的重要元素。本章介绍使用表格及单元格规划页面布局，编排、美化表格和单元格，以及表格自动处理的操作技巧。

4.6　章后实训

本章实训题要求为网页插入一个表格并编辑其中的单元格，接着再为各单元格编排文本内容。

操作方法如下：打开练习文档，先定位插入点，通过【插入】面板插入一个 3 行 2 列、边框为 1、宽度为 580 像素的表格，接着分别设置表格第一行高度为 50，第二、三行高度为 25，然后将网页下面的文本移到表格各单元格内，最后以手动方式调整表格第一列的宽度。整个操作流程如图 4.94 所示。

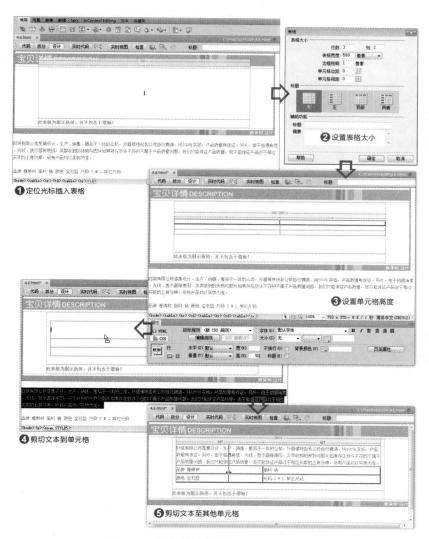

图 4.94　插入并编排表格资料的操作流程

第 5 章

添加图像与媒体内容

　　Dreamweaver CS5 提供了丰富的图像和多媒体功能，可为网页加入图像、互动图像、声音、动画和视频等内容，使网页页面内容影音具备、丰富多彩。本章将通过多个实例介绍在网页中添加图像和多媒体元素的各种操作方法，学习多媒体互动网页设计技巧。

本章学习要点

- ➤　图像的插入与编辑
- ➤　其他图像对象的插入与编排
- ➤　媒体对象插入与编排

5.1 插入与编修图像

图像是除了文本之外，网页中另一类重要的内容。在网页中图像既可以直观表达信息，也可起到装饰美化的作用。本节将介绍为网页插入与编修图像的方法。

5.1.1 插入图像

使用 Dreamweaver CS5 为网页插入图像的方法很简单，只需使用插入图像功能，指定图像地址即可。下面详细介绍插入图像的操作方法。

插入图像的操作步骤如下。

Step 1 打开本书光盘中的 "..\Example\Ex05\ 5.1.1.html" 文档，将光标定位在需要插入图像的位置，然后在【插入】面板中单击【图像：图像】按钮，如图 5.1 所示。

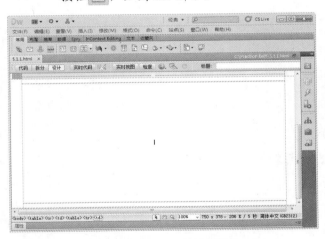

图 5.1 定位并准备插入图像

Step 2 打开【选择图像源文件】对话框，指定本书光盘中的 "..\Example\Ex05\images \pic.png" 素材文档，再单击【确定】按钮，如图 5.2 所示。

Step 3 随之弹出【图像标签辅助功能属性】对话框，进行【替换文本】和【详细说明】设置；也

可直接单击【取消】按钮忽略此操作，如图 5.3 所示。

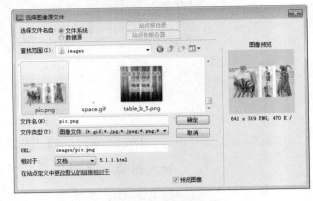

图 5.2 指定图像文档

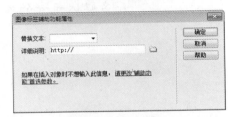

图 5.3 取消设置辅助功能

为网页插入图像的结果如图 5.4 所示。

图 5.4 插入图像的结果

若不想每次插入图片以及接下来插入其他图像及多媒体素材时，都弹出【图像标签辅助功能属性】对话框，可单击该对话框下方的"请更改'辅助功能'首选参数"链接，从而通过首选参数设置不再显示辅助功能设置。

5.1.2　设置图像属性

为网页插入图像后，可通过【属性】面板设置图像的大小、替换文本、链接等属性。本小节将以设置图像替换文本为例，介绍图像属性的设置方法。

设置图像属性的操作步骤如下。

 打开本书光盘中的".. \Example\Ex05\5.1.2.html"文档，选择网页上方的横幅图像，在【属性】面板中的【替换】文本框中输入文本，然后按 Enter 键，如图 5.5 所示。

图 5.5　设置替换文本

 再选择网页下方的产品介绍图像，在【属性】面板中的【宽】和【高】文本框中输入参数，然后按 Enter 键，如图 5.6 所示。

为图像设置替换文本后，当图像在浏览器中不能正常显示时，将在图像位置处显示替换文本内容，若图像能够正常显示，当浏览者将光标停留在图像上时，替换文本就会出现在光标旁边，如图 5.7 所示。

图 5.6　设置图像的宽/高

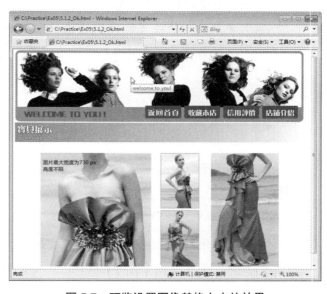

图 5.7　预览设置图像替换文本的效果

5.1.3　编辑与美化图像

除了基本的图像属性设置外，Dreamweaver CS5还提供了图像编辑功能，包括裁剪、亮度和对比度、锐化等设置，通过这些功能用户可快速编辑与美化图像外观。

编辑与美化图像的操作步骤如下。

 打开本书光盘中的".. \Example\Ex05\5.1.3.html"文档，选择网页右边第一个主题图像，在【属性】面板中单击【锐化】按钮，如图 5.8

所示。

图 5.8　锐化图像

Step 2 弹出提示对话框,提示执行操作的图像将被永久更改,可执行【编辑】|【撤销】命令返回修改前,单击【确定】按钮,如图 5.9 所示。

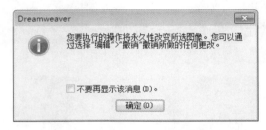

图 5.9　锐化提示信息框

Step 3 打开【锐化】对话框,根据美化需要输入锐化参数,然后单击【确定】按钮,如图 5.10 所示。

图 5.10　设置锐化参数

注　意

使用 Dreamweaver CS5 的图像编辑功能,源图像文档将被修改,建议在操作前备份图像素材,以便后续他用。另外,在步骤 2 的操作中若选中【不要再显示该消息】复选框,后续使用相关编辑功能时将不显示该提示框。

Step 4 选择网页中第二张主题图像,在【属性】面板中单击【亮度/对比度】按钮,如图 5.11 所示。

图 5.11　单击【亮度/对比度】按钮

Step 5 打开【亮度/对比度】对话框后,根据需要设置亮度和对比度参数,然后单击【确定】按钮,如图 5.12 所示。

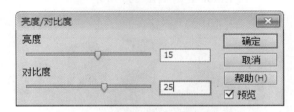

图 5.12　设置亮度/对比度参数

Step 6 在【属性】面板中单击【剪裁】按钮,使图像进入剪裁模式,如图 5.13 所示。

图 5.13　单击【剪裁】按钮

Step 7 向左上方拖动图片左上角的调整点,设置图像左上裁剪位置,如图 5.14 所示。

图 5.14　调整左上裁剪范围

 拖动图像右下方调整点，将裁剪范围调至图像右下方黑色边框之外，如图 5.15 所示。最后在【属性】面板中再次单击【剪裁】按钮 ⊘，完成图像的剪裁。

图 5.15　调整右下裁剪范围

完成图像的编辑处理后，可按 F12 功能键预览编辑结果。图 5.16 所示为图像编辑前后的效果对比。

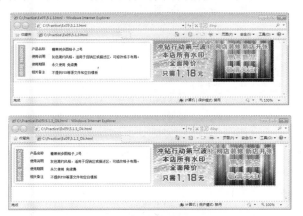

图 5.16　图像编辑前后的效果对比

5.1.4　图像最佳化编辑

Dreamweaver CS5 还提供了图像编辑设置操作，用户可根据需要重新设置图像格式、尺寸、文档大小，使网页中的图像呈现最佳化。

图像最佳化编辑的操作步骤如下。

 打开本书光盘中的 "..\Example\Ex05\ 5.1.4.html" 文档，选择网页上方的横幅图像，在【属性】面板中单击【编辑图像设置】按钮 ，如图 5.17 所示。

图 5.17　编辑图像设置

 打开【图像预览】对话框，在【格式】下拉列表中选择 JPEG 选项，设置【品质】参数为 80，然后单击【确定】按钮，如图 5.18 所示。

图 5.18　设置图像格式和品质

 打开【保存 Web 图像】对话框，指定保存位置和名称，然后单击【保存】按钮，如图 5.19 所示。

 选择网页下方的产品图像，在【属性】面板中单击【编辑图像设置】按钮 ，如图 5.20 所示。

图 5.19　另存图像

图 5.22　另存另一张图像

图 5.20　编辑另一张图像

Step 5 打开【图像预览】对话框，切换至【文件】
选项卡，修改【宽】和【高】参数，然后单
击【确定】按钮，如图 5.21 所示。

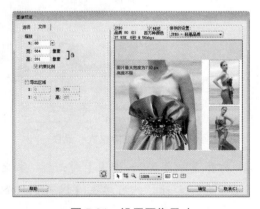

图 5.21　设置图像尺寸

Step 6 打开【保存 Web 图像】对话框，指定保存
位置和名称，然后单击【保存】按钮，如
图 5.22 所示。

5.1.5　制作网页图像背景

新建的网页默认不具备背景效果而显示为白色，
为了使网页效果看上去更丰富多彩，同时也呈现所需
的个性风格，可选择一种颜色或指定图像作为网页
背景。

制作网页图像背景的操作步骤如下。

Step 1 打开本书光盘中的"..\Example\Ex05\5.1.5.html"
文档，在菜单栏中选择【修改】|【页面属
性】命令，如图 5.23 所示。

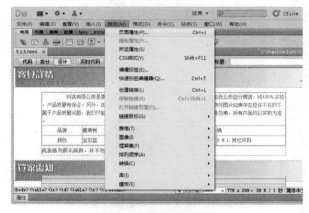

图 5.23　修改页面属性

Step 2 打开【页面属性】对话框，在【分类】列表
框中选择【外观(HTML)】选项，然后单击
【背景图像】文本框后的【浏览】按钮，如
图 5.24 所示。

图 5.24　设置外观属性

> **提　示**
>
> Dreamweaver CS5 的【页面属性】功能提供了
> CSS 和 HTML 两种外观修改方式，本例直接在网
> 页内以 HTML 代码编写方式进行设置。此外，也
> 可以通过定义 CSS 规则的方式来实现，如图 5.25
> 所示。具体可根据用户的需要而定。

图 5.25　CSS 外观设置方式

Step 3 打开【选择图像源文件】对话框后，指定本
书光盘中的 "..\Example\Ex05\images\5.1.5.jpg"
图像素材，然后依次单击【确定】按钮，如
图 5.26 所示。

图 5.26　指定背景图像

完成网页背景设置后，可按 F12 功能键预览网页
背景图像设置效果，如图 5.27 所示。

图 5.27　设置背景图像后的效果

5.1.6　实例——编辑产品图像

本实例将综合本节所介绍的各项插入与编辑图
像方法，为网页添加装饰和产品图片，完成一个产品
图像展示页面的制作。首先打开 "..\Example\Ex05\
5.1.6.html" 文档，然后根据以下步骤完成整个操作。

添加产品图像的操作步骤如下。

Step 1 定位光标在表格第一行，在【插入】面板中
单击【图像：图像】按钮 ，如图 5.28
所示。

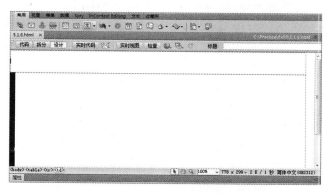

图 5.28　定位需要插入图像的位置

Step 2 打开【选择图像源文件】对话框，指定
本书光盘中的 "..\Example\Ex05\images\
CT040F_11.gif" 素材文档，再单击【确定】

按钮，如图 5.29 所示。

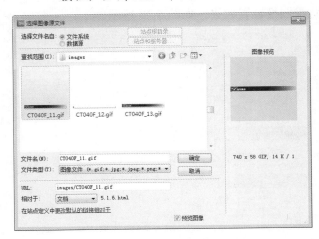

图 5.29　指定图像

Step 3　依照前面两个步骤，分别为表格中第二和第
三行插入另外两个图片素材，如图 5.30
所示。

图 5.30　插入其他图像

Step 4　选择网页中间的产品图像，在【属性】面板
中单击【编辑图像设置】按钮，如图 5.31
所示。

Step 5　打开【图像预览】对话框，在【格式】下拉
列表中选择 JPEG 选项，设置【品质】参数
为 90，然后单击【确定】按钮，如图 5.32
所示。

Step 6　切换至【文件】选项卡，修改【宽】和【高】
参数，然后单击【确定】按钮，如图 5.33
所示。

图 5.31　单击【编辑图像设置】按钮

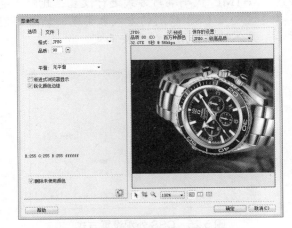

图 5.32　设置图像格式和品质

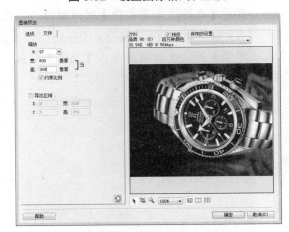

图 5.33　设置图像尺寸

Step 7　打开【保存 Web 图像】对话框，指定保存
位置和名称，然后单击【保存】按钮，如

图 5.34 所示。

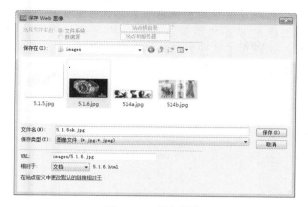

图 5.34　另存图像

Step 8 在【属性】面板中单击【亮度/对比度】按钮，如图 5.35 所示。

图 5.35　单击【对比度/亮度】按钮

Step 9 打开【亮度/对比度】对话框后，根据需要设置亮度和对比度参数，然后单击【确定】按钮，如图 5.36 所示。

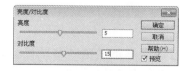

图 5.36　设置亮度与对比度参数

Step 10 在【属性】面板中单击【锐化】按钮，如图 5.37 所示。

Step 11 打开【锐化】对话框，根据美化需要输入锐化参数，然后单击【确定】按钮，如图 5.38

所示。

图 5.37　单击【锐化】按钮

图 5.38　设置锐化参数

完成网页中产品图像的编辑后的结果如图 5.39 所示。

图 5.39　编辑网页产品图像的结果

5.2　插入其他图像对象

除了插入图像外，Dreamweaver CS5 还可以插入具备互动效果的鼠标经过图像以及实用的图像占位符，本节将分别介绍这两项功能的应用技巧。

5.2.1　插入图像占位符

在网页设计中，若暂时未能找到合适的图像素材，可先插入一个图像占位符，在网页中预留一个相应大小的位置，待后续找到合适图像后，便可将图像占位符替代。

插入图像占位符的操作步骤如下。

 打开本书光盘中的"..\Example\Ex05\5.2.1.html"文档，将光标定位在需要插入图像占位符的位置，然后在【插入】面板中展开【图像】下拉菜单，选择【图像占位符】命令，如图 5.40 所示。

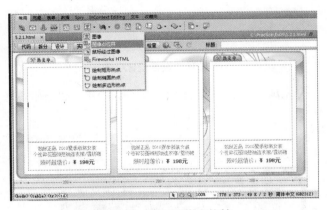

图 5.40　插入图像占位符

 打开【图像占位符】对话框，分别设置图像的【名称】、【宽度】、【高度】、【颜色】和【替换文本】，然后单击【确定】按钮，如图 5.41 所示。

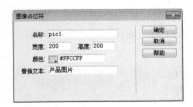

图 5.41　设置图像占位符对象属性

Step 3　根据与步骤 2 相同的操作，为其他两个空白单元格插入相同的图像占位符，结果如图 5.42 所示。

在网页中插入图像占位符后，若需要将准备好的图像内容替换图像占位符，可先选择图像占位符，然后在【属性】面板的【源文件】文本框中输入图像文件地址即可。

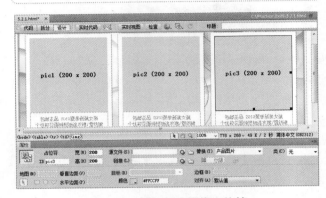

图 5.42　插入其他图像占位符

完成插入占位符的操作后，保存成果并按 F12 功能键预览插入图像占位符的结果，如图 5.43 所示。

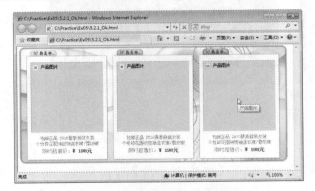

图 5.43　插入图像占位符的结果

5.2.2　插入鼠标经过图像

鼠标经过图像是指浏览者移动鼠标到网页上某一图像时，该图像显示其他图像效果，从而显示互动的网页效果，增强网页的浏览性。

插入鼠标经过图像的操作步骤如下。

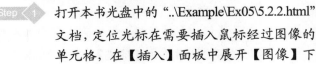 打开本书光盘中的"..\Example\Ex05\5.2.2.html"文档，定位光标在需要插入鼠标经过图像的单元格，在【插入】面板中展开【图像】下

拉菜单，选择【鼠标经过图像】命令，如图 5.44 所示。

图 5.44　插入鼠标经过图像

 打开【插入鼠标经过图像】对话框，在【图像名称】文本框中输入名称，然后单击【原始图像】文本框后面的【浏览】按钮，如图 5.45 所示。

图 5.45　设置图像名称

 打开【原始图像】对话框，指定图像素材 "..\Example\Ex05\images\CT032A_15.png"，然后单击【确定】按钮，图 5.46 所示。

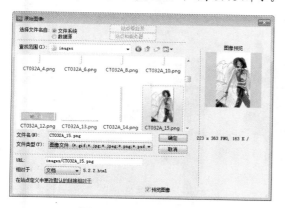

图 5.46　指定原始图像

 返回【插入鼠标经过图像】对话框，再指定

【鼠标经过图像】为 "..\Example\Ex05\images\CT032A_15b.png" 素材文档，并分别输入替换文本和链接地址，然后单击【确定】按钮，如图 5.47 所示。

图 5.47　完成设置鼠标经过原始图像

完成插入鼠标经过图像的操作后，保存网页文件并按 F12 功能键预览网页效果，可看到鼠标经过图像后图像的变换效果，如图 5.48 所示。

图 5.48　鼠标经过原始图像位置出现的图像

5.2.3　实例——制作产品格子页面

本实例将综合图像占位符和鼠标经过图像两项功能，制作产品格子页面。请先打开练习文档 "..\Example\Ex05\5.2.3.html"，然后依照以下详细过程进行操作。

制作产品格子页面的操作步骤如下。

定位光标在网页左边的空白单元格中，在【插入】面板中展开【图像】下拉菜单，选择【鼠标经过图像】命令，如图 5.49 所示。

图 5.49　插入鼠标经过图像

Step 2 打开【插入鼠标经过图像】对话框，分别指定【原始图像】和【鼠标经过图像】素材，再设置替换文本和图像链接地址，然后单击【确定】按钮，如图 5.50 所示。

图 5.50　设置鼠标经过图像

Step 3 将光标定位在网页右边第一个空白产品格子内，在工具栏中展开【图像】下拉菜单，选择【图像占位符】命令，如图 5.51 所示。

图 5.51　插入图像占位符

Step 4 打开【图像占位符】对话框，分别设置图像

名称、宽度、高度、颜色和替换文本，然后单击【确定】按钮，如图 5.52 所示。

Step 5 依照与步骤 3 和步骤 4 相同的方法，为网页右边其他空白格插入相同的图像占位符，结果如图 5.53 所示。

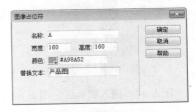

图 5.52　设置图像占位符

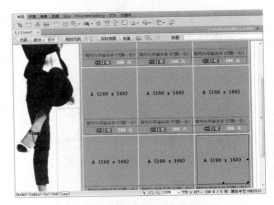

图 5.53　插入其他图像占位符

完成本例操作后，保存成果并按 F12 功能键预览网页效果，结果如图 5.54 所示。

图 5.54　制作产品格子页面的结果

5.3　插入媒体对象

Dreamweaver CS5 提供了丰富的多媒体功能，通过这些功能可为网页插入动画、声音和视频等多媒体素材。本节将介绍为网页插入多媒体对象的方法。

5.3.1　插入 Flash 动画

Flash 动画以文档容量小、动画效果丰富并具备互动性等特点而深受网页设计人员的喜爱。Dreamweaver CS5 提供了插入 Flash 动画的功能，下面介绍为网页插入 Flash 动画的操作方法。

插入 Flash 动画的操作步骤如下。

 打开本书光盘中的 "..\Example\Ex05\5.3.1.html" 文档，定位光标在需要插入 Flash 动画的位置，然后在【插入】面板中展开【媒体】下拉菜单，选择 SWF 命令，如图 5.55 所示。

图 5.55　选择 SWF 命令

Step 2 打开【选择 SWF】对话框，选择本书光盘中的 "..\Example\Ex05\images\5.3.1.swf" 素材文件，然后单击【确定】按钮，如图 5.56 所示。

为网页 Flash 动画指定素材后，可在【属性】面板中修改该对象的尺寸并设置其播放品质等；同时也可单击【播放】按钮，直接预览动画效果，结果如图 5.57 所示。

图 5.56　指定 SWF 素材

图 5.57　直接预览动画效果

说　明

使用 Dreamweaver CS5 在网页中插入 Flash 动画并保存网页结果后，自动弹出【复制相关文件】对话框，提示将自动复制动画播放的支持文件到网页所保存的同一文件夹内，如图 5.58 所示。

图 5.58　复制相关文件

5.3.2 添加 FLV 视频

Dreamweaver CS5 提供了为网页插入 FLV 视频的功能，通过该功能可将视频文件以 Flash 动画的方式添加到网页上，此后浏览者便可通过该多媒体对象上的控制栏播放或暂停视频。下面介绍在页面中插入 FLV 视频的方法。

添加 FLV 视频的操作步骤如下。

Step 1 打开本书光盘中的 "..\Example\Ex05\5.3.2.html" 文档，定位光标在网页中的空白单元格中，然后在【插入】面板中展开【媒体】下拉菜单，选择 FLV 命令，如图 5.59 所示。

图 5.59 选择 FLV 命令

Step 2 打开【插入 FLV】对话框，选择【视频类型】为【累进式下载视频】。然后单击 URL 文本框后的【浏览】按钮，打开【选择 FLV】对话框，选择本书光盘中的 "..\Example\Ex05\images\5.3.2.flv" 视频文件，然后单击【确定】按钮，如图 5.60 所示。

Step 3 返回【插入 FLV】对话框，在【外观】下拉列表中选择 Corona Skin 3(最小宽度：258)选项，再设置宽度和高度参数，选中【自动播放】复选框，然后单击【确定】按钮，如图 5.61 所示。

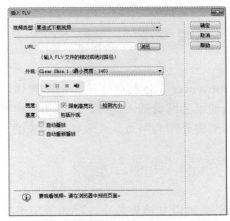

图 5.60 选择 FLV 素材文件

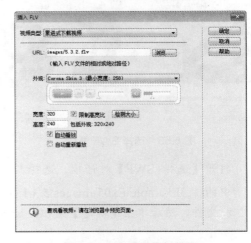

图 5.61 设置视频播放器

提 示

使用 Dreamweaver CS5 在网页中插入 FLV 视频后，同样也可通过【属性】面板直接为对象修改宽高尺寸、FLV 视频源文件、播放器外观和播放方式等，如图 5.62 所示。

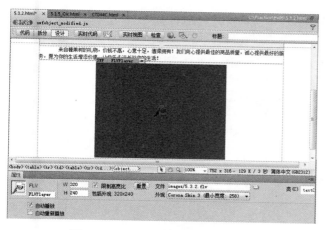

图 5.62　FLV 视频对象的属性面板

完成为网页添加 FLV 视频的操作后，保存成果并按 F12 功能键预览视频播放效果，如图 5.63 所示。

图 5.63　预览 FLV 视频的播放效果

5.3.3　添加 Web 背景音乐

在网页中加入背景音乐后，浏览者可以一边浏览网页内容，一边欣赏音乐。本例介绍在网页中添加背景音乐的操作方法。

添加 Web 背景音乐的步骤如下。

Step 1　打开本书光盘中的 "..\Example\Ex05\5.3.3.html 文档，定位光标在网页所有内容下方，在【插入】面板中展开【媒体】下拉菜单，选择【插件】命令，如图 5.64 所示。

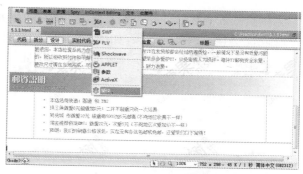

图 5.64　选择【插件】命令

Step 2　打开【选择文件】对话框，选择本书光盘中的 "..\Example\Ex05\images\5.3.3.MID" 素材文件，然后单击【确定】按钮，如图 5.65 所示。

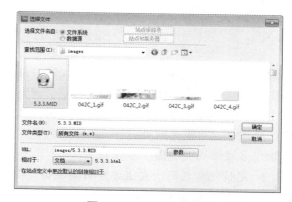

图 5.65　选择声音素材

Step 3　选择新插入的声音插件，在【属性】面板中设置【宽】参数为 180，以便完整显示整个插件的控制面板，如图 5.66 所示。

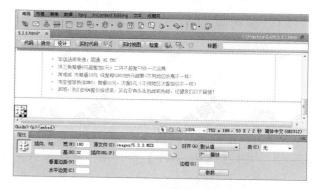

图 5.66　设置插件属性

为网页插入声音插件并设置属性后，保存成果并按 F12 功能键预览网页的效果，如图 5.67 所示。此时，可看到网页下方用于控制音乐播放的背景音乐插件。

所示。

图 5.69　指定 SWF 素材

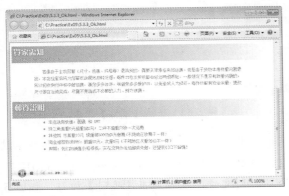

图 5.67　浏览网页播放音乐效果

5.3.4　实例——制作多媒体网页

本实例结合 Dreamweaver CS5 添加媒体对象的各项功能，介绍一个多媒体网页设计的方法。请先打开练习文档"..\Example\Ex05\5.3.4.html"，再按照下面的操作过程学习多媒体网页设计。

制作多媒体网页的操作步骤如下。

Step 1　定位光标在网页左上方空白单元格，在【插入】面板中展开【媒体】下拉菜单，选择 SWF 命令，如图 5.68 所示。

图 5.68　选择 SWF 命令

Step 2　打开【选择 SWF】对话框，选择本书光盘中的"..\Example\Ex05\images\5.3.4.swf"素材文件，然后单击【确定】按钮，如图 5.69

Step 3　定位光标在插入的 Flash 动画下方单元格，在【插入】面板中展开【媒体】下拉菜单，选择【插件】命令，如图 5.70 所示。

图 5.70　选择【插件】命令

Step 4　打开【选择文件】对话框，选择本书光盘中的"..\Example\Ex05\images\5.3.4.wav"素材文件，然后单击【确定】按钮，如图 5.71 所示。

图 5.71　指定声音素材文件

Step 5　选择声音插件，在【属性】面板中设置【宽】 结果。

参数为 178，如图 5.72 所示。

图 5.72　设置插件属性

为网页插入媒体素材后，另存成果并按 F12 功能键预览网页，结果如图 5.73 所示。

图 5.73　制作的多媒体网页的效果

5.4　上机练习——设计网店欢迎促销区

本例上机练习将综合本章所介绍的为网页添加图像和媒体的相关知识，制作一个网店欢迎促销区效果。首先打开练习文档 "..\Example\Ex05\5.4.html"，再按照以下步骤进行操作，完成如图 5.74 所示的操作

图 5.74　网店欢迎促销区设计结果

设计网店欢迎促销区的操作步骤如下。

Step 1　将光标定位在网页中的空白单元格内，然后在【插入】面板中单击【图像：图像】按钮 ，如图 5.75 所示。

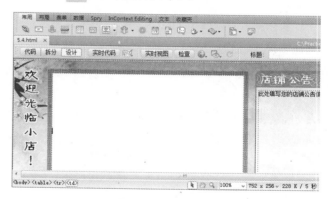

图 5.75　定位光标

Step 2　打开【选择图像源文件】对话框，指定本书光盘中的 "..\Example\Ex05\images \5.4.png" 素材文档，再单击【确定】按钮，如图 5.76 所示。

Step 3　选择新插入的图像，在【属性】面板中单击【编辑图像设置】按钮 ，如图 5.77 所示。

Step 4　打开【图像预览】对话框，在【格式】下拉列表中选择 JPEG 选项，设置【品质】参数为 90，然后单击【确定】按钮，如图 5.78

所示。

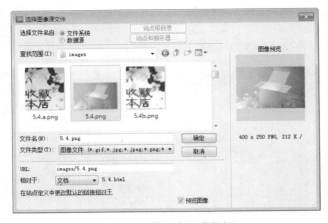

图 5.76　导入表格式数据

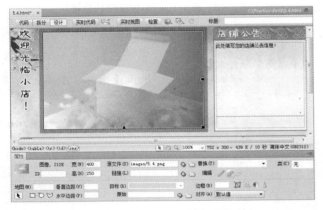

图 5.77　单击【编辑图像设置】按钮

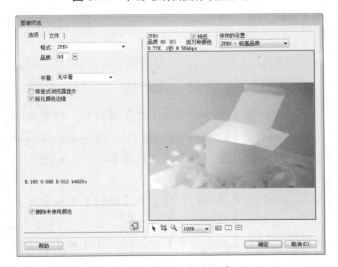

图 5.78　修改文件格式

Step 5　打开【保存 Web 图像】对话框，指定保存位置和名称，然后单击【保存】按钮，如图 5.79 所示。

图 5.79　另存图像

Step 6　在【属性】面板中单击【锐化】按钮，如图 5.80 所示。

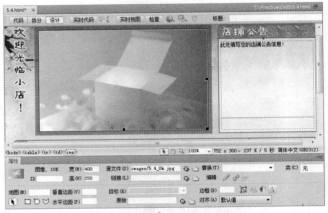

图 5.80　单击【锐化】按钮

Step 7　打开【锐化】对话框，设置【锐化】参数为5，然后单击【确定】按钮，如图 5.81 所示。

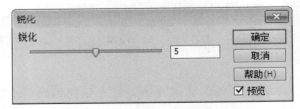

图 5.81　设置锐化参数

Step 8　在【属性】面板中单击【亮度/对比度】按

钮 ⚪，如图 5.82 所示。

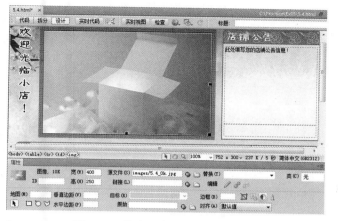

图 5.82　单击【亮度/对比度】按钮

Step 9 打开【亮度/对比度】对话框后，设置【亮度】参数为 5，【对比度】参数为 3，然后单击【确定】按钮，如图 5.83 所示。

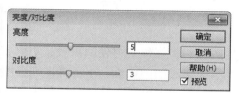

图 5.83　设置亮度和对比度参数

Step 10 定位光标在店铺公告区下方空白单元格，在【插入】面板中展开【媒体】下拉菜单，选择【插件】命令，如图 5.84 所示。

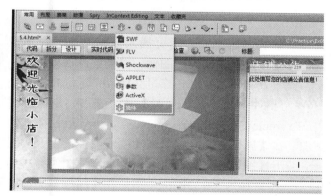

图 5.84　选择【插件】命令

Step 11 打开【选择文件】对话框，选择本书光盘中的 "..\Example\Ex05\images\5.4.MID" 素材

文件，然后单击【确定】按钮，如图 5.85 所示。

图 5.85　指定声音素材

Step 12 选择声音插件，在【属性】面板中设置【宽】参数为 175，【高】参数为 30，如图 5.86 所示。

图 5.86　设置插件属性

Step 13 定位光标在网页右下角的空白单元格中，在【插入】面板中展开【图像】下拉菜单，选择【鼠标经过图像】命令，如图 5.87 所示。

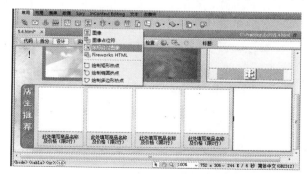

图 5.87　选择【鼠标经过图像】命令

Step 14 打开【插入鼠标经过图像】对话框，分别指

定【原始图像】和【鼠标经过图像】素材，再设置替换文本和图像链接地址，然后单击【确定】按钮，如图 5.88 所示。

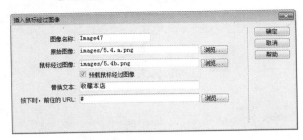

图 5.88　设置鼠标经过图像

Step 15 将光标定位在网页左边第一个空白产品格子内，在工具栏中展开【图像】下拉菜单，选择【图像占位符】命令，如图 5.89 所示。

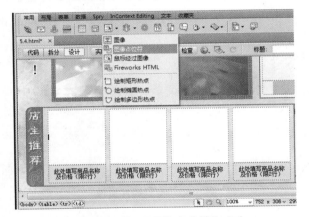

图 5.89　选择【图像占位符】命令

Step 16 打开【图像占位符】对话框，分别设置图像的名称、宽度、高度、颜色和替换文本，然后单击【确定】按钮，如图 5.90 所示。

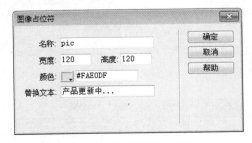

图 5.90　设置图像占位符

Step 17 依照与步骤 15 和步骤 16 相同的方法，接着

为网页左下方其他三个空白单元格插入相同大小的图像占位符，结果如图 5.91 所示。

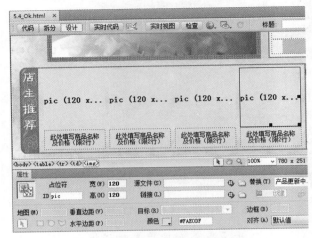

图 5.91　插入其他图像占位符

5.5　章后总结

添加图像和多媒体素材使网页效果更丰富，同时也增强了页面信息的阅读性。本章将详细介绍在网页中插入图片、图像占位符、鼠标经过图像、Flash、视频、声音等素材的操作方法，学习使用 Dreamweaver CS5 制作影音多媒体网页的操作技巧。

5.6　章后实训

本章实训题要求为网页插入横幅图像并对图像进行最佳化处理，再锐化图像，以增强图像效果。

操作方法如下：打开练习文档，先定位光标在空白单元格中，通过【插入】面板插入图像素材"..\Example\Ex05\images\5.6.png"，再选取已插入的图像。在【属性】面板中单击【编辑图像设置】按钮，打开【编辑图像设置】对话框，修改图像格式为 JPEG，再另存为 5.6_Ok.jpg。最后在【属性】面板中单击【锐化】按钮，打开【锐化】对话框设置锐化参数。整个操作流程如图 5.92 所示。

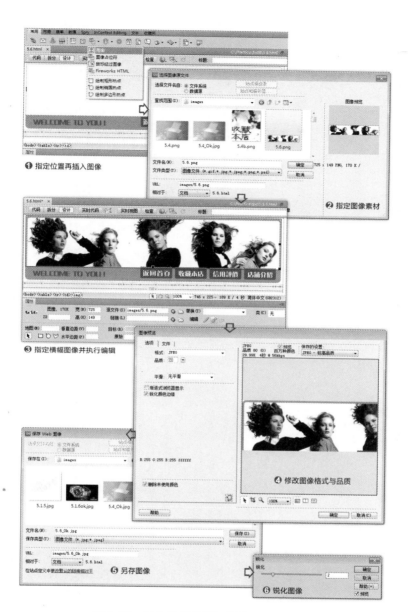

图 5.92　插入并优化网页图像的操作流程

第6章

用 CSS 进行页面布局

CSS 规则不但能够弥补 HTML 网页设计的不足，还能进一步美化网页中各种元素的外观，同时也为网页的设计提供了便捷。本章将详细介绍如何在 Dreamweaver CS5 中使用 CSS 定义设计精美的网页效果。

本章学习要点

- ➢ CSS 规则应用原理及方法
- ➢ CSS 选择器类型与位置
- ➢ CSS 规则的创建方法
- ➢ 附加样式表的创建方法
- ➢ 用 CSS 滤镜制作页面特效

6.1　关于 CSS 规则

本节将介绍 CSS 基础知识，包括 CSS 的起源、CSS 选择器类型和 CSS 规则与应用方法，了解 Dreamweaver CS5 所提供的 CSS 应用功能。

6.1.1　认识 CSS 规则

HTML 是网页设计的基础语言，但由于 HTML 语言的局限性，使网页设计存在应用不够丰富、操作不够灵活等缺陷。以文字设置为例，只有少量标题样式，特别是链接文本总会显示下划线且颜色固定不变，而 CSS 的出现大大丰富了网页外观的设计。通过 CSS 规则可以根据各种需求设置文本、图像、表格等网页元件的外观效果。

CSS 源于 1994 年 W3C 组织提出的"CSS(层叠样式表)"概念，其目的是解决 HTML 在网页设计方面的局限。1996 年通过审核正式发表了 CSS 1.0。CSS 1.0 规范了 HTML 页面的属性，这些属性代替了传统的字体标签和其他"样式"标记，如颜色和边距，但是需要 IE 4.0 和 Netscape 4.0 以上版本的浏览器支持。

直至 1998 年 5 月，W3C 批准了 CSS 2.0 规范，添加了一些附加功能，并引进了定位属性，这些属性代替了表格标签普遍的用法。而全新的 CSS 3.0 则发布于 2011 年 6 月，它新增了丰富的定义功能，如文本阴影、对象变换、色彩渐变等技术，特别是趋向于模块化发展，使用户有更多的途径完善页面的布局和美观度。

总的来说，CSS 具有以下三个重要的应用特点。

- 极大地补充了 HTML 语言在网页对象外观样式上的编辑。
- 能够控制网页中的每一个元素(精确定位)。
- 能够将 CSS 样式与网页对象分开处理，极大地减少了工作量。

Dreamweaver CS5 全面支持 CSS 3.0 规则，即能够直接在"起始页"创建 CSS 样式的表文件，还可以通过【CSS 样式】面板完成创建/附加、定义、编辑和

管理 CSS 样式表的工作，而且新版本还提供了丰富的 CSS 布局样式，通过这些布局可快速完成页面布局所需的一组完整的 CSS 样式，如图 6.1 所示。

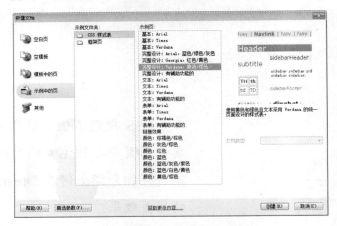

图 6.1　新建 CSS 样式表示例页

6.1.2　CSS 应用原理及方法

下面介绍 CSS 规则的应用原理和通过 Dreamweaver CS5 应用 CSS 样式的三种方法。

1. CSS 规则应用原理

使用 Dreamweaver CS5 为网页设计添加 CSS 规则后，会将页面内容与其 CSS 规则定义分开，在页面中所见即所得的内容主要是指 HTML 代码<body>标签中的内容，而用于定义网页对象外观格式的 CSS 规则主要是放置在 HTML 网页的"文件头"或另一个专属的 CSS 格式文件中(外部样式表)。

CSS 规则的样式表由选择器和声明两部分组成：选择器是标识格式元素的术语(如 TR、P、H1 标记或 ID)；而声明则用于定义元素外观。其中声明又分为属性(如 font-family)和值(如#FF00CC)两部分。如图 6.2 所示，名称为".text01" CSS 样式的含义为：文本大小为 12px、行高为 16px；".text03" CSS 样式的含义为：文本大小为 12px，文本颜色为黑色(#000)。

图 6.2　驻留在"文件头"的 CSS 样式

CSS 规则的应用方式决定了它在网页设计中的优点，即设计者需要修改网页中某一组内容外观样式时，直接修改 CSS 规则中的声明代码，便可将网页中套用该样式的内容一起更新，这为网页设计工作带来了很大方便。

2. 三种 CSS 应用方法

在 Dreamweaver CS5 网页设计中，当需要为网页加入 CSS 样式时，可分别通过以下三种方法完成。

- 在打开网页文件的情况下，通过【CSS 样式】面板新增并定义 CSS 规则，再将 CSS 规则套用到网页中，如图 6.3 所示。

图 6.3　通过【CSS 样式】面板新增 CSS

- 同样先打开【CSS 样式】面板，再使用"附加样式表"功能，以链接或导入的方式附加

外部的 CSS 样式表，并将其中的 CSS 规则套用至网页对象，如图 6.4 所示。

图 6.4　通过【CSS 样式】面板外联 CSS

- 在 Dreamweaver 中切换至【代码】或【拆分】视图模式后，从中编写、粘贴 CSS 代码。如图 6.5 所示。

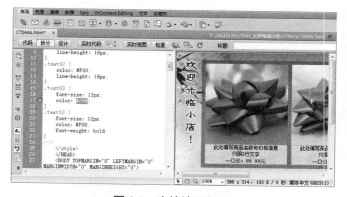

图 6.5　直接编写代码

提　示

Dreamweaver CS5 的代码视图模式提供了智能化的代码编写功能，设计者只需按下空格键便可打开下拉菜单，从而选择所需的代码标签，快速完成 CSS 样式代码的编写，如图 6.6 所示。

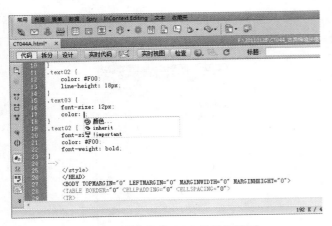

图 6.6　快速完成 CSS 代码的编写

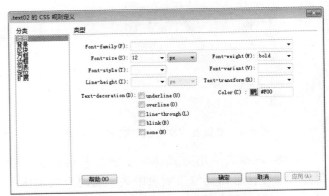

图 6.8　通过 CSS 定义对话框修改

Dreamweaver CS5 的【CSS 样式】面板中除了可以新建和附加 CSS 规则外，还可以对现有的 CSS 样式进行修改与删除。其中，修改 CCS 样式规则可通过以下两种方式进行操作。

- 直接在【CSS 样式】面板中修改：可在【CSS样式】面板中选择需要修改的 CSS 规则，然后在面板下方显示的样式属性表中直接修改，如图 6.7 所示。

当需将网页不再需要的 CSS 样式删除时，可在【CSS 样式】面板中选择多余的 CSS 规则，然后在面板下方单击【删除 CSS 规则】按钮 🗑，即可将所选择的 CSS 样式删除，如图 6.9 所示。

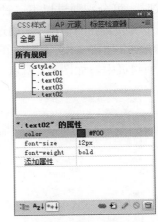

图 6.9　删除 CSS 规则

图 6.7　直接在【CSS 样式】面板中修改

- 通过定义对话框修改：在面板下方单击【编辑样式】按钮 ✐，可打开 CSS 规则定义对话框，从中可对所选 CSS 样式进行修改，如图 6.8 所示。

6.1.3　CSS 选择器类型与位置

CSS 根据选择器类型与位置的不同进行区分，其中，选择器类型主要以定义的网页对象来区分，CSS位置则是以 CSS 定义内容所在的位置来区分。下面详细介绍这两种分类。

1. 选择器类型

通过 Dreamweaver CS5 的【CSS 样式】面板创建 CSS 样式时，需要先指定一种选择器类型，主要包括【类】、ID、【标签】和【复合内容】四种，如图 6.10

所示。只有先选择一种选择器类型，再设置名称和定义位置，才可进入具体的CSS定义编辑。

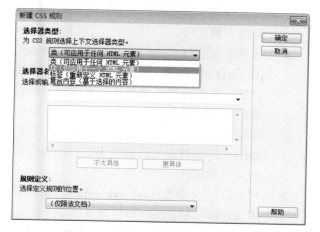

图6.10　新建CSS时先指定选择器

下面详述CSS四种选择器类型。

● 类(可应用于任何HTML元素)：可灵活自定义网页中任何内容的外观样式。用户可使用这种选择器为文本、表格、图像等多种对象定义规则。

● ID(仅应用于一个HTML元素)：只应用于某一个或一种网页内容的外观样式。用户可使用这种选择器专门为网页中某个被命名了ID的对象内容定义规则。

● 标签(重新定义HTML元素)：用于重新定义HTML标签的特定外观样式，如h1、font、input、table等。当创建或更改了特定标签的CSS样式时，所有使用该标签的对象都会立即更新，无须再执行CSS规则套用设置。

● 复合内容(基于选择的内容)：可重新定义特定元素组合的外观样式，或重新定义固定的选择器类型。常用于修改链接不同状态的文本的外观，包括a:link、a:visited、a:hover、a:active四种链接状态选择器。

2. 位置类型

根据CSS规则所在位置的不同，可分为"仅限该文档"和"新建样式表文件"两种位置类型的CSS规则，具体说明如下。

● 仅限该文档：该类型为嵌入式CSS规则，是一系列包含在HTML文档头(<head>)的style标签内的CSS样式内容。如图6.11所示为用户通过Dreamweaver CS5的【CSS样式】面板创建的"仅限该文档"的CSS规则表现形式。

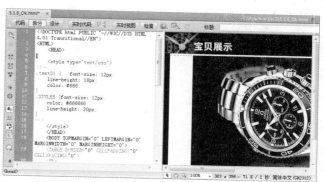

图6.11　嵌入式CSS样式

● 新建样式表文件：新建该类型的CSS规则将以一个独立文档的方式保存样式表内容，如图6.12所示。用户可使用Dreamweaver编辑样式内容，并将设计的网页与此CSS文件建立链接，将CSS规则应用于网页中的对象。

图6.12　创建CSS样式文件

6.2　创建新的CSS规则

本节介绍使用Dreamweaver CS5为网页新建CSS规则，而在创建CSS规则之前，先介绍CSS规则定义的内容为哪些，再以实例分别介绍【类】、ID、【标签】和【复合内容】四种选择器类型的CSS创建方法。

6.2.1 了解 CSS 规则定义内容

新建 CSS 规则时，虽然可通过四种选择器来完成，但每一种选择器所新建的 CSS 规则定义却是相同的，其定义的分类有【类型】、【背景】、【区块】、【方框】、【边框】、【列表】、【定位】和【扩展】8 个种类，如图 6.13 所示。

图 6.13　CSS 样式定义对话框

下面详细介绍这些分类设置。

类型：包含字体(Font-family)、大小(Font-size)、粗/斜体(Font-style)、间距(Font-weight)、行高(Font-height)、颜色(Color)、下划线(Font-decoration)等基本外观定义，该类定义主要设置文本的外观。

- 背景：包含背景颜色(Background-color)/图像(Background-image)两种背景定义。其中，背景图像定义还包括重复(Background-repeat)、滚动(Background-attachment)、水平/垂直对齐(Background-position)等设置，主要用于控制图像背景的具体外观。

- 区块：包含单词间距(Word-spacing)、字母间距(Letter-spacing)、垂直对齐(Vertical-align)、文本对齐(Text-align)、文字缩进(Text-indent)、空格(White-space)和显示(Display)7 个定义项目，主要用于控制某个整体区域的内容外观，例如针对段落或一组多行文本的单元格内的外观效果。

- 方框：包含宽(Width)/高(Height)、填充(Padding)和边界(Margin)等定义项目，主要定义对象与其所在区域边界的关系，例如四周边界的间距、填充等。

- 边框：包含样式(Style)、宽度(Width)和颜色(Color)3 种设置。其中，样式选项有实线、虚线、双实线等线条样式；宽度则可设置线条的粗细；颜色则为线条设置色彩。这些设置都分为上、右、下、左四个方向，它们主要用于定义对象的边框效果，例如为文本添加边框效果。

- 列表：包含类型(List-style-type)、项目符号图像(List-style-image)和位置(List-style-Position) 3 种设置。其中，类型中可选择圆点、圆圈、方块、数字、大小写字母、大小写罗马数字等选项；而通过项目符号图像栏可指定外部图像作为项目符号，从而达到美化网页中项目列表或项目编号的目的。

- 定位：包含位置(Position)、宽/高(Width/Height)、能见度(Visibility)、Z 轴(Z-Index)、溢出(Overflow)、定位(Placement)和剪辑(Clip)等设置，主要是固定对象在页面中的位置。

- 扩展：包括分页和视觉效果两种设置。其中，分页用于控制对象在网页中不同对象内的呈现形式；而视觉效果可通过选择过滤器(Filter)来定义外观特效，例如定义具有透明效果的图像。

了解 CSS 规则对话框中各分类的定义内容以后，接下来将通过新建类、ID、标签和复合内容四种选择器类型的 CSS 样式表，进一步认识 CSS 样式在网页设计中的应用。

6.2.2 新建"类"选择器类型

新建"类"类型的 CSS 规则，可以通过"字母"或"字母+数字"(不可直接用数字)新建一个应用于文本、表格、层、图像等常见的网页对象的 CSS 样式。

新建"类"CSS 规则的操作步骤如下。

Step 1　打开本书光盘中的 "..\Example\Ex06\6.2.2.html"

文档，选择【窗口】|【CSS 样式】命令(或按 Shift+F11 快捷键)，打开【CSS 样式】面板，然后在面板下方单击【新建 CSS 规则】按钮 ，如图 6.14 所示。

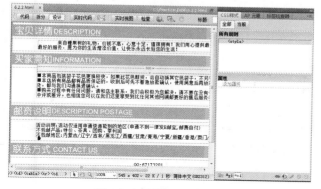

图 6.14　新建 CSS 规则

Step 2 打开【新建 CSS 规则】对话框，在【选择器类型】下拉列表框中选择【类(可应用于任何 HTML 元素)】选项，设置【选择器名称】为 text，然后单击【确定】按钮，如图 6.15 所示。

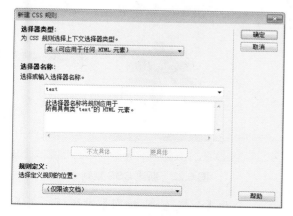

图 6.15　新建"类"规则

Step 3 打开 CSS 规则定义对话框，在默认的【类型】选项卡中设置 Font-size 参数为 12、Color 为"深红"(#600)，然后单击【确定】按钮，如图 6.16 所示。

图 6.16　定义 CSS 规则

Step 4 选中网页中的第一组文本，在【属性】面板中的【目标规则】下拉列表中选择 text 选项，如图 6.17 所示。

图 6.17　为文本套用 CSS 规则

Step 5 再选择网页中的第二组文本所在的整个表格，在【属性】面板中展开【类】下拉列表，选择 text 选项，如图 6.18 所示。

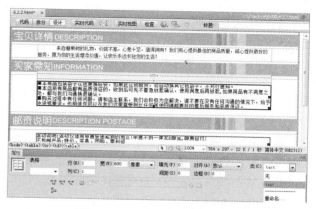

图 6.18　为表格套用 CSS 规则

Step 6 依照与步骤 4 相同的方法，为网页中第三组文本套用同一 CSS 规则，使网页中所有文本具备相同的外观，如图 6.19 所示。

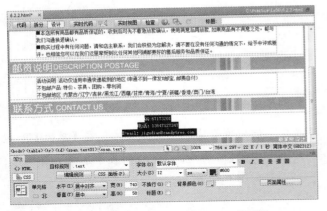

图 6.19 为其他文本套用 CSS 规则

创建并为网页内容套用"类"CSS 规则后，保存成果并按 F12 功能键预览网页效果，结果如图 6.20 所示。

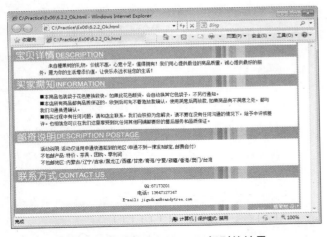

图 6.20 创建并套用 CSS 规则的结果

6.2.3 新建 ID 选择器类型

新建 ID 类型的 CSS 规则，可应用于某一个或一种网页内容的外观设置，用户可使用这种选择器专门为网页中某个被命名了 ID 的对象内容定义规则。

新建 ID CSS 规则的操作步骤如下。

Step 1 打开本书光盘中的 "..\Example\Ex06\6.2.3.html"

文档，选择网页上方的图像，然后在【属性】面板的 ID 文本框中输入 pic，如图 6.21 所示。

图 6.21 设置图像 ID

Step 2 按 Shift+F11 快捷键打开【CSS 样式】面板，在面板下方单击【新建 CSS 规则】按钮 ，如图 6.22 所示。

图 6.22 新建 CSS 规则

Step 3 打开【新建 CSS 规则】对话框，在【选择器类型】下拉列表中选择【ID(仅应用于一个 HTML 元素)】选项，设置【选择器名称】为 pic，然后单击【确定】按钮，如图 6.23 所示。

Step 4 打开 CSS 规则定义对话框，在左边分类列表框中选择【边框】选项，设置 Style 为 solid，设置 Width 为 3，设置 Color 为"深红"(#600)，然后单击【确定】按钮，如图 6.24 所示。

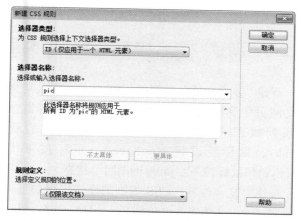

图 6.23　新建 ID 规则

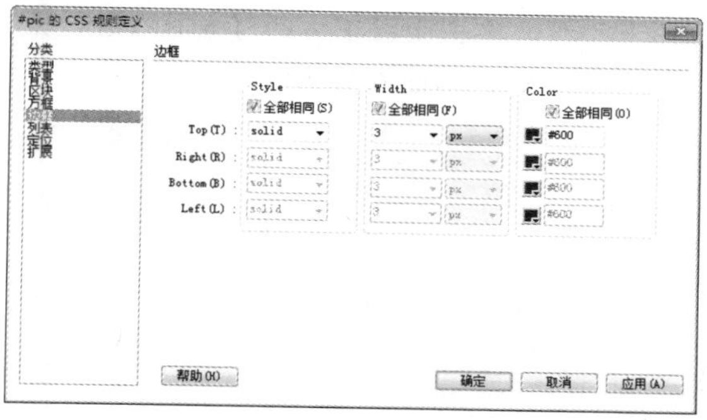

图 6.24　定义 CSS 规则

创建并为网页内容套用 ID CSS 规则后，保存成果并按 F12 功能键预览网页效果，结果如图 6.25 所示。

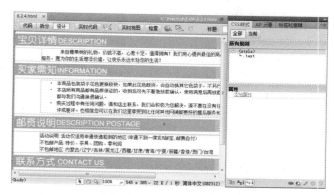

图 6.25　创建并套用 CSS 规则的结果

6.2.4　新建"标签"选择器类型

新建"标签"类型的 CSS 规则可重新定义如 font、table 等 HTML 标签的外观样式，如此，无须再进行

套用操作，网页中使用该标签的所有内容立即更新外观。

新建"标签"CSS 规则的操作步骤如下。

Step 1　打开本书光盘中的".\Example\Ex06\6.2.4.html"文档，按 Shift+F11 快捷键打开【CSS 样式】面板，单击面板下方的【新建 CSS 规则】按钮，如图 6.26 所示。

Step 2　打开【新建 CSS 规则】对话框，在【选择器类型】下拉列表选择【标签(重新定义 HTML 元素)】选项，设置【选择器名称】为 li，然后单击【确定】按钮，如图 6.27 所示。

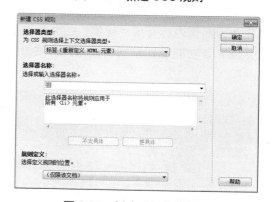

图 6.26　新建 CSS 规则

图 6.27　新建"标签"规则

Step 3　打开 CSS 规则定义对话框，在【分类】列表框中选择【列表】选项，然后单击 List-style-image 下拉列表框后的【浏览】按钮，如图 6.28 所示。

图 6.28 定义 CSS 规则

Step 4 打开【选择图像源文件】对话框,指定本书
光盘中的 "..\Example\Ex06\images\icon.jpg"
素材文档,然后依次单击【确定】按钮,完
成 CSS 规则的定义,如图 6.29 所示。

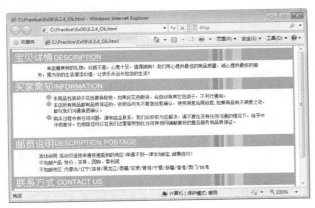

图 6.29 指定素材图像

创建并为网页内容套用 "标签" CSS 规则后,保
存成果并按 F12 功能键预览网页效果,结果如图 6.30
所示。

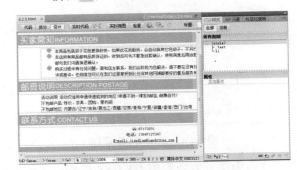

图 6.30 创建并套用 CSS 规则的结果

6.2.5 新建 "复合内容" 选择器类型

新建 "复合内容" 类型的 CSS 规则,主要可用于
定义网页中具有链接属性的内容在完成执行链接的
一系列状态的外观,包括链接对象的一般状态
(a:link)、鼠标经过状态(a:hover)、鼠标按下状态
(a:active)和鼠标按下后(a:visited)四个状态。

新建 "复合内容" CSS 规则的操作步骤如下。

Step 1 打开本书光盘中的 "..\Example\Ex06\6.2.5.html"
文档,按 Shift+F11 快捷键打开【CSS 样式】
面板,单击面板下方的【新建 CSS 规则】
按钮,如图 6.31 所示。

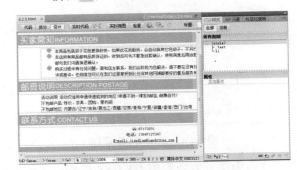

图 6.31 新建 CSS 规则

Step 2 打开【新建 CSS 规则】对话框,在【选择
器类型】下拉列表中选择【复合内容(基于
选择的内容)】选项,设置【选择器名称】
为 a:link,然后单击【确定】按钮,如图 6.32
所示。

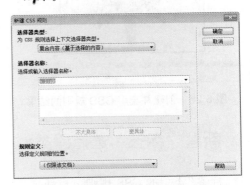

图 6.32 新建 "复合内容" 规则

Step 3 打开 CSS 规则定义对话框，在【类型】分类中设置 Font-size 为 12、Color 为"深红"(#600)，再选中 underline 复选框，然后单击【确定】按钮，如图 6.33 所示。

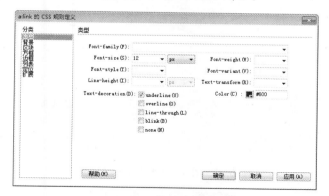

图 6.33　定义 CSS 规则

Step 4 返回 Dreamweaver CS5 编辑区，单击【CSS 样式】面板下方的【新建 CSS 规则】按钮，新增另一 CSS 规则。

Step 5 打开【新建 CSS 规则】对话框，在【选择器类型】下拉列表中选择【复合内容(基于选择的内容)】选项，设置选择器名称为 a:visited，然后单击【确定】按钮，如图 6.34 所示。

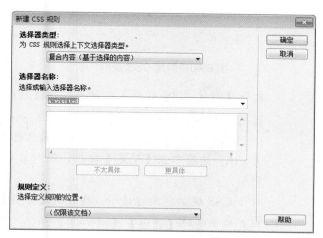

图 6.34　新建另一"复合内容"规则

Step 6 打开 CSS 规则定义对话框，在【类型】分类中设置 Font-size 为 12、Color 为"深红"

(#600)，然后单击【确定】按钮，如图 6.35 所示。

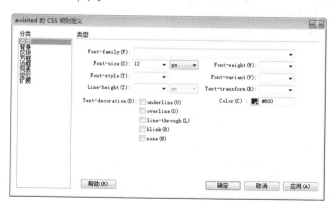

图 6.35　定义另一 CSS 规则

Step 7 返回 Dreamweaver CS5 编辑区，单击【CSS 样式】面板下方的【新建 CSS 规则】按钮，同样再新增另一 CSS 规则。

Step 8 打开【新建 CSS 规则】对话框，在【选择器类型】下拉列表中选择【复合内容(基于选择的内容)】选项，设置【选择器名称】为 a:hover，然后单击【确定】按钮，如图 6.36 所示。

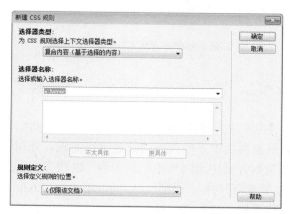

图 6.36　再新建另一"复合内容"规则

Step 9 打开 CSS 规则定义对话框，在【类型】选项卡中设置 Font-size 为 12、Color 为"红色"(#F30)，再选中 underline 复选框，然后单击【确定】按钮，如图 6.37 所示。

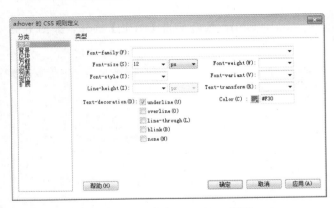

图 6.37　再定义另一 CSS 规则

创建并为网页内容套用"复合内容"CSS 规则后，保存成果并按 F12 功能键预览网页效果，可看到网页中已修改的链接外观，而当鼠标经过时变成另一种效果，结果如图 6.38 所示。

图 6.38　创建并套用 CSS 规则的结果

6.2.6　实例——创建页面 CSS 样式

本实例将综合四种不同类型的 CSS 规则创建方法，根据网页中不同内容的外观设置需求，分别创建 CSS 规则并套用至网页不同的内容，以增强网页的美观性。首先打开练习文档"..\Example\Ex06\6.2.6.html"，然后依照以下过程进行操作。

创建与应用 CSS 样式的操作步骤如下。

Step 1　选择网页上方的图像，在【属性】面板的 ID 文本框中输入 gift，如图 6.39 所示。

Step 2　按 Shift+F11 快捷键打开【CSS 样式】面板，单击面板下方的【新建 CSS 规则】按钮 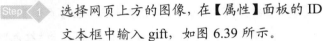，如图 6.40 所示。

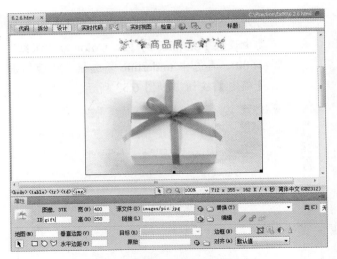

图 6.39　在 ID 文本框中输入 gift

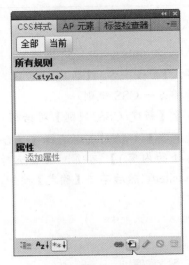

图 6.40　新建 CSS 规则

Step 3　打开【新建 CSS 规则】对话框，在【选择器类型】下拉列表中选择【ID(仅应用于一个 HTML 元素)】选项，设置【选择器名称】为 gift，然后单击【确定】按钮，如图 6.41 所示。

Step 4　打开 CSS 规则定义对话框，在左边【分类】列表框中选择【边框】选项，设置 Style 为 dotted，设置 Width 为 3，设置 Color 为"绿色"(#090)，然后单击【确定】按钮，如图 6.42 所示。

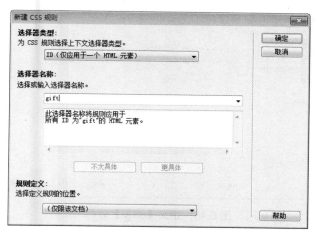

图 6.41 新建 ID 规则

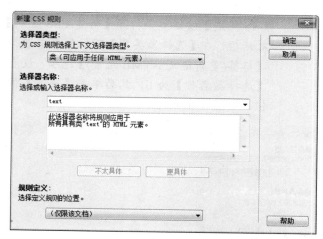

图 6.43 新建"类"规则

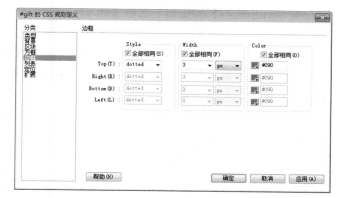

图 6.42 定义【边框】分类

图 6.44 定义【类型】分类(1)

 打开 CSS 规则定义对话框，在默认的【类型】分类中设置 Font-size 为 12，设置 Line-height 为 18，设置 Color 为"深红" (#600)，然后单击【确定】按钮，如图 6.44 所示。

 返回 Dreamweaver CS5 编辑区，单击【CSS 样式】面板下方的【新建 CSS 规则】按钮，打开【新建 CSS 规则】对话框。在【选择器类型】下拉列表中选择【类(可应用于任何 HTML 元素)】选项，设置【选择器名称】为 text，然后单击【确定】按钮，如图 6.43 所示。

 选中网页中的第三组文本，在【属性】面板中展开【目标规则】下拉列表，选择 text 选项，如图 6.45 所示。

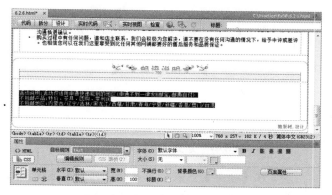

图 6.45 为文本套用 CSS 规则

Step 8 再次单击【CSS 样式】面板下方的【新建

CSS 规则】按钮，打开【新建 CSS 规则】
对话框，在【选择器类型】下拉列表中选择
【标签(重新定义 HTML 元素)】选项，设置
【选择器名称】为 li，然后单击【确定】按
钮，如图 6.46 所示。

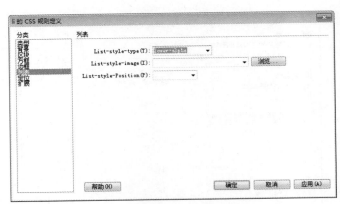

图 6.48　定义【列表】分类

Step 11　再次单击【CSS 样式】面板下方的【新建
CSS 规则】按钮，打开【新建 CSS 规则】
对话框，在【选择器类型】下拉列表中选择
【复合内容(基于选择的内容)】选项，设置
【选择器名称】为 a:link，然后单击【确定】
按钮，如图 6.49 所示。

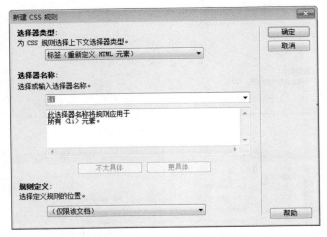

图 6.46　新建【标签】规则

Step 9　打开 CSS 规则定义对话框，在默认的【类
型】分类中设置 Font-size 为 12，设置
Line-height 为 20，设置 Color 为"黄绿"
(#660)，然后单击【确定】按钮，如图 6.47
所示。

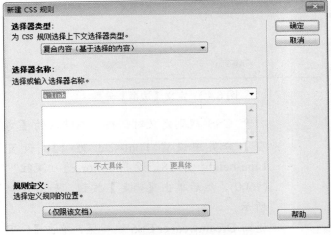

图 6.49　新建"复合内容"规则

Step 12　打开 CSS 规则定义对话框，在【类型】分
类中设置 Font-size 为 12，设置 Line-height
为 18，设置 Color 为"深绿"(#030)，再选
中 none 复选框，然后单击【确定】按钮，
如图 6.50 所示。

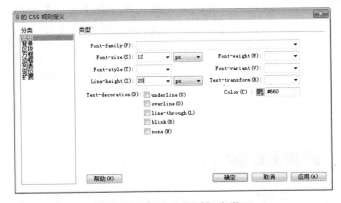

图 6.47　定义【类型】分类(2)

Step 10　在【分类】列表框中选择【列表】选项，然
后在 List-style-tpye 下拉列表中选择 lower-
alpha 选项，如图 6.48 所示。

图 6.52　定义【类型】分类(4)

图 6.50　定义"类型"分类(3)

Step 13　再次单击【CSS 样式】面板下方的【新建 CSS 规则】按钮 ，打开【新建 CSS 规则】对话框，在【选择器类型】下拉列表中选择【复合内容(基于选择的内容)】选项，设置【选择器名称】为 a:hover，然后单击【确定】按钮，如图 6.51 所示。

图 6.51　新建另一"复合内容"规则

Step 14　打开 CSS 规则定义对话框，在【类型】分类中设置 Font-size 为 12，设置 Line-height 为 18，设置 Color 为"黄绿"(#660)，然后单击【确定】按钮，如图 6.52 所示。

完成为网页创建多个 CSS 规则美化网页内容的实例操作后，另存成果并按 F12 功能键预览网页效果，结果如图 6.53 所示。

图 6.53　创建 CSS 规则美化网页的结果

6.3　创建与附加样式表

利用外部 CSS 样式表可实现将相同的 CSS 规则应用于多个网页。本节将介绍创建外部 CSS 样式表和为网页附加外部 CSS 样式表文件的操作方法。

6.3.1　创建 CSS 样式表文件

除了可以直接在文件内建立 CSS 规则外，

Dreamweaver CS5 还提供了创建独立的外部 CSS 样式表文件的功能，如此，不同的网页都可以通过附加该 CSS 文件并套用其中的 CSS 样式而统一定义一个网站中所有网页内容的外观风格。

下面介绍通过 Dreamweaver CS5 创建样式表文件的三种方法。

1. 由起始页快速创建

启动 Dreamweaver CS5 程序后默认显示起始页，其中有一个 CSS 项目，单击该项即可创建专门用于编辑 CSS 样式规则的新文件，如图 6.54 所示。完成编辑后即可保存格式为.css 的样式表文件。

图 6.54 由起始页新建 CSS 样式

2. 由示例页创建 CSS 样式表

选择【文件】|【新建】命令将打开【新建文档】对话框。先在左边选择【示例中的页】选项，在【示例文件夹】区中选择【CSS 样式表】选项，则【示例页】区中将陈列 Dreamweaver CS5 为用户提供的全新 CSS 示例页文件范本，用户可由对话框右侧所显示的预览和说明内容，选择其中符合设计需要的示例项目，最后单击【创建】按钮，新建一份已完成样式定义的 CSS 文件，如图 6.55 所示。

3. 由【CSS 样式】面板创建

通过【CSS 样式】面板也可以创建独立的 CSS 样式表文件，所创建的样式表文件会自动附加到当前编辑中的网页文件，并为网页中的对象套用此附加样式表文件所定义的 CSS 规则。

图 6.55 由示例页快速创建的 CSS 样式文件

打开【CSS 样式】面板后，单击面板下方的【新建 CSS 规则】按钮，在打开的【新建 CSS 规则】对话框中先选择选择器类型并设置其名称，然后在【规则定义】下拉列表框中选择【(新建样式表文件)】选项。单击【确定】按钮后打开【将样式表文件另存为】对话框，分别在【保存在】和【文件名】文本框中指定保存位置和文件名，然后单击【保存】按钮，如图 6.56 所示。接着便可在显示的 CSS 规则定义对话框中，根据实际需要定义一个符合设计需求的 CSS 样式表。

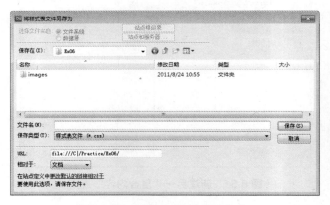

图 6.56 保存 CSS 样式表文件

6.3.2 附加样式表

建立 CSS 样式表文件后，若想将样式表应用到网页中，可先打开网页文件，再通过【CSS 样式】面板附加外部的样式表文件，为网页中的对象套用外部样式表中的 CSS 规则。

附加外部样式表的方法很简单：在已打开网页的情况下，选择【窗口】|【CSS 样式】命令，打开【CSS 样式】面板。单击面板下方的【附加样式表】按钮，打开【链接外部样式表】对话框(如图 6.57 所示)，从而通过该对话框指定外部样式表文件，并选择添加方式以及媒体样式，实现为网页附加外部样式表。

图 6.57　附加样式表

下面详细介绍【链接外部样式表】对话框中各选项的含义。

- 文件/URL：可单击该下拉列表框后的【浏览】按钮，打开【选择样式表文件】对话框，指定文件夹位置并选择样式表文件。
- 添加为：提供【链接】和【导入】两种附加样式表方式。其中，选择【链接】方式将在 HTML 代码中创建 link href 标签，引用指定样式表所在的 URL，再将其定义的 CSS 规则套用至网页；选择【导入】选项则会在 HTML 代码中新增 impost url 语句，将样式表中的 CSS 规则嵌入网页的 HTML 代码中。
- 媒体：通过该下拉列表框可选择一种媒体类型，以呈现样式表套用的效果，其中的选项包括 aural(视听)、braille(视觉辅助)、handheld(手持设备)、print(打印输出)、projection(投影媒体)、screen(屏幕媒体)、tty(Television Type Devices)、tv 八种媒体类型。

6.3.3　实例——利用附加 CSS 样式布局页面

综合前面所介绍的新建 CSS 样式表文件和附加

CSS 样式表两项操作，本实例将通过新建 Dreamweaver CS5 提供的"示例" CSS 样式表文件，再对样式表内容稍加修改，然后为练习文件 "..\Example\Ex06\6.3.3.html"附加外部样式表，快速美化网页内容。

利用附加 CSS 规则美化网页的操作步骤如下。

Step 1　打开 Dreamweaver CS5 后，在默认显示的起始页中单击【新建】栏中的【更多】项目，如图 6.58 所示。

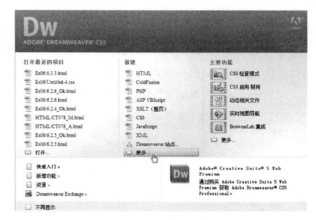

图 6.58　新建文档

Step 2　打开【新建文档】对话框，在左侧分类中选择【示例中的页】，再选择【CSS 样式表】文件夹中的【完成设计：Georgia,红色/黄色】示例页，然后单击【创建】按钮，如图 6.59 所示。

图 6.59　选择示例页

Step 3　新建 CSS 文档后，在其中的 body 规则中修

111

改 background-color 参数为#DDD1BB，如图 6.60 所示。

图 6.60 修改 CSS 规则

 按 Ctrl+S 快捷键打开【另存为】对话框，指定保存位置并输入文件名，然后单击【保存】按钮(如图 6.61 所示)，保存 CSS 样式表文件。

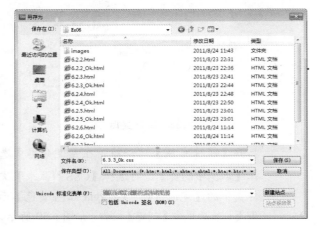

图 6.61 附加样式表

 打开练习文件 "..\Example\Ex06\6.3.3.html" 后，按 Shift+F11 快捷键打开【CSS 样式】面板后单击右下角的【附加样式表】按钮 ，如图 6.62 所示。

 打开【链接外部样式表】对话框，先选中【链接】单选按钮，在【文件/URL】下拉列表框中指定刚刚建立并保存的 CSS 样式表文件，然后单击【确定】按钮，如图 6.63 所示。

图 6.62 打开附加样式表

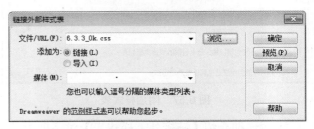

图 6.63 指定外部样式表

为网页链接外部的 CSS 样式文件后，网页中的内容自动套用样式表中已定义的 HTML 元素外观。保存网页成果并按 F12 功能键预览网页效果，如图 6.64 所示。

图 6.64 创建 CSS 样式表文件并链接到网页后的结果

6.4 用 CSS 滤镜制作页面特效

CSS 不但能够美化网页内容的外观格式，还可以用来为网页内容进行一些特效处理，使用 Dreamweaver CS5 提供的 16 种 CSS 扩展设计，可对网页内容(如图像)进行透明度、模糊、灰度等处理。

6.4.1 CSS 滤镜特效

Dreamweaver CS5 的 CSS 滤镜特效集中放置在 CSS 规则定义对话框的【扩展】分类中，如图 6.65 所示。通过指定"过滤器"项目并设置项目参数的方式建立 CSS 规则后，便可为网页内容套用这些规则而产生所需的特殊效果。

图 6.65　16 种扩展 CSS 规则

下面是这 16 种扩展规则的应用。

- Alpha：设置透明度。
- BlendTrans：制作图像淡入与淡出效果。
- Blur：创建类似高速移动的模糊效果。
- Chroma：制作指定颜色的透明效果。
- DropShadow：创建对象的固定阴影效果。
- FlipH：制作水平翻转效果。
- FlipV：制作垂直翻转效果。
- Glow：为对象周边添加光芒效果。
- Gray：制作灰度化的图像效果。
- Invert：制作反相的图像效果。
- Light：为对象制作光源效果。
- Mask：为对象设置透明遮盖。
- RevealTrans：制作网页页面切换的效果。

- Shadow：为对象添加偏移的固定阴影。
- Wave：为对象制作类似水波纹的效果。
- Xray：为图像设置类似底片的效果。

了解了 CSS 扩展特效的应用后，接下来将通过多个实例，详细介绍 Dreamweaver CS5 网页设计中 CSS 滤镜特效的应用操作。

6.4.2 制作图像灰度效果

使用 Gray 滤镜可将网页中的图像设置为灰度效果。该滤镜的应用语法为："filter: Gray"，无须设置其他参数项目，在 CSS 规则定义中直接选择该过滤器即可。

制作图像灰度效果的操作步骤如下。

Step 1　打开本书光盘中的 "..\Example\Ex06\6.4.2.html" 文档，按 Shift+F11 快捷键打开【CSS 样式】面板，单击【新建 CSS 规则】按钮 ，如图 6.66 所示。

图 6.66　添加 CSS 规则

Step 2　打开【新建 CSS 规则】对话框后，选择【类(可应用于任何 HTML 元素)】选项，在【选择器名称】下拉列表框中输入名称 gray，然后单击【确定】按钮，如图 6.67 所示。

Step 3　打开定义 CSS 规则的对话框，在【分类】列表框中选择【扩展】选项，在右边的 Filter 下拉列表框中选择 Gray 选项，然后单击【确定】按钮，如图 6.68 所示。

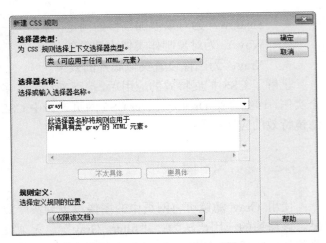

图 6.67　创建 gray CSS 规则

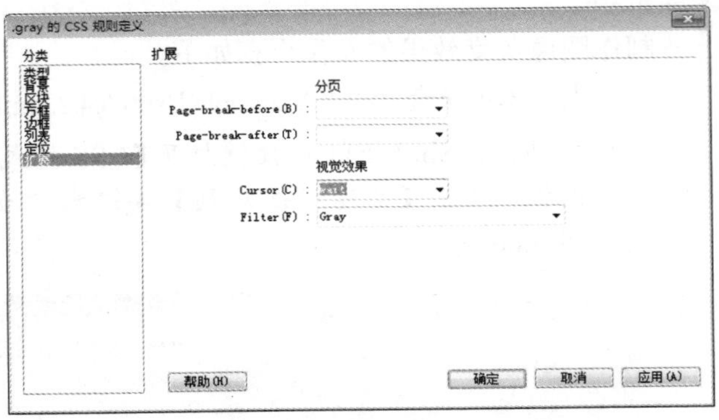

定义 CSS 特效滤镜并套用至网页图像后，保存成果并按 F12 功能键预览网页效果，结果如图 6.70 所示。

图 6.70　套用 gray CSS 滤镜的图像效果

图 6.68　设置【扩展】分类

Step 4　选择网页中的主题图像，在【属性】面板的【类】下拉列表中选择 grayCSS 规则，如图 6.69 所示。

图 6.69　套用 CSS 规则

6.4.3　制作透明图像效果

使用 Alpha 滤镜可为网页中的图像设置不同样式的透明效果。该滤镜的应用语法为：

```
filter: Alpha(Opacity=?, FinishOpacity=?,
Style=?, StartX=?, StartY=?, FinishX=?,
FinishY=?)
```

其中包含七项参数设置，说明如下。

- Opacity：起始值，可取值为 0～100，其中 0 表示完全透明，100 表示完全不透明。
- FinishOpacity：用于目标值，同样可取值为 0～100，其中 0 表示完全透明，100 表示完全不透明。
- Style：用于指定透明样式，可设置为 1、2 或 3。其中 1 表示图像由左至右以起始值过渡到目标值的透明样式；2 表示由内至外以起始值过渡到目标值的圆形透明样式；3 表示由内至外以起始值过渡到目标值的菱形透明样式。

- StartX/StartY：可设置任意值作为水平或垂直方向上的透明起点。
- FinishX/FinishY：可设置任意值作为水平或垂直方向上的透明终点。

使用 Alpha 滤镜时，并非所有参数项目都一定要设置，不需要的项目可将其删除。例如：Alpha (Opacity=5, FinishOpacity=60, Style=1)。

制作透明图像效果的操作步骤如下。

Step 1　打开本书光盘中的 "..\Example\Ex06\6.4.3.html" 文档，按 Shift+F11 快捷键打开【CSS 样式】面板，单击【新建 CSS 规则】按钮 ▣。

Step 2　打开【新建 CSS 规则】对话框后，选择【类（可应用于任何 HTML 元素）】选项，在【选择器名称】下拉列表框中输入名称 alpha，然后单击【确定】按钮，如图 6.71 所示。

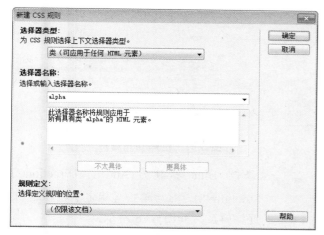

图 6.71　创建 alpha CSS 规则

Step 3　打开定义 CSS 规则的对话框，在【分类】列表框中选择【扩展】选项，展开 Filter 下拉列表框，选择 alpha 选项，然后单击【确定】按钮，如图 6.72 所示。

Step 4　修改 alpha 滤镜参数为 "(Opacity=10, FinishOpacity=80, Style=2)"，然后单击【确定】按钮，如图 6.73 所示。

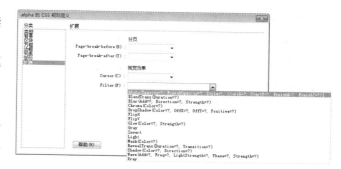

图 6.72　选择 Alpha 滤镜

图 6.73　设置滤镜参数

Step 5　选择网页中的主题图像，在【属性】面板的【类】下拉列表中选择套用 alpha CSS 规则，如图 6.74 所示。

图 6.74　套用 CSS 规则

定义 CSS 特效滤镜并套用至网页图像后，保存成果并按 F12 功能键预览网页效果，结果如图 6.75 所示。

图 6.75　套用 alpha CSS 滤镜的图像效果

6.4.4　制作模糊图像效果

使用 Blur 滤镜可为网页中的对象设置类似高速运动而产生的模糊效果。该滤镜的应用语法为：

```
filter: Blur(Add=?, Direction=?, Strength=?)
```

该语法包含三个参数设置项目，说明如下。

- Add：模糊样式值，可设置为 0 或 1 两种参数。
- Direction：用于设置模糊角度，可设置为 0～315°，每次需以 45 的倍数进行设置。
- Strength：用于设置模糊递增值，可设置 1～999，其中 999 为最高的模糊值。

制作模糊图像的操作步骤如下。

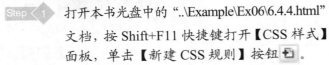

Step 1　打开本书光盘中的 "..\Example\Ex06\6.4.4.html" 文档，按 Shift+F11 快捷键打开【CSS 样式】面板，单击【新建 CSS 规则】按钮 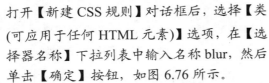。

Step 2　打开【新建 CSS 规则】对话框后，选择【类（可应用于任何 HTML 元素）】选项，在【选择器名称】下拉列表中输入名称 blur，然后单击【确定】按钮，如图 6.76 所示。

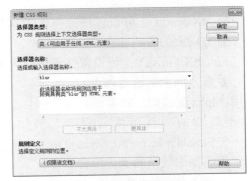

图 6.76　新增 CSS 规则

Step 3　打开定义 CSS 规则的对话框，在【分类】列表框中选择【扩展】选项，展开过滤器下拉列表，选择 Blur(Add=?, Direction=?, Strength=?)选项，如图 6.77 所示。

图 6.77　选择 blur 滤镜

Step 4　修改 Blur 参数为(Add=1, Direction=38, Strength=8)，然后单击【确定】按钮返回网页编辑区，如图 6.78 所示。

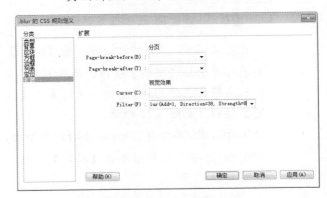
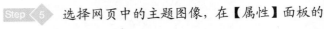

图 6.78　设置滤镜参数

Step 5　选择网页中的主题图像，在【属性】面板的

【类】下拉列表中选择套用 blur CSS 规则，如图 6.79 所示。

图 6.79　套用 CSS 规则

定义 CSS 特效滤镜并套用至网页图像后，保存成果并按 F12 功能键预览网页效果，结果如图 6.80 所示。

图 6.80　套用 blur CSS 滤镜的图像效果

6.4.5　制作水波纹图像效果

使用 Wave 滤镜可为网页中的对象制作类似水波纹的边缘弯曲效果。该滤镜的应用语法为：

```
filter: Wave(Add=?, Freq=?,LightSrength=?,
Phase=?, Strength=?)
```

该语法包含五个参数设置项目，说明如下。

● Add：水波纹样式值，可设置为 0 或 1 两种参数。

● Freq：用于设置水波纹数量。

● LightSrength：设置水波纹的光照强度，可设置从 0(最弱)到 100(最强)之间的所有参数。

● Phase：波浪的起始相角，可设置从 0 到 100 的百分数值。

● Strength：用于设置模糊递增值，可设置为 1～999，其中 999 为最高的模糊值。

制作水波纹图像的操作步骤如下。

Step 1　打开本书光盘中的 "..\Example\Ex06\6.4.5.html" 文档，按 Shift+F11 快捷键打开【CSS 样式】面板，单击【新建 CSS 规则】按钮 🔲。

Step 2　打开【新建 CSS 规则】对话框后，选择【类(可应用于任何 HTML 元素)】选项，在【选择器名称】下拉列表框中输入名称 wave，然后单击【确定】按钮，如图 6.81 所示。

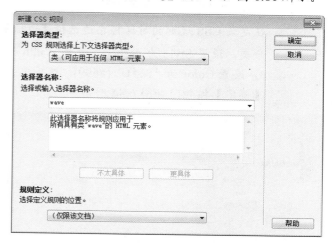

图 6.81　新增 CSS 规则

Step 3　打开定义 CSS 规则的对话框，在【分类】列表框中选择【扩展】选项，展开过滤器下拉列表，选择 Wave(Add=?, Freq=?, LightSrength=? Phase=?, Strength=?)选项，如图 6.82 所示。

Step 4　修改 Wave 参数为(Freq="1", LightStrength="3", Phase="4", Strength="5")，如图 6.83 所示。

图 6.82　选择 Wave 滤镜

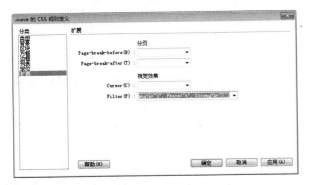

图 6.83　设置滤镜参数

Step 5　在定义 CSS 规则的对话框左边选择【边框】分类，设置 Style 为 dashed，设置 Width 为 3，设置 Color 为"深红"(#699)，然后单击【确定】按钮，如图 6.84 所示。

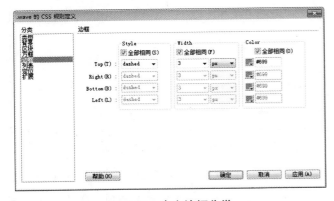

图 6.84　定义边框分类

Step 6　选择网页中的主题图像，在【属性】面板的【类】下拉列表中选择套用 wave CSS 规则，如图 6.85 所示。

图 6.85　套用 wave CSS 规则

定义 CSS 特效滤镜并套用至网页图像后，保存成果并按 F12 功能键预览网页效果，结果如图 6.86 所示。

图 6.86　套用 waveCSS 滤镜的图像效果

6.5　上机练习——使用 CSS 样式表美化网页

本例上机练习综合 Dreamweaver CS5 所提供的各种 CSS 应用技巧，通过新建 CSS 样式表文件以及添加 CSS 规则为网页中的图像和文本作外观修饰，以完成如图 6.87 所示的页面效果。首先打开练习文档"..\Example\Ex06\6.5.html"，再按照以下步骤进行操作。

图 6.87　使用 CSS 样式表美化网页元素的结果

设计网店欢迎促销区的操作步骤如下。

Step 1　打开 Dreamweaver CS5，在默认显示的起始页单击【新建】栏中的 CSS 项目，如图 6.88 所示。

图 6.88　新建 CSS 文档

Step 2　新建空白 CSS 文档后，按 Ctrl+S 快捷键，打开【另存为】对话框，分别指定保存位置和文件名，然后单击【保存】按钮(如图 6.89 所示)，先将 CSS 文档保存。

Step 3　按 Shift+F11 快捷键打开【CSS 样式】面板，单击面板下方的【新建 CSS 规则】按钮□，如图 6.90 所示。

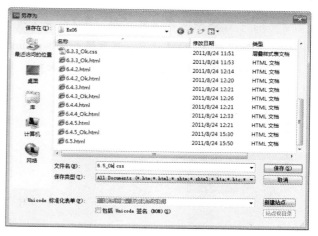

图 6.89　保存 CSS 文档

图 6.90　添加 CSS 规则

Step 4　打开【新建 CSS 规则】对话框，在【选择器类型】下拉列表中选择【标签(重新定义 HTML 元素)】选项，设置【选择器名称】为 table，然后单击【确定】按钮，如图 6.91 所示。

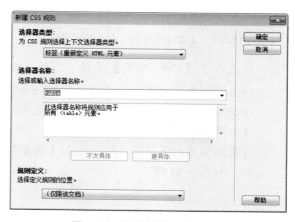

图 6.91　新建标签 CSS 规则

Step 5 打开 CSS 规则定义对话框，在【分类】列表框中选择【背景】选项，然后单击 Background-image 下拉列表框后的【浏览】按钮，如图 6.92 所示。

图 6.92 设置背景图像

Step 6 打开【选择图像源文件】对话框，指定本书光盘中的 "..\Example\Ex06\images\CT038M_22.gif" 素材文档，然后依次单击【确定】按钮，完成 CSS 规则的定义，如图 6.93 所示。

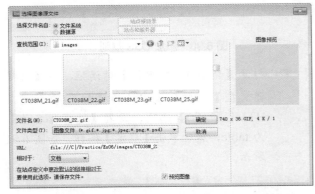

图 6.93 【选择图像源文件】对话框

Step 7 再次单击【CSS 样式】面板下方的【新建 CSS 规则】按钮，打开【新建 CSS 规则】对话框，在【选择器类型】下拉列表中选择【标签(重新定义 HTML 元素)】选项，设置【选择器名称】为 li，然后单击【确定】按钮，如图 6.94 所示。

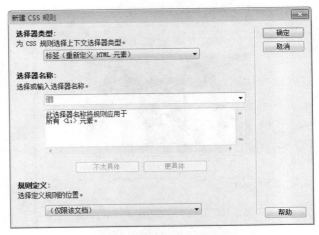

图 6.94 新建 CSS 规则

Step 8 打开 CSS 规则定义对话框，在【分类】列表框中选择【列表】选项，然后单击 List-style-image 下拉列表框后的【浏览】按钮，如图 6.95 所示。

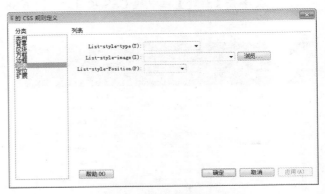

图 6.95 设置【列表】类

Step 9 打开【选择图像源文件】对话框，指定本书光盘中的 "..\Example\Ex06\images\6.5.gif" 素材文档，然后依次单击【确定】按钮，完成 CSS 规则的定义，如图 6.96 所示。

Step 10 再次单击【CSS 样式】面板下方的【新建 CSS 规则】按钮，打开【新建 CSS 规则】对话框，在【选择器类型】下拉列表中选择【类(可应用于任何 HTML 元素)】选项，设置【选择器名称】为 text，然后单击【确定】按钮，如图 6.97 所示。

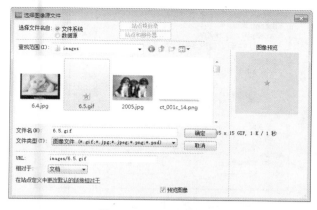

图 6.96　指定素材图像

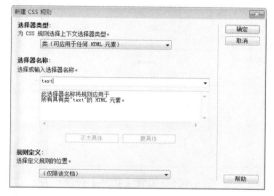

图 6.97　新建"类"CSS 规则

Step 11　打开 CSS 规则定义对话框，在默认的【类型】分类中设置 Font-size 为 12，设置 Line-height 为 18，设置 Color 为"紫色"（#906），然后单击【确定】按钮，如图 6.98 所示。

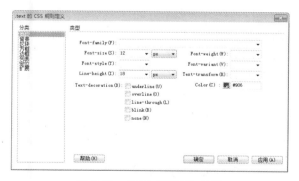

图 6.98　设置【类型】分类

Step 12　为 CSS 文档添加所需的 CSS 规则后，按

Ctrl+S 快捷键保存文档，然后打开练习文件"..\Example\Ex06\6.5.html"，按 Shift+F11 快捷键打开【CSS 样式】面板后单击右下角的【附加样式表】按钮 ，如图 6.99 所示。

图 6.99　链接 CSS 样式表

Step 13　打开【链接外部样式表】对话框，选中【链接】单选按钮，在【文件/URL】下拉列表框中指定刚刚建立并保存的 CSS 样式表文件，然后单击【确定】按钮，如图 6.100 所示。

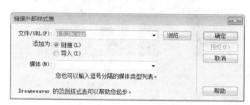

图 6.100　指定外部样式表

Step 14　选择网页中的第一组文本，在【属性】面板中的【目标规则】下拉列表中选择 text 选项，如图 6.101 所示。

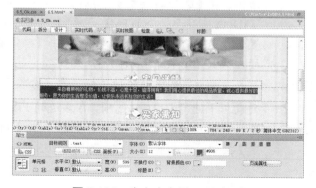

图 6.101　为文本套用 CSS 规则

Step 15 依照与步骤 13 相同的操作，分别为网页中其他文本套用 textCSS 规则，结果如图 6.102 所示。

图 6.102　为其他文本套用 CSS 规则

Step 16 选择网页上方的主题图像，在【属性】面板的 ID 文本框中输入 dog，如图 6.103 所示。

图 6.103　设置图像 ID

Step 17 在【CSS 样式】面板下方单击【新建 CSS 规则】按钮，打开【新建 CSS 规则】对话框，在【选择器类型】下拉列表框中选择【ID(仅应用于一个 HTML 元素)】选项，设置【选择器名称】为 dog，然后单击【确定】按钮，如图 6.104 所示。

Step 18 打开定义 CSS 规则的对话框，在【分类】列表框中选择【扩展】选项，在右边的 Filter 下拉列表中选择 Gray 选项，然后单击【确定】按钮，完成本例操作，如图 6.105 所示。

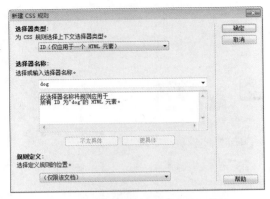

图 6.104　新建 ID 类型 CSS 规则

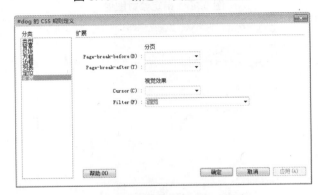

图 6.105　设置【扩展】分类

6.6　章后总结

CSS 的重要性在 Web 网站及页面设计中不断加强，而 Dreamweaver CS5 在 CSS 功能应用方面也在不断改进。本章从 CSS 起源开始，介绍了 CSS 的原理、类型和应用方法，从多个方面详细介绍了为网页添加不同选择器类型的 CSS 规则、创建 CSS 样式表文件和链接外部 CSS 样式表以及 CSS 滤镜的使用技巧，全面地学习使用 CSS 美化、布局网页内容的操作方法。

6.7　章后实训

本章实训题要求为网页添加"标签"类型的 CSS 规则，快速为网页中的内容进行外观美化处理。

操作方法如下：打开练习文档，通过【CSS 样式】面板添加类型为【标签(重新定义 HTML 元素)】、名称为 table 的 CSS 规则，然后在定义 CSS 规则对话框中设置【类型】分类，其中 Font-size 为 12、Line-height 为 18，设置 Color 为"蓝色"(#66F)，再设置【背景】颜色为淡黄色(#FFC)；接着再通过【CSS 样式】面板

添加类型为【标签(重新定义 HTML 元素)】、名称为 li 的 CSS 规则，指定 List-style-image 的素材文件为 "..\Example\Ex06\images\6.7.gif"。整个操作流程如图 6.106 所示。

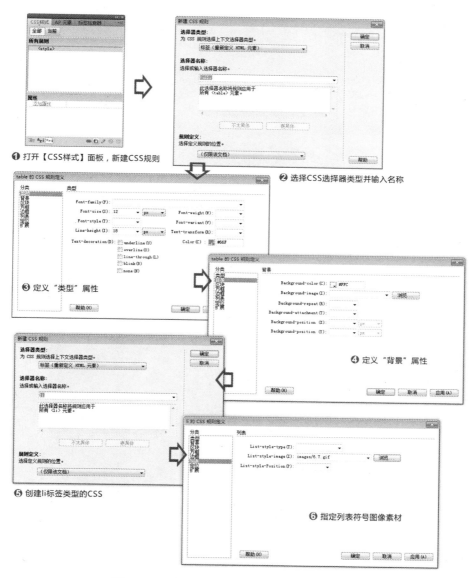

图 6.106　定义 CSS 规则美化网页的操作流程

第7章

网页框架与链接的应用

　　Dreamweaver CS5 提供了框架功能，通过该功能可将浏览器窗口划分为多个区域，再为每个区域指定网页源文件，从而实现在同一页面显示多个网页的内容。本章将介绍使用框架进行页面布局的各种操作，同时介绍各种网页链接应用方法，读者应学会利用各类网页链接延伸网站资讯的传递。

本章学习要点

➢　设计框架式页面布局

➢　框架页的调整与编辑

➢　超链接的插入方法

➢　图像热点链接的制作方法

➢　指定位置链接的设计方法

7.1 设计框架式页面布局

通过本节内容先来了解框架集与框架，接着介绍创建框架集并指定框架源文件、框架集与框架的属性设置以及框架网页的特殊保存操作，掌握制作框架式页面的方法。

7.1.1 关于框架集与框架

网页中的内容一般都需要布局规划，多数网页都有页头横幅、导航区、主体内容和用于呈现版权说明及网站地图的页尾，这些内容若分别以独立的网页存放，则将这些网页组合成一个新页面就形成框架集。

1. 框架集与框架

框架集是一种特殊的 HTML 文件，由一组框架组成，用户可定义框架的布局和属性，其中包括框架的数量、大小、布局位置以及在每个框架中初始显示的页面。而框架是浏览器窗口中的一个独立区域，可指定某个独立的网页作为源文件，而组合多个框架的框架集即产生框架网页。

框架集本身不包含浏览器中所显示的网页内容，只是为浏览器提供一个框架结构，然后再显示各框架所对应的网页内容形成框架集页面。图 7.1 所示为框架与框架集的关系示意图。

如果一个框架集以三个框架呈现三组网页内容，那么该框架集实际包含四个独立的 HTML 文档，分别为三个框架所指定显示的网页和框架集本身。也就是说，通过 Dreamweaver CS5 创建这个框架集后必须保存四个文件。

Dreamweaver CS5 提供了丰富的框架集模板，打开【新建文档】对话框，在【示例中的页】项目中选择"框架页"文件夹，便可看到多达 15 种框架集模板，如图 7.2 所示。通过这些模板可快速创建多种结构的框架网页，再通过对框架集的编辑最终完成更加复杂的框架组合。

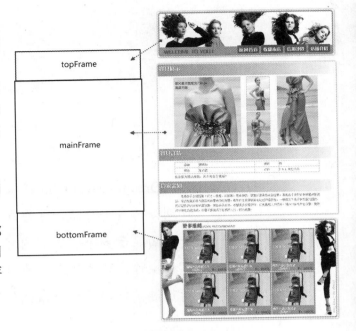

图 7.1 由框架页面组成框架集

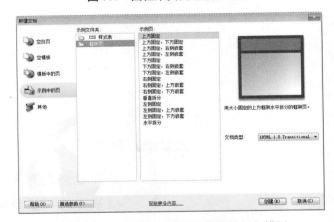

图 7.2 Dreamweaver CS5 提供的框架模板

2. 嵌套框架集

在一个框架集内插入另一个框架集便产生嵌套框架。如果在一组框架里，不同行或不同列中有不同数目的框架，则要求使用嵌套的框架集，嵌套框架集由于其结构的复杂性，可规划布局更繁复的框架网页。图 7.3 所示为【框架】面板中显示的嵌套框架集。

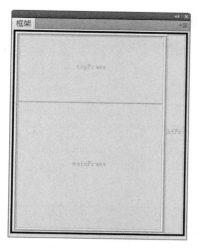

图 7.3　嵌套框架集

Dreamweaver CS5 为用户提供的框架模板中很大一部分都使用嵌套，用户可通过这些具有嵌套形式的模板快速创建嵌套框架集。

7.1.2　创建框架集与框架

创建框架集主要的方法是通过 Dreamweaver CS5所提供的框架集模板来完成，用户可选择【文件】|【新建】命令或通过起始页快速来创建。

创建框架集与框架的操作步骤如下。

Step 1　启动 Dreamweaver CS5 程序后，在起始页中单击【更多】选项，如图 7.4 所示。

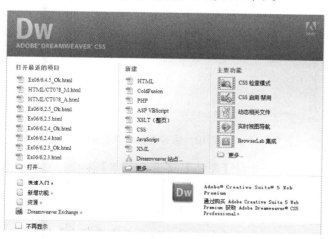

图 7.4　由起始页打开显示框架集模板

Step 2　打开【新建文档】对话框，在左边分类中选择【示例中的页】，在中间区域中先选择【框架页】示例文件夹，再选择【上方固定，下方固定】示例页，然后单击【创建】按钮，如图 7.5 所示。

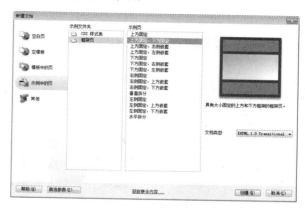

图 7.5　指定并创建框架集

Step 3　随之显示【框架标签辅助功能属性】对话框，要求为每个框架指定标题，先在【框架】下拉列表框中选择框架集中的框架，然后在【标题】文本框中输入名称，最后再单击【确定】按钮，完成框架集的创建，如图 7.6 所示。

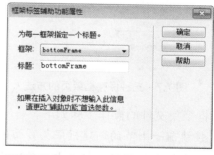

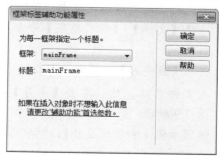

图 7.6　指定框架与标题

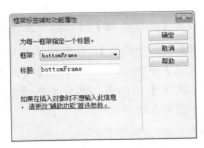

图 7.6 指定框架与标题(续)

7.1.3 保存框架集文件

由于框架集页面并不是一个独立的文件,保存框架集的操作与一般的网页保存有所不同,它除了保存框架集文件外,当框架集内的框架都为新建时,还需要将其中包含的框架网页一起保存。Dreamweaver CS5 保存框架网页的操作主要有"保存框架"、"框架另存为"和"保存全部"三种方法,如图 7.7 所示。

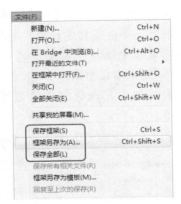

图 7.7 三种保存框架页的方法

保存框架集文件的操作步骤如下。

Step 1 接续前一小节的创建框架集页面的操作,定位光标在所创建框架集中的框架页中,然后选择【文件】|【保存框架】命令,如图 7.8 所示。

Step 2 打开【另存为】对话框,指定保存位置并输入文件名称,然后单击【保存】按钮,如图 7.9 所示。

Step 3 依照步骤 1 和步骤 2 相同的操作方法,接着保存框架集中另外两个框架页面,结果如

图 7.10 所示。

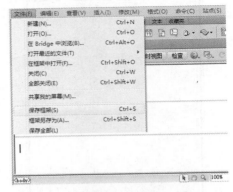

图 7.8 选择【保存框架】命令

图 7.9 设置保存位置和文件名称

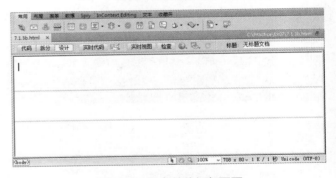

图 7.10 保存其他框架页面

Step 4 选择【文件】|【保存全部】命令,准备保存整个框架集,如图 7.11 所示。

Step 5 打开【另存为】对话框,指定保存位置再输入保存的名称,然后单击【保存】按钮,如图 7.12 所示。

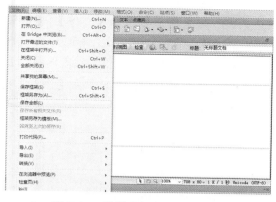

图 7.11　选择【保存全部】命令

图 7.12　保存框架集

当打开已保存的框架集网页，再针对整个框架集的结构进行编辑后，需要另存框架集时，可先打开【框架】面板，单击框架集边缘，再选择【文件】|【框架集另存为】命令即可，如图 7.13 所示。

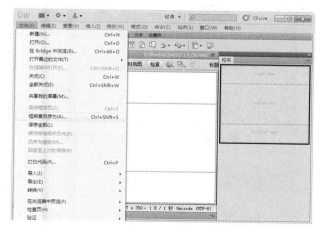

图 7.13　另存框架集

若对框架集中的框架网页进行了编辑并需要另外保存时，可先定位光标在框架页面中(或该框架为编辑状态中)，然后选择【文本】|【框架另存为】命令，如图 7.14 所示。

由此可见，同一项命令针对框架集或框架页面执行保存，将显示为【框架集另存为】或【框架另存为】命令，同时也将产生不同的保存结果，用户可根据实际需求进行正常的操作。

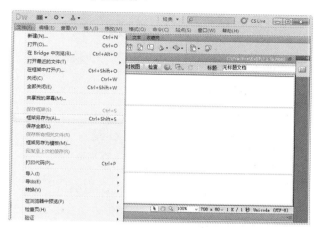

图 7.14　另存框架或框架集

7.1.4　指定框架源文件

创建框架集页面之后，框架集和其中的框架文件暂时保存在程序的缓存中，若已完成相关框架源文件的设计，便可为这些框架指定源文件，初步产生框架集内容。

指定框架源文件的操作步骤如下。

Step 1　打开本书光盘中的“..\Example\Ex07\7.1.4.html”文档，按 Shift+F2 快捷键打开【框架】面板，在面板中先选择上框架区，然后单击【属性】面板的【源文件】文本框后的【浏览文件】按钮，如图 7.15 所示。

Step 2　打开【选择 HTML 文件】对话框，先在【查找范围】下拉列表框中指定文件夹，再选择源文件“..\Example\Ex07\7.1top.html”，然后单击【确定】按钮，如图 7.16 所示。

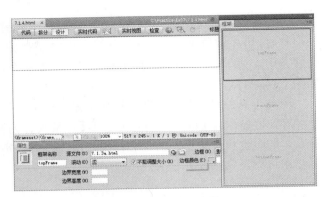

图 7.15 浏览源文件

图 7.16 指定源文件

Step 3 依照前面步骤的方法，再为框架集的中间框架和下方框架指定源文件"..\Example\Ex07\7.1main.html"和"..\Example\Ex07\7.1bottom.html"，结果如图 7.17 所示。

图 7.17 指定其他源文件

Step 4 接着在【框架】面板中单击框架边框，选取

整个框架集，再选择【文件】|【框架集另存为】命令，如图 7.18 所示。

Step 5 打开【另存为】对话框，指定保存位置，再输入保存的名称，然后单击【保存】按钮，如图 7.19 所示。

图 7.18 另存框架集

图 7.19 设置保存位置和文件名称

7.1.5 设置框架组属性

创建框架集后可通过【框架】面板和【属性】面板搭配使用，设置其属性，包括框架边框、边框颜色

与宽度以及各框架范围的列宽或行高，使整个框架结构布局合理完整。

设置框架组属性的操作步骤如下。

Step 1 打开本书光盘中的 "..\Example\Ex07\7.1.5.html" 文档，按 Shift+F2 快捷键打开【框架】面板，选择框架集边框以选取整个框架集，如图 7.20 所示。

图 7.20 选取整个框架集

Step 2 在【属性】面板右边的框架布局缩图中选择上框架，在【边框】下拉列表中选择【是】选项，再设置【边框宽度】为1、【边框颜色】为黑色(#000000)，然后在【行】文本框中设置参数为 190 像素，如图 7.21 所示。

图 7.21 设置上框架

Step 3 在【属性】面板右边的框架布局缩图中选择中间框架，然后在【行】文本框中设置参数

为 650 像素，如图 7.22 所示。

图 7.22 设置中间框架

Step 4 在【属性】面板右边的框架布局缩图中选择下框架，然后在【行】文本框中设置参数为 420 像素，如图 7.23 所示。

图 7.23 设置下框架

提 示

除了通过框架集的【属性】面板设置框架大小，用户还可以手动的方式调整框架的高度或宽度。方法是移动光标至框架之间的边界上，然后按下鼠标左键不放拖动即可，如图 7.24 所示。

完成框架集属性设置后，选择【文件】|【框架集另存为】命令，将调整后的框架集文档保存，然后按 F12 功能键预览网页效果，结果如图 7.25 所示。

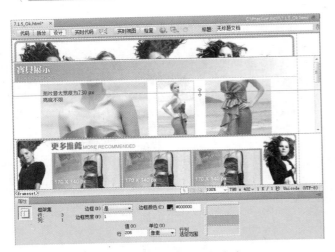

图 7.24　手动调整框架高度

图 7.25　调整框架集的结果

7.1.6　设置框架页属性

除了设置整个框架集的属性，还可以针对框架集中的某个框架页设置其属性。设置框架页属性同样是通过【框架】面板和【属性】面板来配合操作。

设置框架页属性的操作步骤如下。

 Step 1　打开本书光盘中的"..\Example\Ex07\7.1.6.html"文档，按 Shift+F2 快捷键打开【框架】面板，在面板的框架布局缩图中选择上框架，在【属性】面板的【滚动】下拉列表中选择【否】选项，并选中【不能调整大小】复选框，如图 7.26 所示。

图 7.26　设置上框架页属性

Step 2　在【框架】面板中选择中间框架，在【属性】面板的【滚动】下拉列表中选择【默认】选项，再取消选中【不能调整大小】复选框，如图 7.27 所示。

图 7.27　设置中间框架页属性

 Step 3　在【框架】面板中选择下框架，在【属性】面板的【滚动】下拉列表中选择【否】选项，再选中【不能调整大小】复选框，如图 7.28 所示。

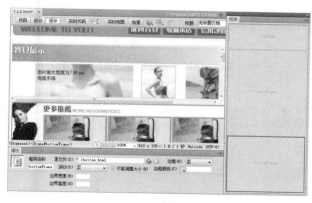

图 7.28　设置下框架页属性

完成框架属性设置后，选择【文件】|【框架集另存为】命令，将调整后的框架集文档保存，然后按 F12 功能键预览网页效果，结果如图 7.29 所示。

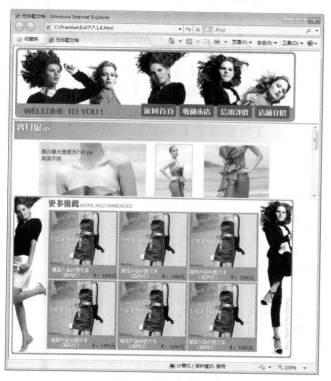

图 7.29　设置框架页属性的结果

7.1.7　实例——创建框架网页

本例操作将运用本节所介绍的框架集布局设计功能，创建一个"上方固定"的框架网页，再分别指

定素材网页作为框架源文件，并根据需要调整设置框架集和框架页。

创建框架网页的操作步骤如下。

Step 1　在 Dreamweaver CS5 中选择【文件】|【新建】命令，在打开的【新建文档】对话框左侧选择【示例中的页】选项，然后在【示例文件夹】列表框中选择【框架页】文件夹，再于【示例页】列表框中选择【上方固定】选项，然后单击【创建】按钮，如图 7.30 所示。

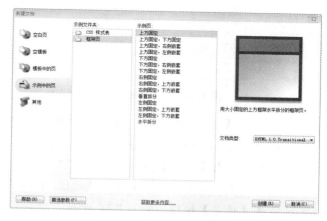

图 7.30　指定框架模板

Step 2　显示【框架标签辅助功能属性】对话框，分别在【框架】下拉列表中选择 mainFrame 和 topFrame 选项，在【标题】文本框中分别设置名称为 mainFrame 和 topFrame，然后单击【确定】按钮，如图 7.31 所示。

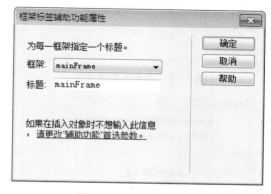

图 7.31　设置框架标题

Step 3 按 Shift+F2 快捷键打开【框架】面板，框架结构缩图中选择 topFrame 框架，然后单击【属性】面板【源文件】文本框后的【浏览文件】按钮，如图 7.32 所示。

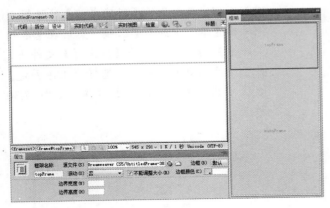

图 7.32　设置上框架

Step 4 打开【选择 HTML 文件】对话框，指定"..\Example\Ex07\7.1.7a.html"素材文件，然后单击【确定】按钮，如图 7.33 所示。

Step 5 随之弹出要求先保存文件的提示框，直接单击【确定】按钮，如图 7.34 所示。

图 7.33　指定框架源文件

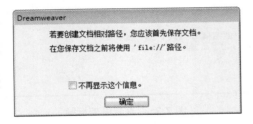

图 7.34　确认保存提示

Step 6 按照步骤 4 和步骤 5 的方法，再为框架集下方的 mainFrame 框架指定源文件为"..\Example\Ex07\7.1.7b.html"，结果如图 7.35 所示。

图 7.35　设置另一框架页

Step 7 在【框架】面板中单击框架缩图外边框选择框架集，在【属性】面板右边的框架布局缩图中选择上框架，在【边框】下拉列表中选择【是】选项，再设置【边框宽度】为 1、【边框颜色】为粉色(#FFB5D4)，然后在【行】文本框中设置参数为 130 像素，如图 7.36 所示。

图 7.36　设置上框架边框和高度

Step 8 在【属性】面板右边的框架布局缩图中选择下框架，在【边框】下拉列表中选择【否】选项，然后在【行】文本框中设置 1 相对，如图 7.37 所示。

Step 9 选择【文件】|【保存全部】命令，打开【另

存为】对话框,分别指定保存位置和文件名,然后单击【保存】按钮,如图 7.38 所示。

图 7.37　设置下框架边框和高度

图 7.38　保存框架集

完成本实例创建框架网页的操作后,按 F12 功能键预览网页效果,结果如图 7.39 所示。

图 7.39　创建框架网页的结果

7.2　调整与编辑框架页

Dreamweaver CS5 虽然提供了多种结构的框架示例,但并不能满足于一些更为特殊的框架结构。这时就需要调整框架的布局结构。本节介绍拆分和删除框架页、框架嵌套处理等方法,通过重新调整框架布局而产生符合需求的框架集。

7.2.1　手动调整框架大小

为框架集中各框架指定源文件后,便可根据源文件显示的内容调整框架的宽/高,使各框架内容能够完整展示,同时也使整个页面内容紧凑有序。

手动调整框架大小的操作步骤如下。

Step 1　打开本书光盘中的 "..\Example\Ex07\7.2.1.html" 文档,选择【查看】|【可视化助理】|【框架边框】命令,在框架集中显示各框架边框,如图 7.40 所示。

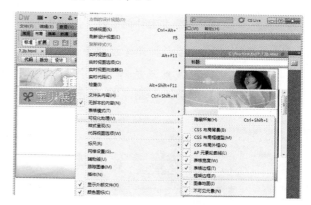

图 7.40　调整上框架大小

Step 2　将鼠标指针置于上框架与中间框架之间的水平边框上,按下鼠标左键的同时向下拖至适合的位置,扩大上框架的高度,如图 7.41 所示。

Step 3　再次将鼠标指针置于下框架与中间框架之间的边框上,按下鼠标左键的同时向上拖至合适的位置,扩大中间框架的高度,如图 7.42 所示。

图 7.41　调整上框架

图 7.42　调整中间框架

Step 4 调整好框架后，打开【框架】面板，选择框架集外边框，然后选择【文件】|【框架集另存为】命令，如图 7.43 所示。

图 7.43　保存框架集

7.2.2　拆分框架页

在 Dreamweaver 中创建框架集后，还可以根据具体的布局需求拆分框架页。其操作主要以手动的方式完成，移动光标至需要拆分的框架外边框，按住鼠标左键向内拖动便可产生一个新的框架，如图 7.36

所示。

拆分框架页的操作步骤如下。

Step 1 打开本书光盘中的"..\Example\Ex07\7.2.2.html"练习文件，选择【查看】|【可视化助理】|【框架边框】命令，显示框架边框。

Step 2 移动光标至下方框架的底部边框，按住鼠标左键向上拖动，在框架集下方分拆出新框架，如图 7.44 所示。

图 7.44　拆分框架页

Step 3 按 Shift+F2 快捷键打开【框架】面板，选择下框架，然后单击【属性】面板【源文件】文本框后的【浏览文件】按钮，如图 7.45 所示。

图 7.45　设置源文件

Step 4 打开【选择 HTML 文件】对话框，指定源文件为"..\Example\Ex07\7.2c.html"，然后单击【确定】按钮，如图 7.46 所示。

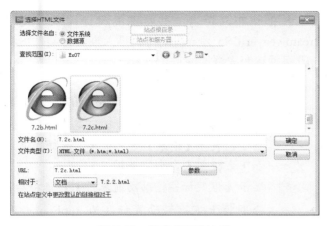

图 7.46　指定框架源文件

Step 5　在【框架】面板中单击框架缩图外边框，选择【文件】|【框架集另存为】命令，另存拆分后的框架集，结果如图 7.47 所示。

图 7.47　另存框架集

7.2.3　删除框架页

框架集中若有多余的框架，可将其删除。所删除框架的源文件将不会再显示在框架集中。删除框架时只需将框架的内边框拖出 Dreamweaver CS5 编辑窗口，或者在代码视图中将对应框架页的代码删除即可。

删除框架页的操作步骤如下。

Step 1　打开本书光盘中的 "..\Example\Ex07\7.2.3.html" 文档，选择【查看】|【可视化助理】|【框架边框】命令，如图 7.48 所示。

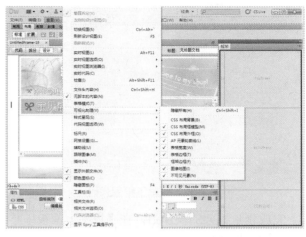

图 7.48　选择【框架边框】命令

Step 2　将鼠标指针置于第一列与第二列框架之间边框上，按下鼠标左键向左将其拖出编辑窗口，删除左列框架，如图 7.49 所示。

图 7.49　删除左列框架

Step 3　在【文档】工具栏中单击【拆分】按钮，然后在【框架】面板中选择下框架，代码视图中将自动选取下框架代码，按 Delete 键，将此代码删除，如图 7.50 所示。

Step 4　接着在【代码】视图中找到 <frameset> 标签，然后选取并删除该标签内第三个参数(控制框架高度)，彻底删除框架集的下框架，如图 7.51 所示。

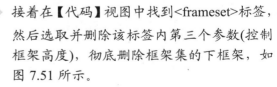

图 7.50　删除下框架代码

完成删除框架的操作后，在【框架】面板中单击框架缩图的外边框，选择【文件】|【框架集另存为】命令，另存框架集的编辑成果，结果如图 7.52 所示。

图 7.51　删除下框架

图 7.52　保存框架删除结果

7.2.4　插入嵌套框架

通过嵌套框架可产生结构更为复杂的框架集页

面，使框架布局符合一些特殊的设计需求，使用 Dreamweaver CS5 为一般的网页插入嵌套框架，可将一般网页转变成框架网页。

插入嵌套框架的操作步骤如下。

Step 1 打开本书光盘中的 "..\Example\Ex07\7.2.4.html" 文档，在【插入】面板中切换至【布局】选项卡，展开【框架】下拉菜单，选择【上方和下方框架】命令，如图 7.53 所示。

Step 2 显示【框架标签辅助功能属性】对话框后，分别为上下框架设置标题为 topFrame 和 bottomFrame，然后单击【确定】按钮，如图 7.54 所示。

图 7.53　插入嵌套框架

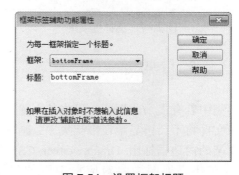

图 7.54　设置框架标题

Step 3 按 Shift+F2 快捷键打开【框架】面板，选择 topFrame 框架，单击【属性】面板【源文件】文本框后的【浏览文件】按钮，如图 7.55 所示。

图 7.55　设置上框架源文件

Step 4　打开【选择 HTML 文件】对话框，先在【查找范围】下拉列表框中指定文件夹，再选择源文件 "..\Example\Ex07\7.1.7a.html"，然后单击【确定】按钮，如图 7.56 所示。

Step 5　随之弹出要求先保存文件的提示框，直接单击【确定】按钮，如图 7.57 所示。

图 7.56　指定源文件

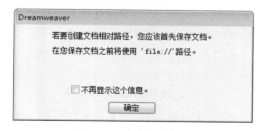

图 7.57　确认保存提示

Step 6　依照前面步骤的方法，再为 bottomFrame 框架

指定源文件为 "..\Example\Ex07\7.2c.html"。

Step 7　最后在【框架】面板中单击框架缩图外边框，选择【文件】|【框架集另存为】命令，将插入嵌套框架的框架集保存为成果档，结果如图 7.58 所示。

图 7.58　指定另一源文档并保存文件

7.2.5　实例——调整框架网页

本实例将综合本节所学的框架的调整编辑知识，为一个框架集页面删除多余的框架，再插入嵌套框架并为其指定源文件，最后调整框架的高度。请先打开练习文档 "..\Example\Ex07\7.2.5.html"，然后依照以下过程进行操作。

调整框架网页的操作步骤如下。

Step 1　选择【查看】|【可视化助理】|【框架边框】命令，显示框架集的边框，如图 7.59 所示。

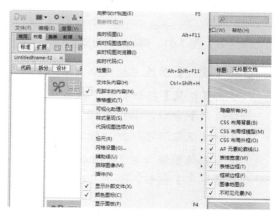

图 7.59　显示框架边框

Step 2 移动光标至下方框架的底部边框，按住鼠标左键不放向上拖动，在框架集下方分拆出新框架，如图 7.60 所示。

图 7.60　拆分框架

Step 3 再将鼠标指针置于第一列与第二列框架之间边框上，按下鼠标右键的同时向左将其拖出编辑窗口，删除左列框架，如图 7.61 所示。

图 7.61　删除左侧框架

Step 4 在【插入】面板中切换至【布局】选项卡，单击【框架】按钮打开下拉菜单，选择【底部框架】命令，如图 7.62 所示。

Step 5 显示【框架标签辅助功能属性】对话框后，设置底部框架标题为 bottomFrame，然后单击【确定】按钮，如图 7.63 所示。

图 7.62　插入嵌套框架

图 7.63　设置框架标题

Step 6 在【框架】面板中选择 topFrame 框架，然后单击【属性】面板【源文件】文本框右侧的【浏览文件】按钮，如图 7.64 所示。

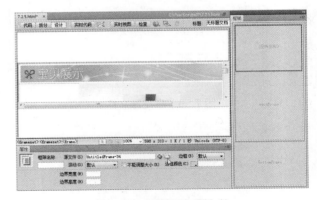

图 7.64　设置框架源文件

Step 7 打开【选择 HTML 文件】对话框，先在【查找范围】下拉列表框中指定文件夹，再选择源文件 "..\Example\Ex07\7.1.7a.html"，然后单击【确定】按钮，如图 7.65 所示。

Step 8 依照与前面步骤相同的方法，再为 bottomFrame 框架指定源文件为 "..\Example\Ex07\7.2c.html"，如图 7.66 所示。

Step 9 将鼠标指针置于上框架与中间框架之间的水平边框上，按下鼠标左键的同时向下拖至适合的位置，扩大上框架的高度，如图 7.67 所示。

图 7.67　调整框架高度

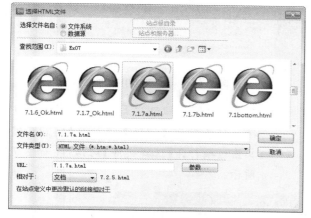

图 7.65　指定源文件

Step 10 打开【框架】面板，在面板中选择框架集外边框，然后选择【文件】|【框架集另存为】命令，打开【另存为】对话框后，分别指定保存位置和文件名，最后单击【保存】按钮，如图 7.68 所示。

图 7.68　保存成果档

完成框架集调整并保存成果档后，按 F12 功能键预览网页效果，结果如图 7.69 所示。

图 7.66　设置其他框架源文件

图 7.69　调整框架网页的结果

7.3 框架的高级编辑技巧

Dreamweaver CS5 还提供了浮动框架功能，通过该功能可在网页某个指定的矩形区域显示另一个网页的内容，而编辑无框架内容则可以在浏览器不支持框架网页的情况下显示提示内容或其他网页内容。本节接着介绍制作浮动框架和编辑无框架内容两种高级应用技巧。

7.3.1 制作浮动框架

一般的框架集都是将页面分割成多个区域以显示多个网页内容，而浮动框架则是以插入的方式在一个网页中指定矩形区域独立显示另一个网页的内容。制作浮动框架主要通过编辑代码来完成，虽说是编辑代码，但整个过程其实很简单，本实例将详细介绍具体操作方法。

制作浮动框架的操作步骤如下。

Step 1 打开本书光盘中的"..\Example\Ex07\7.3.1.html"练习文件，定位光标在网页右边的空白单元格。在【插入】面板中切换至【布局】选项卡，单击 IFRAME 按钮，如图 7.70 所示。

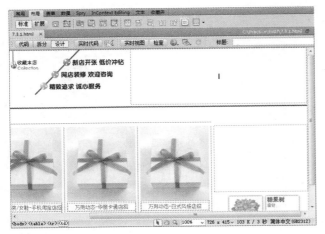

图 7.70 插入浮动框架

Step 2 显示"拆分"视图模式，定位光标在"代码"模式中已插入<iframe>标签内，如图 7.71

所示。

图 7.71 定位<iframe>标签

Step 3 按 Enter 键自动打开下拉菜单，选择 src 选项，接着显示【浏览】选项，按 Enter 键或单击该项打开【选择文件】对话框，如图 7.72 所示。

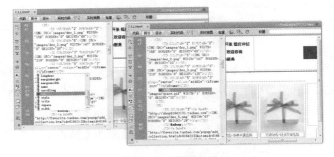

图 7.72 浏览文件

Step 4 在【选择文件】对话框中选择素材文件"..\Example\Ex07\7.3i.html"，指定该网页为浮动框架源文件，如图 7.73 所示。

图 7.73 指定素材文件

Step 5 依照前面步骤 2 的方法，或使用直接输入的
方式，接着编写代码 "width="420" height=
"130""，设置浮动框架的宽度和高度，如
图 7.74 所示。

图 7.74 编写宽/高代码

完成浮动框架的制作后，直接选择【文件】|【另
存为】命令便可保存浮动框架成果档，再按 F12 功能
键可预览浮动框架效果，结果如图 7.75 所示。

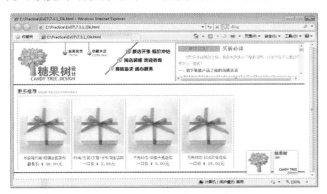

图 7.75 浮动框架效果

7.3.2 编辑无框架内容

框架网页需要浏览器的支持，IE 浏览器从 4.0 版
本就开始支持框架网页，但考虑到有些用户仍使用较
低版本或其他类型的浏览器，可能出现无法正常浏览
框架网页的情况，因此，需要为框架集设置无框架内
容，当用户因为浏览器问题无法正常浏览框架网页时
显示提示内容。

编辑无框架内容的操作很简单，打开一个框架集

网页后选择【修改】|【框架页】|【编辑无框架内容】
命令，Dreamweaver CS5 随之切换至无框架编辑模式。
该模式如同一个新建的空白网页，用户可以直接输入
提示文本，也可以像设计一般的网页一样，完成一个
页面的编辑，如此，当框架网页无法在浏览器中显示
框架时还可以显示无框架页面中所编辑的网页效果。

编辑无框架内容的操作方法如下。

Step 1 打开本书光盘中的 "..\Example\Ex07\7.3.2.html"
练习文件，选择【修改】|【框架集】|【编
辑无框架内容】命令，如图 7.76 所示。

图 7.76 选择【编辑无框架内容】命令

Step 2 在无框架内容编辑模式中，输入提示文本并
选取文本，然后在【属性】面板中切换至
HTML 模式，在【格式】下拉列表中选择【标
题 2】选项，如图 7.77 所示。

图 7.77 输入提示文本

完成无框架内容的编辑后保存框架网页,以低版本的 IE 浏览器或不支持框架集的浏览器打开框架网页,便可看到网页显示所编辑的无框架内容,如图 7.78 所示。需要指出的是,框架集本身虽然不包含在浏览器所显示的 HTML 内容,但却包括无框架内容。

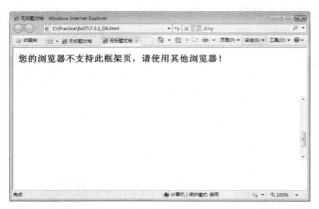

图 7.78　使用不支持框架的浏览器的预览效果

7.4　插入站点各式超级链接

超链接是网页中最基本的元素之一,通过超链接可实现在不同网页乃至不同网站之间跳转,延伸网络信息的传播。Dreamweaver CS5 为用户提供了多种创建超链接的方法,可为网页制作文本、图像、电子邮件以及文档下载等链接类型。

7.4.1　文本超级链接

以文本作为超链接是网页中最常见的超链接方式,下面介绍制作文本超链接的方法。

插入文本超链接的操作步骤如下。

Step 1　打开本书光盘中的 "..\Example\Ex07\7.4.1.html" 文档,定位光标在网页第一个商品格子下方空白单元格,然后在【插入】面板的【常用】选项卡中单击【超链接】按钮，如图 7.79 所示。

Step 2　打开【超级链接】对话框后,先在【文本】文本框中输入链接文本,在【目标】下拉列

表中选择 _blank 选项,然后单击【链接】下拉列表框后的【浏览文件】按钮，如图 7.80 所示。

图 7.79　插入文本超链接

图 7.80　设置超链接

说　明

设置不同超链接目标后,单击链接时,所打开的网页会根据不同目标设置而以不同方式显示。例如:有些链接所打开的网页会覆盖原来的浏览器窗口,而有些链接所打开的网页则以新浏览器窗口显示。下面分别说明不同目标的应用。

_blank:将链接的文件载入一个未命名的新浏览器窗口中。

_parent:将链接的文件载入含有该链接的框架的父框架集或父窗口中。如果包含链接的框架不是嵌套的,则链接文件加载到整个浏览器窗口中。

_self:将链接的文件载入该链接所在的同一框架或窗口中。此目标是默认的,所以通常不需要指定它。

_top:将链接的文件载入整个浏览器窗口中,因而会删除所有框架。

Step 3 打开【选择文件】对话框，指定素材文件 ".. \Example\Ex07\candytree.html"，然后单击【确定】按钮，如图 7.81 所示。

图 7.81　指定链接文件

Step 4 选择网页中第二个商品格子下方的文本，在【属性】面板的 HTML 设置中单击【链接】下拉列表框后的【浏览文件】按钮，如图 7.82 所示。

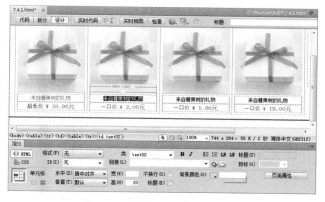

图 7.82　设置所选文本超链接

Step 5 打开【选择文件】对话框，指定素材文件 ".. \Example\Ex07\candytree.html"，然后单击【确定】按钮，如图 7.83 所示。

Step 6 依照与步骤 4 和步骤 5 相同的操作方法，分别为网页第三、四个商品格子下方的文本添加相同的超链接。

图 7.83　指定链接素材

为网页插入所需的文本超链接后，按 F12 功能键可预览链接效果，结果如图 7.84 所示。

图 7.84　插入文本链接的结果

7.4.2　图像超级链接

图像超链接是网络中另一种常见的超链接方式，例如一些链接按钮，其实就是为具有按钮图案的图片所设置的超链接。下面将通过【属性】面板为图像设置超链接。

设置图像超链接的操作步骤如下。

Step 1 打开本书光盘中的 ".. \Example\Ex07\7.4.2.html" 文档，选择网页中第一项商品图像，然后单击【属性】面板【链接】下拉列表框后的【浏览文件】按钮，如图 7.85 所示。

Step 2 打开【选择文件】对话框后，选择 ".. \Example\Ex07\candytree.html" 素材文件，然后单击【确定】按钮，如图 7.86 所示。

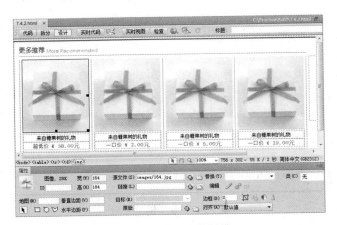

图 7.85　设置图像链接

 返回 Dreamweaver CS5 编辑窗口，在【属性】
面板中设置【目标】为_blank，使链接目标
从新窗口中打开，如图 7.87 所示。

图 7.86　选择图像链接文件

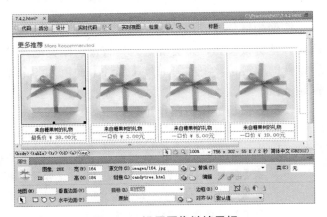

图 7.87　设置图像链接目标

为网页中的图像设置超链接后，按 F12 功能键可
预览链接效果，结果如图 7.88 所示。

图 7.88　设置图像链接的结果

7.4.3　电子邮件链接

通过电子邮件链接可让浏览者快速打开电子邮
件程序并发送邮件。电子邮件链接的对象可以是文
本，也可以是图像等媒体文件，其链接 URL 格式必
须为："mailto:" ＋ "电子邮件地址"。

插入电子邮件链接的操作步骤如下。

Step 1 打开本书光盘中的 "..\Example\Ex07\7.4.3.html"
文档，定位光标在网页下方 "E-mail:" 文本
后面，在【插入】面板中单击【电子邮件链
接】按钮 ☒，如图 7.89 所示。

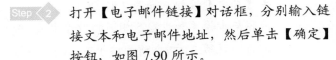

图 7.89　插入电子邮件链接

Step 2 打开【电子邮件链接】对话框，分别输入链
接文本和电子邮件地址，然后单击【确定】
按钮，如图 7.90 所示。

Step 3 返回 Dreamweaver 编辑窗口，选择网页上方
的商品主题图片，在【属性】面板的【链接】
文本框中输入电子邮件代码 "mailto:jigudian@

candytree.com"，并按 Enter 键确定，如图 7.91 所示。

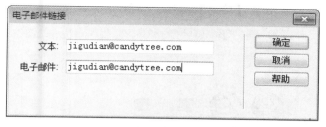

图 7.90　设置电子邮件链接

图 7.91　通过【属性】面板设置电子邮件链接

创建电子邮件链接并保存成果档后，按 F12 功能键可测试链接效果。当浏览者单击网页中的电子邮件链接时，将打开一个新的邮件发送窗口(系统的邮件发送客户端口程序)。在该窗口中的"收件人"文本框自动更新为显示电子邮件链接中指定的地址，如图 7.92 所示。

图 7.92　单击电子邮件链接后，即可快速发送邮件

7.4.4　文件下载链接

创建文件下载链接的方法很简单，就是指定链接目标文件，且该文件无法在浏览器中打开，从而弹出提示框要求保存链接目标文件，达到下载文件的目的。而不能被浏览器直接打开的文件有很多种，最常见的就是 RAR 格式的压缩文件，也就是人们常说的打包文件。下例将为文本建立与 RAR 文件的链接，以供浏览者下载该文件。

创建文件下载链接的操作步骤如下。

Step 1　打开本书光盘中的 "..\Example\Ex07\7.4.4.html" 文档，选择网页上方的"下载产品图"文本，单击【属性】面板【链接】下拉列表框后的【浏览文件】按钮，如图 7.93 所示。

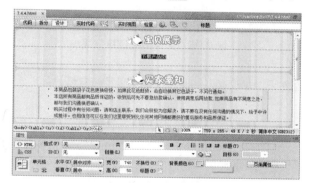

图 7.93　创建文件下载链接

Step 2　打开【选择文件】对话框后，指定本书光盘中的 "..\Example\Ex07\product.rar" 素材文件，然后单击【确定】按钮，如图 7.94 所示。

图 7.94　指定文件素材

创建文件下载链接后保存为成果档,按 F12 功能键可预览成果网页。当单击文件下载链接后,打开【文件下载】对话框,浏览者便可将文件下载到本地电脑所指定的位置,如图 7.95 所示。

图 7.95 文件下载链接效果

7.4.5 实例——设置网页链接

本实例将综合本章所学的各种网页链接方法,为实例文档 "..\Example\Ex07\7.4.5.html" 添加多种网页超链接。下面将详细介绍操作过程。

设置网页链接的操作步骤如下。

Step 1 选择网页上方的"友情链接 1"文本,在【属性】面板的 HTML 设置中单击【链接】下拉列表框后的【浏览文件】按钮 ,如图 7.96 所示。

图 7.96 设置链接

Step 2 打开【选择文件】对话框,指定素材文件 "..\Example\Ex07\candytree.html",然后单击【确定】按钮,如图 7.97 所示。

图 7.97 指定链接文件

Step 3 选择网页上的商品主题图像,在【属性】面板的【链接】文本框中输入用于下载的文件地址,如图 7.98 所示。

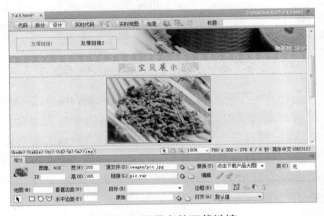

图 7.98 设置文件下载链接

Step 4 定位光标在网页下方空白单元格中,在【插入】面板中单击【电子邮件链接】按钮 ,如图 7.99 所示。

Step 5 打开【电子邮件链接】对话框,分别输入链接文本和电子邮件地址,然后单击【确定】按钮,如图 7.100 所示。

图 7.99　插入电子邮件链接

图 7.100　设置电子邮件链接

完成为网页添加所需的超链接后，按 F12 功能键预览网页，结果如图 7.101 所示。

图 7.101　添加网页链接的结果

7.5　制作图像热点链接

为图像建立超链接后，整张图像便具有链接属性，然而许多情况下我们只需为其中的特殊图案设置链接，这时就需要通过制作图像热点链接来实现。本节介绍图像热点链接的制作方法。

7.5.1　绘制热点链接区域

所谓 "热点"是指为图像指定某个区域，该区域可作为超链接的响应区。制作热点链接首先要为图像绘制热点区域，Dreamweaver CS5 提供了三个热点绘制功能，可以绘制矩形、椭圆形和任意多边形热点区域。

绘制热点链接区域的操作步骤如下。

Step 1　打开本书光盘中的 ".\Example\Ex07\7.5.1.html" 文档，在网页中选择图像，然后单击【属性】面板中的【矩形热点工具】按钮□，在图像上根据其中的图案拖动绘制矩形热点区域，如图 7.102 所示。

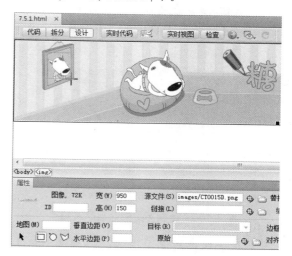

图 7.102　绘制矩形热点区域

Step 2　随之弹出提示框，提示用户可描述图像映射，以便于为有视觉障碍的浏览者提供阅读方便，直接单击【确定】按钮即可，如图 7.103 所示。

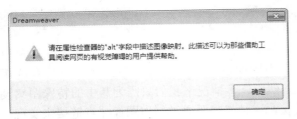

图 7.103　确认提示

Step 3　单击【属性】面板中的【椭圆形热点工具】按钮 ◯，在图像的圆形图案上拖动绘制椭圆形热点区域，如图 7.104 所示。

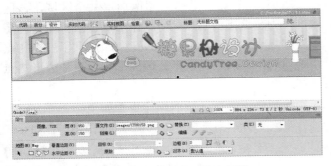

图 7.104　绘制椭圆形热点区域

Step 4　单击【属性】面板中的【多边形热点工具】按钮 ▽，在图像中单击以确定起点，再拖动鼠标并单击确定第二个节点，如图 7.105 所示。

图 7.105　绘制多边形热点区域起点

Step 5　接着根据图像中图案的轮廓依次单击确定其他节点，以围绕的方式绘制产生不规则的多边形热点区域，结果如图 7.106 所示。

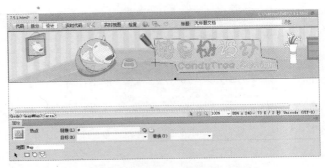

图 7.106　完成绘制多边形热点区域

7.5.2　调整热区大小与位置

为网页中的图像绘制热点区域后还可适当作进一步调整，使热点区域与图像中的图案相吻合。使用"指针热点工具"便可调整现有的热点区域的大小与位置。

调整热区大小与位置的操作步骤如下。

Step 1　打开本书光盘中的 "..\Example\Ex07\7.5.2.html" 文档，选取网页中的图像，然后在【属性】面板中单击【指针热点工具】按钮 ▶，准备调整热区大小与位置，如图 7.107 所示。

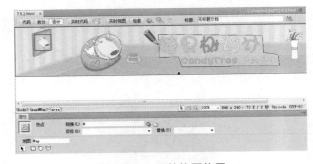

图 7.107　调整热区位置

Step 2　移动光标至圆形热区，将鼠标指针置于热点区域的左侧节点上，按下鼠标左键的同时左拖动扩大热区，接着再将光标移入整个热区中，按下鼠标左键的同时稍微拖动，使热区与图像中的圆形图案吻合，如图 7.108 所示。

Step 3　移动光标至矩形热区，将光标移入整个热区中，按下鼠标左键的同时向右拖动至图像另一图案位置，再将鼠标指针置于热点区域的右上节点，按下鼠标左键的同时向下拖动缩小热区高度，如图7.109所示。

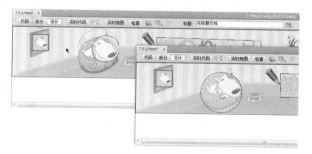

图7.108 调整圆形热区

图7.109 调整矩形热区

Step 4 移动光标至多边形热区，将鼠标指针置于热点区域的左上节点上，按下鼠标左键的同时向左拖动扩大热区范围，如图7.110所示。

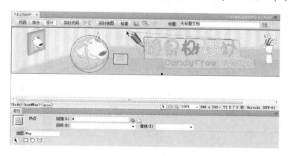

图7.110 调整多边形热区

完成图像上热区大小与位置调整后，结果如图7.111所示。

图7.111 调整热区大小与位置的结果

7.5.3 建立热区超链接

为网页图像所绘制的热点区域默认设置为空链接(#)，用户可根据需要修改链接路径。本例介绍为网页中图像的热区建立超链接的方法。

建立热区超链接的操作步骤如下。

Step 1 打开本书光盘中的 "..\Example\Ex07\7.5.3.html" 文档，选择网页图像上的圆形热点区域，然后在【属性】面板中单击【链接】文本框的【浏览文件】按钮，如图7.112所示。

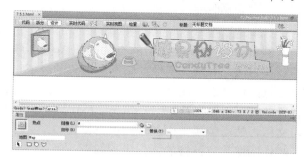

图7.112 建立热区超链接

Step 2 打开【选择文件】对话框，分别指定查找范围和链接文件，然后单击【确定】按钮，如图7.113所示。

图7.113 指定链接文件

完成建立热区链接后，另存为成果档，再按F12功能键预览网页效果。由于同一张图像可绘制多处热点区域，分别为这些热点区域建立超链接，便可实现为同一张图像设置多个超链接，如图7.114所示。

图 7.114 建立热区链接的结果

7.5.4 实例——制作图像热点链接

本例将综合本节所介绍的有关网页图像热点链接的制作方法,为网页图像绘制不同形状的区域,再调整热点区域使之与图像中的图案相符,再为热点区域设置链接。请先打开 "..\Example\Ex07\7.5.4.html" 练习文档,然后依照下面的步骤进行操作。

制作图像热点链接的操作步骤如下。

Step 1 选择网页中的图像,在【属性】面板中单击【矩形热点工具】按钮 ⬜,在图像右边的茶图案上拖动绘制圆形热点区域,如图 7.115 所示。

图 7.115 绘制圆形热点区域

Step 2 随之弹出提示框,直接单击【确定】按钮即可,如图 7.116 所示。

Step 3 在【属性】面板中单击【多边形热点工具】按钮 ⬡,在标题左上角单击绘制多边形热点区域起点,如图 7.117 所示。

Step 4 根据标题文字的轮廓依次单击绘制其他节点,完成绘制多边形热点区域,如图 7.118 所示。

图 7.116 确认提示

图 7.117 绘制多边形热点区域起点

图 7.118 完成绘制多边形热区

Step 5 在【属性】面板中单击【矩形热点工具】按钮 ⬜,在图像左下方的导航按钮上拖动绘制矩形热点区域,如图 7.119 所示。

图 7.119 设置多边形热区链接

Step 6 依照与步骤 5 相同的操作方法,为图像另一个导航按钮绘制矩形热点区域,结果如

图 7.120 所示。

Step 7 单击【属性】面板中的【指针热点工具】按钮 ，在新绘制的多边形热点区域上拖动调整其节点，如图 7.120 所示。

图 7.120　调整多边形热点区域

Step 8 依照与步骤 7 相同的操作方法，为多边热点区域调整其他节点，使多边形热点区域与图像文字相吻合，结果如图 7.121 所示。

图 7.121　完成调整多边形热点区域

Step 9 选择图像上的圆形热点区域，单击【属性】面板【链接】文本框后的【浏览文件】按钮 ，如图 7.122 所示。

图 7.122　设置热区链接

Step 10 打开【选择文件】对话框，分别指定查找范围和链接文件，然后单击【确定】按钮，如

图 7.123 所示。

图 7.123　指定链接文件

完成制作图像热点链接并保存成果档后，按 F12 功能键可预览网页效果，结果如图 7.124 所示。

图 7.124　预览图像热点链接设置结果

7.6　建立指定位置的链接

网页设计中，在同一个网页内也可以创建超链接，这对于篇幅比较大的页面而言，可先在页首建立超链接，从而实现快速跳转显示同一个页面的其他位置，这种链接就叫锚记链接。本节将专门介绍锚记链接的制作方法。

7.6.1　插入命名锚记

制作锚记链接首先要在网页中插入命名锚记，然后才可以指定锚记作为链接的目标位置，而插入的锚点所输入名称不可相同。下面通过练习了解为网页插入命名锚记的具体操作。

插入命名锚记的操作步骤如下。

Step 1 打开本书光盘中的 ".\Example\Ex07\7.6.1.html" 文档，定位光标在内容为"宝贝展示"的单元格中，在【常用】选项卡的【插入】面板中单击【命名锚记】按钮，如图 7.125 所示。

图 7.125　插入命名锚记

Step 2 打开【命名锚记】对话框，在【锚记名称】文本框中输入 "宝贝展示"，然后单击【确定】按钮，如图 7.126 所示。

图 7.126　命名锚记

Step 3 根据前面两个步骤的方法，分别在内容为"买家需知"、"邮资说明"和"联系方式"的单元格内插入对应的命名锚记，结果如图 7.127 所示。

图 7.127　插入其他命名锚记

7.6.2　创建锚记链接

在网页中插入命名锚记后，便可以通过指定命名

锚记的方式创建锚记链接。而根据指定的锚记所在位置的不同，可创建本页和跨页两种锚记链接。其中创建本页锚记时，只需在【属性】面板的【链接】下拉列表中输入地址 "#锚记名称" 即可；而跨页锚记链接则需要在前面要加入网页路径地址，例如 "\candytree\ candytree.html#锚记名称"。

创建锚记链接的操作步骤如下。

Step 1 打开本书光盘中的 ".\Example\Ex07\7.6.2.html" 文档，选择网页上方的"买家需知"文本，在【属性】面板的【链接】下拉列表框中输入 "#买家需知" 内容，如图 7.128 所示。

Step 2 依照前一步骤的方法，分别为"邮资说明"和"联系方式"两项文本设置相应的锚记链接，结果如图 7.129 所示。

图 7.128　设置第一项锚记链接

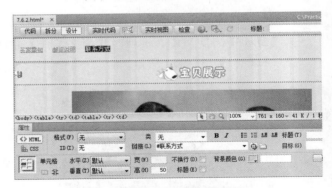

图 7.129　设置其他锚记链接

完成锚记链接的制作并保存成果档后，按 F12 功能键预览本页锚记链接效果，结果如图 7.130 所示。

图 7.130　预览本页锚记链接制作效果

7.7　上机练习——创建产品介绍页面

本例上机练习将综合本章有关框架网页设计与网页链接编辑的相关知识，介绍一个产品介绍页面的设计方法。请先打开练习文档"..\Example\Ex07\7.7.html"，再按照以下步骤进行操作，完成如图 7.131 所示的操作结果。

创建产品介绍页面的操作步骤如下。

Step 1 启动 Dreamweaver CS5 程序，在起始页的【新建】列表中选择【更多】选项，如图 7.132 所示。

图 7.131　创建产品介绍页面的设计结果

Step 2 打开【新建文档】对话框，在左边选择【示例中的页】选项，再选择【框架页】文件夹

中的【上方固定】选项，然后单击【创建】按钮，如图 7.133 所示。

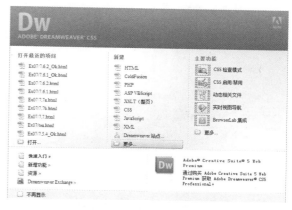

图 7.132　新建文件

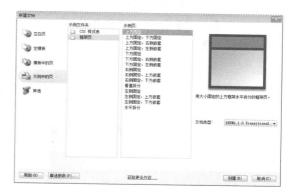

图 7.133　指定框架模板

Step 3 显示【框架标签辅助功能属性】对话框，在【标题】文本框中分别设置名称 mainFrame 和 topFrame，然后单击【确定】按钮，如图 7.134 所示。

图 7.134　设置框架标题

Step 4 按 Shift+F2 快捷键打开【框架】面板，在面板中选择上框架，然后单击【属性】面板【源文件】文本框后的【浏览文件】按钮，

如图 7.135 所示。

图 7.135　设置上框架

Step 5　打开【选择 HTML 文件】对话框，指定源文件为 "..\Example\Ex07\7.7a.html"，然后单击【确定】按钮，随之弹出提示框，单击【确定】按钮，如图 7.136 所示。

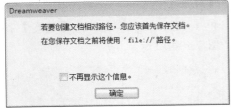

图 7.136　指定上框架源文件

Step 6　依照与步骤 4 和步骤 5 相同的方法，再为下框架指定源文件为 "..\Example\Ex07\7.7b.html"，结果如图 7.137 所示。

Step 7　在【框架】面板中单击框架外边框选择整个框架集，然后在【属性】面板右边的框架布局缩图中选择上框架，再于【行】文本框中

设置参数为 194 像素，如图 7.138 所示。

图 7.137　设置下框架源文件

图 7.138　设置上框架高度

Step 8　接着在编辑区下框架页中定位光标在内容为 "宝贝详情" 的单元格内，在【常用】选项卡的【插入】面板中单击【命名锚记】按钮 ，如图 7.139 所示。

图 7.139　插入锚记

Step 9　打开【命名锚记】对话框，在【锚记名称】文本框中输入 "详情"，然后单击【确定】

按钮，如图 7.140 所示。

图 7.140　设置锚记名称

Step 10 依照前面两个步骤的方法，在下框架中分别在"买家需知""邮资说明"和"联系我们"三个单元格中插入名称为"需知"、"邮资"和"联系"的命名锚记，结果如图 7.141 所示。

图 7.141　插入其他命名锚记

Step 11 选择【文件】|【框架另存为】命令，打开【另存为】对话框，指定保存位置并设置名称为"7.7b_Ok.html"，然后单击【保存】按钮，如图 7.142 所示。

图 7.142　另存框架网页

Step 12 选择上框架中的导航图片，在【属性】面板中单击【矩形热点工具】按钮，在图像第一个导航按钮上拖动绘制矩形热点区域，随之弹出提示框，单击【确定】按钮，如

图 7.143 所示。

图 7.143　绘制矩形热区

Step 13 接着单击【属性】面板【链接】下拉列表框后的【浏览文件】按钮，如图 7.144 所示。

Step 14 打开【选择文件】对话框，指定链接文件为..\Example\Ex07\7.7b_Ok.html，然后单击【确定】按钮，如图 7.145 所示。

图 7.144　设置第一项锚记链接

Step 15 接着在【属性】面板中的【链接】下拉列表框中指定网页地址，接着输入"#详情"，并在【目标】下拉列表中选择 mainFrame 选项，如图 7.146 所示。

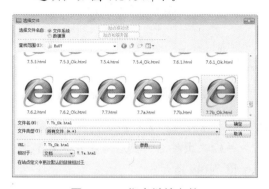

图 7.145　指定链接文件

图 7.146 设置框架属性

 Step 16 根据与前面步骤 11 至步骤 14 相同的方法，为上框架中导航图像其他导航按钮绘制矩形热点区域，并设置相应的锚记链接，结果如图 7.147 所示。

图 7.147 绘制其他热点区域并设置链接

 Step 17 依照与步骤 11 相同的操作方法，再将上框架另存为 "7.7b_Ok.html" 成果档。

 Step 18 在【框架】面板中单击框架外边框选择整个框架集，然后选择【文件】|【框架集另存为】命令，如图 7.148 所示。

图 7.148 选择【框架集另存为】命令

 Step 19 打开【另存为】对话框，分别指定保存位置并输入文件名，最后单击【保存】按钮，如图 7.149 所示。

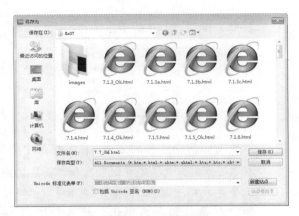

图 7.149 另存框架页

7.8 章后总结

利用框架网页可以灵活地将不同的独立网页内容编排在同一个页面中，Dreamweaver CS5 提供了强大的框架网页设计功能，可满足用户对于框架页面设计的各种需求。此外，Dreamweaver CS5 还提供了强大而且操作简便的超链接设计功能，可为 Web 页面信息延伸提供一个重要媒介。本章将框架网页与超链接设计放在一起进行介绍，可将两者一些巧妙搭配应用发挥出来，为学习网页设计提供更多技巧的应用方法。

7.9 章后实训

本章实训题要求创建一个上下结构的框架集，并为不同框架指定源文件，然后为其中一个框架网页中的图片添加超链接，最后保存整个框架集页面。

操作方法如下：打开 Dreamweaver CS5 后，选择【文件】|【新建】命令，打开【新建文件】对话框，选择创建"上方固定"框架示例页；接着通过【框架】面板和【属性】面板，分别为上下框架指定源文件，再设置上框架的高度，然后在下框架中选取产品图像，为所选图像设置超链接，最后分别保存编辑过的下框架网页和整个框架集页面。整个操作流程如图 7.150 所示。

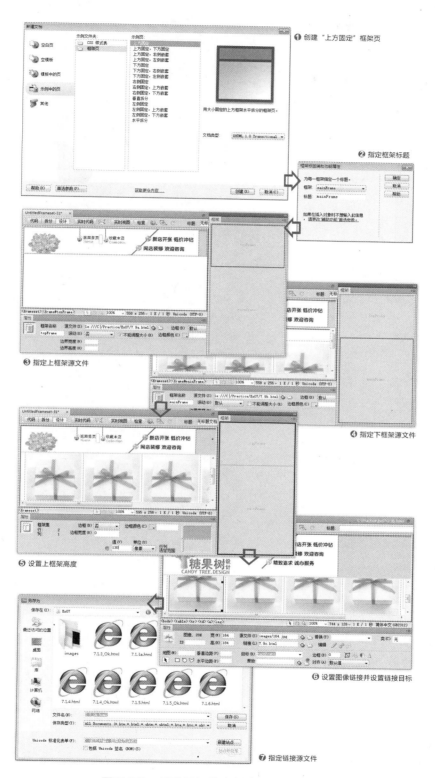

❶ 创建"上方固定"框架页

❷ 指定框架标题

❸ 指定上框架源文件

❹ 指定下框架源文件

❺ 设置上框架高度

❻ 设置图像链接并设置链接目标

❼ 指定链接源文件

图 7.150　创建框架并建立链接的操作流程

第8章

AP Div、行为和 Spry 特效

AP Div(也可称为"层")用于自由定位网页内容，可配合特效制作页面动态效果；利用行为则可以方便快速地完成多种网页动态特效；Spry 特效是 Dreamweaver CS5 强大的网页动态应用功能。本章将综合介绍这三种功能在网页页面动态设计上的应用方法。

本章学习要点

➢ 掌握 AP Div 的相关内容
➢ 掌握行为的应用方法
➢ 制作网页行为特效
➢ 制作 Spry 特效
➢ 制作 Spry 页面局部特效

8.1　用 AP Div 定位内容

AP Div 在 Dreamweaver 的旧版本中称为"层"，使用 AP Div 可将网页内容随意定位在页面任意位置，是网页设计中一种特殊的页面布局应用。本节将详细介绍关于 AP Div 在网页中的基础应用。

8.1.1　认识 AP Div

AP Div 是一种能够随意定位的页面元素，如同浮动在页面上的透明层，用户可以将其放置在页面的任何位置。由于 AP Div 中可以放置包含文本、图像或多媒体等对象，很多网页设计师都会使用它定位一些特殊的网页内容。

在 Dreamweaver CS5 中，用户可以将 AD Div 对象按顺序叠放，也可将其隐藏或显示。利用这些特性便可制作不同的视觉效果，例如在一个 AD Div 中输入灰色文本，然后在其上面放置第二个输入红色文本的，便可制作成有阴影效果的文本，如图 8.1 所示。

图 8.1　利用重叠制作文本阴影效果

> **提　示**
>
> 由 IE 4.0 版本开始，才支持 AP Div 的显示，若浏览者使用旧的 IE 浏览器或其他不支持 AP Div 的浏览器，将会出现无法正常浏览网页的 AP Div 内容的情况。

8.1.2　插入 AP Div

在网页中添加 AP Div 有多种方法，既可像插入图片素材一样地快速操作，还可以通过拖动绘制的方式产生。然后，只要将插入点定位在 AP Div 内，便可将各种不同的网页内容添加到 AP Div 之中，从而随意定位网页内容。

插入 AP Div 的操作步骤如下。

Step 1　打开本书光盘中的 "..\Example\Ex08\8.1.2.html" 文档，将光标定位在整个页面中间的空白单元格，然后选择【插入】|【布局对象】| AP Div 命令，如图 8.2 所示。

图 8.2　在页面中插入 AP Div

Step 2　插入 AP Div 对象后，将光标定位在 AP Div 内，在【插入】面板的【常用】选项卡中单击【图像：图像】按钮，如图 8.3 所示。

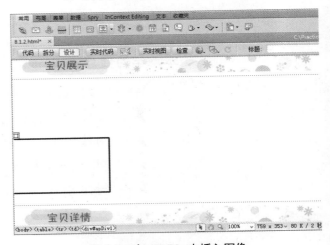

图 8.3　在 AP Div 内插入图像

Step 3　弹出【选择图像源文件】对话框，指定 "..\Example\Ex08\images\gift.jpg" 素材文档，然后单击【确定】按钮，如图 8.4 所示。

Step 4　弹出【图像标签辅助功能属性】对话框，直

接单击【确定】按钮跳过此设置，如图 8.5
所示。

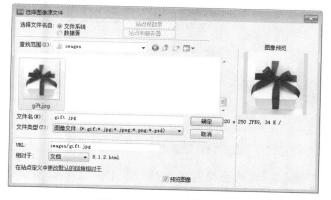

图 8.4　选择图像源文件

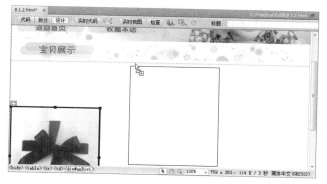

图 8.5　设置图片替换文本

Step 5 按住 AP Div 的图标 向中间拖动，将 AP
Div 放置在页面中间位置，如图 8.6 所示。

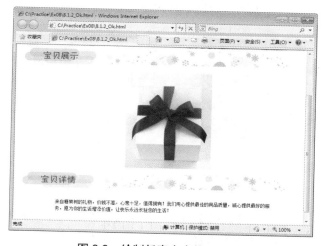

图 8.6　调整 AP Div 的位置

Step 6 切换【插入】面板至【布局】选项卡，单击
【绘制 AP Div】按钮 ，在网页下方拖动
绘制 AP Div，如图 8.7 所示。

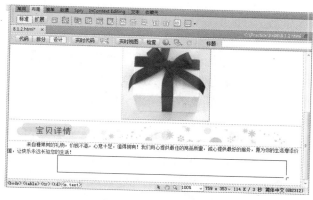

图 8.7　绘制 AP Div

Step 7 拖动选取宝贝详情文本，再拖动文本至 AP
Div 对象内，如图 8.8 所示。

图 8.8　在 AP Div 中添加文本

完成上述操作后保存成果文档，再按 F12 功能键
预览网页效果，结果如图 8.9 所示。

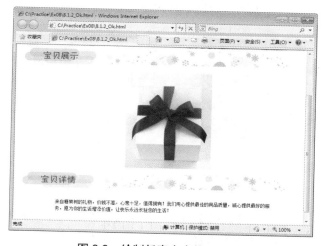

图 8.9　绘制任意大小的 AP Div

8.1.3 设置 AP Div 属性

在网页中添加 AP Div 后，可通过【属性】面板查看并设置其属性，包括 AP Div 的名称、大小、位置、背景图像和颜色等。关于 AP Div 属性项目的解析，详细说明如下。

- AP Div 编号：用于指定一个名称，以便在 AP Div 面板以及代码编辑中引用。
- 左/上：设置 AP Div 的左上角相对于页面左上角的位置。
- 宽/高：设置 AP Div 的宽度与高度。
- Z 轴：设置 AP Div 在 Z 轴的顺序，即 AP Div 的堆叠顺序。
- 背景图像/背景颜色：设置 AP Div 的背景图像或背景颜色。
- 不可见：设置 AP Div 是否可见。其中，Inherit 指使用该 AP Div 父级的可见性属性；visible 指显示 AP Div 的内容；hidden 指隐藏 AP Div 的内容。
- 溢出：控制当 AP Div 的内容超过 AP Div 宽/高时如何在浏览器中显示。
- 剪辑：用来定义 AP Div 的可见区域。

设置 AP Div 属性的操作步骤如下。

Step 1 打开本书光盘中的 "..\Example\Ex08\8.1.3.html" 文档，单击网页上方的 AP Div 图标将其选取，如图 8.10 所示。

图 8.10 选择上方 AP Div

Step 2 在【属性】面板中设置【左】参数为 258px、【上】参数为 213px、【宽】参数为 200px、【高】参数为 115px，如图 8.11 所示。

图 8.11 设置上方 AP Div 属性

Step 3 再单击网页下方的 AP Div 图标将其选取，如图 8.12 所示。

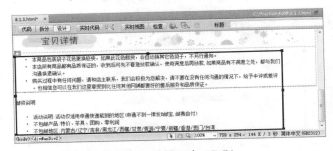

图 8.12 选择下方 AP Div

Step 4 在【属性】面板中设置【左】参数为 70px、【上】参数为 465px、【宽】参数为 600px、【高】参数为 90px，在【溢出】下拉列表中选择 scroll 选项，如图 8.13 所示。

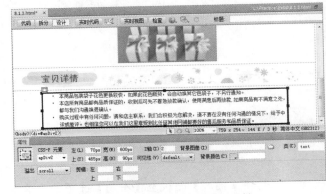

图 8.13 设置下方 AP Div 属性

完成上述操作后保存为成果文档，再按 F12 功能键预览设置 AP Div 的效果，如图 8.14 所示。

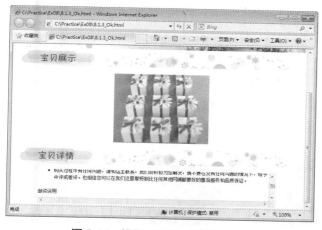

图 8.14　设置 AP Div 属性的结果

8.1.4　显示与隐藏 AP Div

根据 AP Div 的特性，用户可任意显示与隐藏 AP Div，从而制作一些特殊效果。例如通过行为来控制 AP Div 的隐藏/显示。下例以设置 AP Div 的隐藏状态为例，介绍通过 AP Div 面板隐藏与显示 AP Div 的操作。

隐藏 AP Div 的操作步骤如下。

Step 1　打开本书光盘中的 "..\Example\Ex08\8.1.4.html" 文档，选择网页上方的 AP Div，再选择【窗口】| AP Div 命令或按 F2 功能键打开 AP Div 面板，如图 8.15 所示。

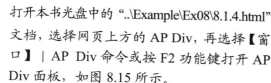

图 8.15　选择 AP Div

Step 2　在 AP Div 面板中使用鼠标在左边 👁 栏单击选择 apDiv3 选项，待出现 👁 图标时即隐藏该 AP Div，如图 8.16 所示。

图 8.16　隐藏 AP Div

8.1.5　设置 AP Div 重叠

由于 AP Div 的可重叠特性，网页设计人员可将网页中的两个或两个以上 AP Div 放在同一位置，使网页中的内容具有堆叠感。通过设置 Z 轴值便可调整不同 AP Div 的重叠顺序，从而制作出不同页面效果。下面将利用 AP Div 的重叠制作阴影文本效果。

设置 AP Div 重叠的操作步骤如下。

Step 1　打开本书光盘中的 "..\Example\Ex08\8.1.5.html" 文档，将下面的 AP Div 移至网页横幅中 AP Div 的上方，如图 8.17 所示。注意两个 AP Div 不要完全重叠，稍微留有一点位置差距，如图 8.17 所示。

图 8.17　调整 AD Div 的位置

Step 2　按 F2 功能键打开【AP 元素】面板，选择

apDiv1 选项，然后在【属性】面板中设置【Z 轴】参数为 3，如图 8.18 所示。即可将原来褐色的标题调整至灰色标题的上一层。

图 8.18　调整重叠顺序

注　意

由于重叠于下一层的 AP Div 很难用鼠标选取，可通过 AP Div 面板选取所需 AP Div，选取后将显示在前面。另外，Z 轴参数影响了 AP Div 的堆叠顺序，数值越大，表示 AP Div 在堆叠顺序中排在越上层。

完成上述操作后保存为成果文档，再按 F12 功能键预览重叠 AP Div 元素而产生的文本阴影效果，如图 8.19 所示。

图 8.19　由 AP Div 重叠产生文本阴影效果

8.1.6　实例——利用 AP Div 定位网页内容

本小节实例将通过绘制不同 AP Div 元素定位网页图片和文本，其中将通过 AP Div 重叠设置编辑标题阴影效果。请先打开实例文件 "..\Example\Ex08\8.1.6.html"，依照下面方法操作完成网页横幅设计。

利用 AP Div 定位网页内容的操作步骤如下。

Step 1　切换【插入】面板至【布局】选项卡，单击【绘制 AP Div】按钮，在网页右方拖动绘制 AP Div，如图 8.20 所示。

图 8.20　绘制 AP Div

Step 2　依照与步骤 1 相同的操作，接着在左边绘制两个 AP Div 元素，结果如图 8.21 所示。

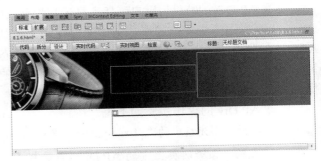

图 8.21　绘制其他 AP Div

Step 3　选择绘制的第一个 AP Div 元素，在【属性】面板中设置【左】为 573px、【上】为 0px、【宽】为 290px、【高】为 150px，在【溢出】下拉列表中选择 hidden 选项，如图 8.22 所示。

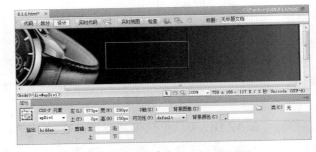

图 8.22　设置第一个 AP Div 属性

Step 4　设置属性后，再将光标定位在 AP Div 元素内，在【插入】面板的【常用】选项卡中单击【图像：图像】按钮，如图 8.23 所示。

图 8.23　插入图像

Step 5　弹出【选择图像源文件】对话框，指定 "..\Example\Ex08\images\8.1.6.png" 素材文档，然后单击【确定】按钮，如图 8.24 所示。

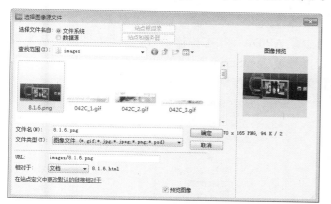

图 8.24　指定素材图像

Step 6　定位光标在左边的 AP Div 中，输入标题文本，并通过【属性】面板设置【大小】参数为 30，颜色为白色(#FFF)，如图 8.25 所示。

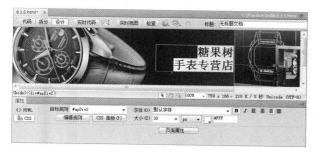

图 8.25　编辑字体列表

Step 7　再选取整个 AP Div 元素，在【属性】面板中设置【左】参数为 410px、【上】参数为

42px、【宽】参数为 160px、【高】参数为 70px，如图 8.26 所示。

图 8.26　设置 AP Div 属性

Step 8　依照与步骤 6 和步骤 7 相同的操作方法，为左边另一个 AP Div 元素设置相同的属性并输入相同的标题文本，其中设置颜色为灰色(#999)，如图 8.27 所示。

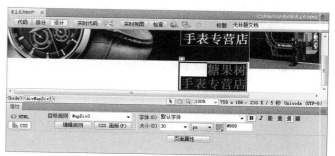

图 8.27　编辑另一个 AP Div 元素

Step 9　将左边下方的 AP Div 移至上方，与白色标题的 AP Div 重叠，如图 8.27 所示。而重叠时稍微留出位置差距，以产生文本阴影效果，如图 8.28 所示。

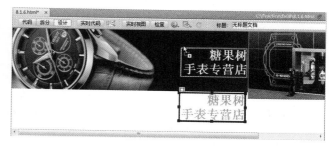

图 8.28　重叠 AP Div 元素

Step 10　按 F2 功能键打开【AP 元素】面板，在面板

中选择 apDiv2 选项，然后在【属性】面板中设置【Z 轴】参数为 4，将白色的标题调整至灰色标题的上一层，如图 8.29 所示。

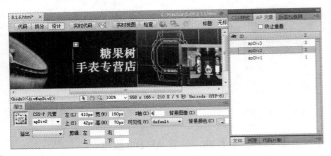

图 8.29　调整重叠顺序

完成上述操作后保存为成果文档，再按 F12 功能键预览本实例设计效果，如图 8.30 所示。

图 8.30　使用 AP Div 元素定位网页内容的结果

8.2　行为的应用

使用 Dreamweaver CS5 所提供的"行为"功能，可为网页添加"行为"并设置相应的"事件"而产生互动特效，本节将详细介绍关于行为的应用。

8.2.1　关于行为和事件

在使用 Dreamweaver CS5 的行为特效之前，先来了解什么是行为。

行为是事件和由该事件触发的动作的组合，简单来说：一个事件的发生，会对应地产生一个动作，例如为网页加入"弹出信息"行为，并设置事件为 onLoad，那么当网页打开时，就会弹出设置的信息（onLoad 事件触发的动作），整个过程就是行为所产生的作用。

实际上，事件并非由 Dreamweaver CS5 程序提供产生，而是浏览器上触发产生，它主要是指该页的浏览者执行了某种操作。例如当访问者将鼠标指针移动到某个链接上时，浏览器为该链接生成一个 onMouseOver(鼠标移至上方)的事件，然后浏览器查看 Web 页是否存有为该链接的事件设置响应的 JavaScript 代码，如果有，则触发该代码，例如变化链接文本的颜色。

Dreamweaver CS5 将一些常用的 JavaScript 代码以菜单命令的方式安排在【行为】面板上(如图 8.31 所示)，如此用户只需经过选择、设置命令的简单操作，即可完成很多原来需要编写代码的页面效果。例如，交换图像效果、弹出信息效果、播放声音，以及显示与隐藏 AP Div、状态栏信息等。如此，即使是从来没有接触过 JavaScript 程序的初学者，也可以通过添加行为的简单操作制作出奇特的页面效果。

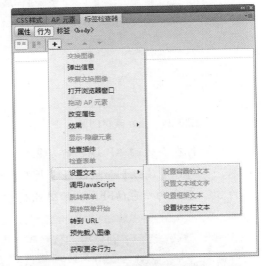

图 8.31　【行为】面板提供的行为命令

8.2.2　添加与删除行为

使用 Dreamweaver CS5 为网页添加行为的操作主要通过【行为】面板来完成，先在网页中选择所需添加行为的对象(若直接为网页添加行为,则无须选择对象内容)，再按 Shift+F4 快捷键打开【行为】面板，单击面板上方的【添加行为】图示按钮 ，打开下拉菜单并选择所需的行为即可，如图 8.32 所示。

若发现为网页或网页中的对象所添加的行为不适用，可将其删除。方法很简单：打开【行为】面板后，在面板中选择多余的行为项目后，单击【删除】按钮即可。

栏单击 图标，打开下拉选单并选择所需的事件项目即可，如图 8.33 所示。

图 8.33　修改行为事件

图 8.32　添加行为

8.2.3　修改行为的事件

为网页添加的行为都会默认设置相应的事件，若是直接为整个网页添加行为，其默认事件为 onLoad；若是为网页中选择某个对象而添加的行为，其默认的事件则一般为 onClick 等。而根据不同的设计需求，这些默认的事件可能不适用，因此需要修改行为的事件。

修改行为事件之前可按 Shift+F4 快捷键打开【行为】面板，选择需要修改事件的行为，然后在左边一

8.3　制作网页行为特效

前一节介绍了行为在网页设计中的应用，本节将通过 AP Div 显示/隐藏、可拖动图像、弹出文本信息、状态栏文本四个实例介绍行为的应用操作。

8.3.1　利用行为控制 AP Div 显示/隐藏

Dreamweaver 提供了用于控制 AP Div 的行为，能够使 AP Div 在某个事件的作用下显示或隐藏，本例将制作一个鼠标经过文本时显示图像的行为特效。

利用行为控制 AP Div 显示/隐藏的操作步骤如下。

Step 1 打开本书光盘中的 "..\Example\Ex08\8.3.1.html" 文件，选择网页中的 AP Div 元素，按 F2 功能键打开【AP Div 元素】面板，单击两次面板左边 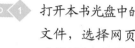 栏选择 apDiv2 选项，隐藏所选 AP Div 元素，如图 8.34 所示。

Step 2 选择网页中的提示文本 AP Div，按 Shift+F4 快捷键打开【行为】面板，单击【添加行为】按钮 +，打开下拉菜单并选择【显示-隐藏

元素】命令，如图 8.35 所示。

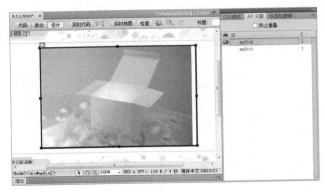

图 8.34　隐藏 AP Div 元素

图 8.35　添加"显示-隐藏元素"行为

Step 3 弹出【显示-隐藏元素】对话框，在【元素】列表框中选择 div "apDiv2" 选项，再单击【显示】按钮，然后单击【确定】按钮，如图 8.36 所示。

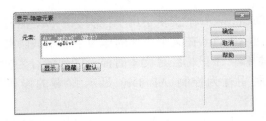

图 8.36　设置显示层

Step 4 接着在【行为】面板的【显示-隐藏元素】行为上单击打开【事件】下拉菜单，选择 onClick 命令，如图 8.37 所示。

完成添加行为后保存为成果档，按 F12 功能键预览特效，如图 8.38 所示。当单击提示文本时，随之将显示相关主题图片。

图 8.37　修改行为事件

图 8.38　AP Div 控制显示特效

8.3.2　制作可以拖动的图像

使用"拖动 AP 元素"行为可制作随意拖动的网页内容，使用该行为之前，网页中必须已创建 AP Div。本例将介绍可随意拖动图像的操作步方法。

制作可随意拖动图像的操作步骤如下。

Step 1 打开本书光盘中的 "..\Example\Ex08\8.3.2.html" 文件，按 Shift+F4 快捷键打开【行为】面板，单击【添加行为】按钮 +，，打开下拉菜单并选择【拖动 AP 元素】命令，如图 8.39 所示。

提 示

使用"拖动 AP 元素"行为时不可先选取 AP Div 元素，若发现该行为无法使用时，很可能是因为用户已选取网页中的 AP Div。

图 8.39　添加行为

图 8.42　网页图像可拖动效果

Step 2 打开【拖动 AP 元素】对话框，在默认显示的【基本】选项卡的【AP 元素】下拉列表中选择 div "apDiv2" 选项，再于【移动】下拉列表中选择【不限制】选项，如图 8.40 所示。

图 8.40　设置行为基本项目

Step 3 在【拖动 AP 元素】对话框中切换至【高级】选项卡，在【拖动控制点】下拉列表中选择【整个元素】选项，然后单击【确定】按钮，如图 8.41 所示。

图 8.41　设置行为高级项目

完成添加行为后保存为成果档，按 F12 功能键预览特效，如图 8.42 所示。此时可随意拖动调整图像位置。

8.3.3　制作弹出信息效果

本小节的实例将通过为网页内容添加行为并设置事件的操作，制作当浏览者的鼠标经过网页中的主题图像时，弹出文本信息的特效。

添加弹出信息对话框行为的操作步骤如下。

Step 1 打开本书光盘中的 "..\Example\Ex08\8.3.3.html" 文档，选择网页中的主题图像，按 Shift+F4 快捷键打开【行为】面板，单击【添加行为】按钮，选择【弹出信息】命令，如图 8.43 所示。

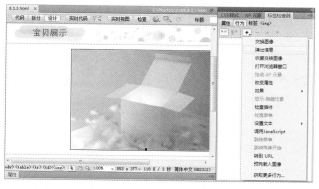

图 8.43　添加"弹出信息"行为

Step 2 打开【弹出信息】对话框，在【消息】列表框中输入文本，然后单击【确定】按钮，如图 8.44 所示。

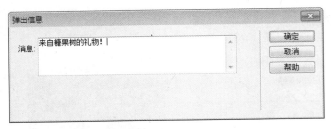

图 8.44 设置状态栏文本

 Step 3 在【行为】面板中修改行为事件为 onMouseOver，使鼠标经过时产生行为效果，如图 8.45 所示。

图 8.45 设置行为事件

完成添加行为后保存为成果档，按 F12 功能键预览特效，如图 8.46 所示。此时当鼠标经过主题图像时弹出文本信息。

图 8.46 弹出信息特效

8.3.4 设置状态栏文本

本小节的实例将通过为网页内容添加行为并设置事件的操作，制作当网页打开时，在浏览器的状态栏将显示相关文本信息的特效。

制作显示状态栏文本的步骤如下。

Step 1 打开本书光盘中的 "..\Example\Ex08\8.3.4.html" 文档，选择网页中的主题图像，按 Shift+F4 快捷键打开【行为】面板，单击【添加行为】按钮 +，选择【设置文本】|【设置状态栏文本】命令，如图 8.47 所示。

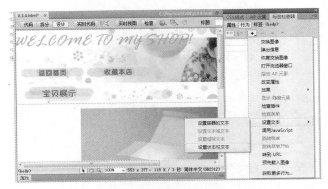

图 8.47 添加"设置状态栏文本"行为

 Step 2 打开【设置状态栏文本】对话框，在【消息】文本框中输入文本，然后单击【确定】按钮，如图 8.48 所示。

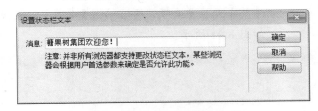

图 8.48 设置状态栏文本

 Step 3 在【行为】面板中修改行为事件为 onLoad，使网页打开时产生行为特效，如图 8.49 所示。

完成添加行为后保存为成果档，按 F12 功能键预览特效，如图 8.50 所示。打开网页时，状态栏中将显示所设置的文本信息。

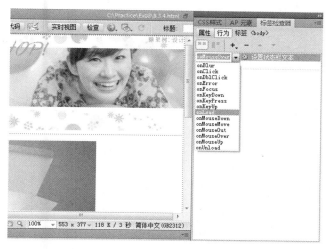

图 8.49　设置行为事件

图 8.50　状态栏文本信息特效

8.4　Spry 特效与 Spry 页面局部动态设计

除了一般的行为特效，Dreamweaver CS5 的【行为】面板还提供了一组 Spry 类型的特效设计功能，可用于制作更为出色的网页互动特效。此外，用户还可以使用【插入】面板中的 Spry 页面局部动态设计功能，为网页制作 "Spry 菜单"、"Spry 折叠式"、"Spry 可折叠面板"和 "Spry 工具提示"网页浏览辅助特效。本节将分别介绍 Spry 特效与 Spry 页面局部动态特效的应用方法。

> **说　明**
>
> Spry 构件是一个页面元素，通过启用用户交互来提供更丰富的用户体验。Spry 构件由以下几部分组成。
> (1) 结构：用来定义构件结构组成的 HTML 代码块。
> (2) 行为：用来控制构件如何响应用户启动事件的 JavaScript 语言。
> (3) 样式：用来指定构件外观的 CSS 样式。

8.4.1　制作图像缩放特效

使用 "增大/收缩" Spry 行为可制作在某个事件作用下网页对象增大或收缩的动态特效。用户可先在网页中选择某个对象，然后应用该功能的 "效果持续时间"、"效果"和 "增大/缩小"等设置完成特效的制作。

制作图像缩放特效的操作步骤如下。

Step 1　打开本书光盘中的 "..\Example\Ex08\8.4.1.html" 文件，在网页中选择主题图像，按 Shift+F4 快捷键打开【行为】面板，单击【添加行为】按钮 ⊞，打开下拉菜单选择【效果】|【增大/收缩】命令，如图 8.51 所示。

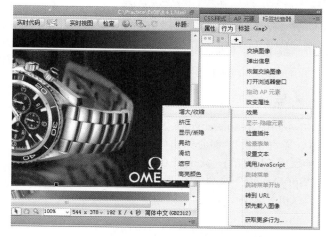

图 8.51　添加 Spry 特效

Step 2　打开【增大/收缩】对话框，在【效果持续时间】文本框中设置参数为 3000 毫秒，在【效果】下拉列表中选择【增大】选项，在

【增大自】和【增大到】文本框中设置参数分别为 30%和 100%，并选中【切换效果】复选框，最后单击【确定】按钮，如图 8.52 所示。

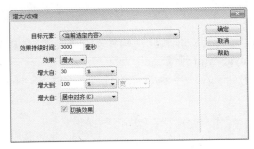

图 8.52　设置"增大"特效

Step 3　在【行为】面板中修改行为事件为 onMouseOver，如图 8.53 所示。

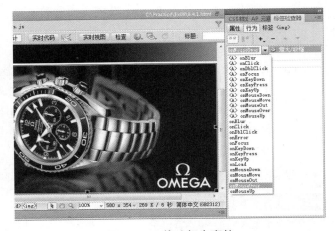

图 8.53　修改行为事件

提 示

使用 Dreamweaver CS5 Spry 技术的任何应用后，保存网页时都会弹出【复制相关文件】对话框（如图 8.54 所示），提示将在网页所在文件夹中新增"SpryAssets"文件夹，用于放置支持 Spry 技术运行的相关文件。

完成 Spry 行为特效的制作后保存为成果档，然后按 F12 功能键预览特效，如图 8.55 所示。此时，可看到鼠标经过图像时，图像由小至大的放大效果。

图 8.54　【复制相关文件】对话框

图 8.55　图像缩放特效

8.4.2　制作图像渐显特效

使用"显示/渐隐" Spry 行为可制作在某个事件作用下网页对象从无到有逐渐显示或从有到无渐隐的动态特效。用户可先在网页中选择某个对象，然后应用该特效的"效果持续时间"、"效果"和"渐隐"等设置完成特效的制作。

制作图像渐隐特效的操作步骤如下。

Step 1　打开本书光盘中的"..\Example\Ex08\8.4.2.html"文件，选择网页中的主题图像，再按 Shift+F4 快捷键打开【行为】面板，单击【添加行为】按钮 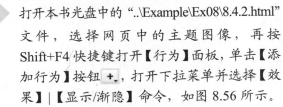，打开下拉菜单并选择【效果】|【显示/渐隐】命令，如图 8.56 所示。

图 8.56　添加 Spry 特效

Step 2　打开【显示/渐隐】对话框，在【效果持续时间】文本框中设置参数为 2500 毫秒，然后在【效果】下拉列表中选择【显示】选项，在【显示自】和【显示到】文本框中设置参数分别为 0 和 100，并选中【切换效果】复选框，最后单击【确定】按钮，如图 8.57 所示。

图 8.57　设置"显示"效果

Step 3　在【行为】面板中修改行为事件为 onLoad，如图 8.58 所示。

图 8.58　修改行为事件

完成 Spry 行为特效的制作后保存为成果档，然后按 F12 功能键通过浏览器预览特效，如图 8.59 所示，可看到载入网页后，图像由透明至清晰完整显示的效果。

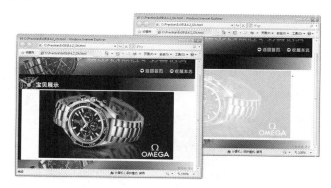

图 8.59　图像渐显特效

8.4.3　制作图像挤压特效

使用"挤压"Spry 行为可制作在某个事件作用下网页对象产生被压扁的效果。用户可先在网页中选择某个对象，然后直接添加该特效完成制作。

制作图像挤压特效的操作步骤如下。

Step 1　打开本书光盘中的"..\Example\Ex08\8.4.3.html"文件，选择网页中的主题图像，在【行为】面板中单击【添加行为】按钮 +，选择【效果】|【挤压】命令，如图 8.60 所示。

图 8.60　添加 Spry 特效

Step 2　打开【挤压】对话框，由于已选取网页对象，直接单击【确定】按钮，如图 8.61 所示。

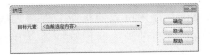

图 8.61　设置"挤压"效果

完成 Spry 行为特效的制作后保存为成果档，然后按 F12 功能键预览特效，如图 8.62 所示。可看到当鼠标经过图像时，产生图像挤压效果。

图 8.62　图像挤压特效

8.4.4　制作 Spry 工具提示

使用"Spry 工具提示"页面局部动态特效，可为网页中指定的元素添加一个当鼠标经过时产生的提示文本，并且可以设置提示文本跟随鼠标移动。

制作 Spry 工具提示的操作步骤如下。

Step 1　打开本书光盘中的 "..\Example\Ex08\8.4.4.html" 文档，在网页中选择主题图像，切换【插入】面板至 Spry 分类，单击【Spry 工具提示】按钮，如图 8.63 所示。

图 8.63　插入 Spry 工具提示特效

Step 2　插入的"Spry 工具提示"对象默认置于网页底部，先定位光标在特效对象内，并输入提示文本内容，如图 8.64 所示。

Step 3　单击"Spry 工具提示"对象上的蓝色标签选取整个特效，在【属性】面板中选中【跟随鼠标】和【鼠标移开时隐藏】两个复选框，再选择效果为【渐隐】，如图 8.64 所示。

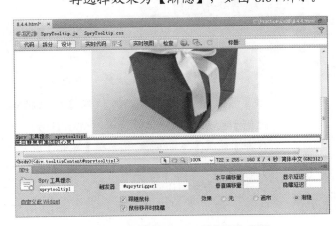

图 8.64　设置"Spry 工具提示"属性

完成"Spry 工具提示"的制作后保存网页为成果文档，再按 F12 功能键预览效果，如图 8.65 所示。当鼠标经过图像时，显示提示文本并跟随鼠标而动。

图 8.65　Spry 工具提示的设计效果

8.4.5　制作 Spry 折叠区

使用"Spry 折叠式"页面局部动态特效，可在网页中某个篇幅较小的同一区域中展示多项不同主题的内容。为网页制作 Spry 折叠区后，将产生一个可折叠的内容区，浏览者可通过选择不同主题标签，显示需要查看的内容，同时将不需要的内容暂时折叠起来，即实现在较小区域内呈现丰富信息，同时也使网页呈现精彩的动态特效。

制作 Spry 折叠区的操作步骤如下。

Step 1 打开本书光盘中的"..\Example\Ex08\8.4.5.html"文档，定位光标在网页中间空白单元格，在 Spry 分类的【插入】面板中单击【Spry 折叠式】按钮，如图 8.66 所示。

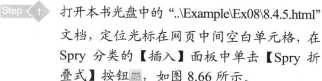

图 8.66　插入"Spry 折叠式"特效

Step 2 插入"Spry 折叠式"对象后，单击蓝色标签选取整个对象，在【属性】面板中的【面板】设置栏上方单击【添加面板】图示按钮 ＋，新增一个面板项目，如图 8.67 所示。

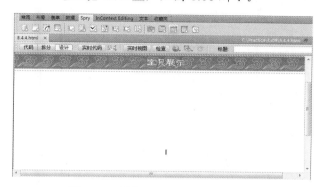

图 8.67　添加面板

Step 3 分别选择"Spry 折叠式"对象中三个面板标签文本，然后依次修改为所需的主题内容，结果如图 8.68 所示。

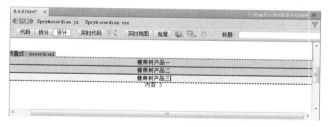

图 8.68　编辑标签项目文本

Step 4 按 Shift+F11 快捷键打开【CSS 样式】面板，在面板中展开 SpryAccordion.css 样式表，选择其中的 AccordionPanelTab 样式项目，然后在下方的 background-color 属性栏打开调色板，然后移动鼠标在网页横幅标题下单击选用粉红色(#EEC3B9)，如图 8.69 所示。

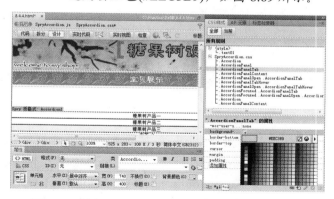

图 8.69　编辑 AccordionPanelTab CSS 样式的背景

Step 5 再单击面板下方的【编辑样式表】按钮，打开样式表编辑对话框，在右边【分类】列表框中选择【类型】选项，分别设置 Font-size 参数为 14px，Font-weight 为 bold(粗体)，Color 为深红色(#900)，然后单击【确定】按钮，如图 8.70 所示。

Step 6 返回【CSS 样式】面板，选择 AccordionPanelOpen. AccordionPanelTab 样式项目，在下方的 background-color 属性栏展开调色板，再移动鼠标在网页横幅左边单击选择另一种粉红色(#EF8D85)，如图 8.71 所示。

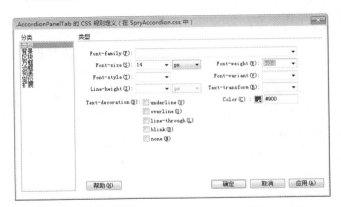

图 8.70　编辑 AccordionPanelTabCSS 样式的类型

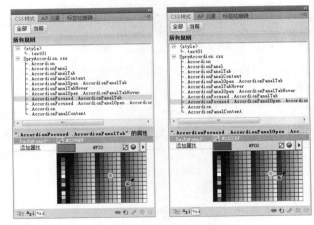

图 8.72　修改其他 CSS 样式的背景

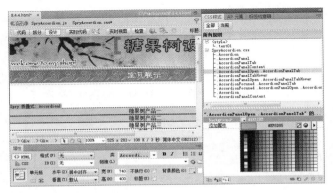

图 8.71　修改 CSS 样式背景色

Step 7　依照与步骤 6 相同的方法，再分别修改 AccordionFcoused.AccordionPanelTab 样式和 AccordionFcoused.AccordionPanel Open.AccordionPanelTab 样式的"background-color"属性分别为两种红色："#F33"和"#F00"，如图 8.72 所示。

Step 8　在【CSS 样式】面板中选择 AccordionPanel-Content 样式项，然后在下方的 height 属性栏设置参数为 350px，如图 8.73 所示。

Step 9　在"Spry 折叠式"对象上选择第一个标签栏，待显示　图标后单击该图标切换至该面板编辑模式，如图 8.74 所示。

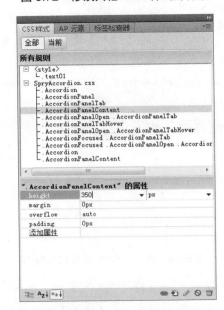

图 8.73　修改 AccordionPanelContent 样式的高度

图 8.74　切换面板至编辑模式

Step 10 选择 "Spry 折叠式" 对象中第一折叠区中的 "内容 1" 文本，按 Delete 键将其删除，再切换【插入】面板至【常用】选项卡，单击【图像：图像】按钮，如图 8.75 所示。

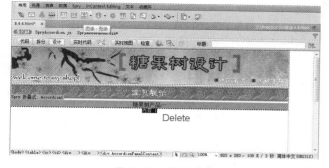

图 8.75　插入图片

Step 11 弹出【选择图像源文件】对话框，指定 "..\Example\Ex08\images\cafe01.jpg" 素材文档，然后单击【确定】按钮，如图 8.76 所示。

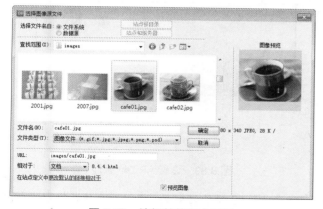

图 8.76　编辑其他两个面板

Step 12 依照步骤 9 至步骤 11 的操作方法，分别为另外两个折叠区插入同一位置的素材图片 cafe04.jpg 和 cafe03.jpg，结果如图 8.77 所示。

图 8.77　编辑其他折叠区域

完成 "Spry 折叠式" 的制作后保存网页为成果文档，然后按 F12 功能键预览 "Spry 折叠式" 局部动态区效果，结果如图 8.78 所示。

图 8.78　Spry 折叠式设计效果

8.5　上机练习——网页互动产品展示设计

本实例上机练习将综合 AP Div、行为和 Spry 特效三项功能，制作一个网页互动产品展示特效。请先打开练习文档 "..\Example\Ex08\8.5.html"，再按照以下步骤进行操作，完成如图 8.79 所示的操作结果。

网页互动特效综合设计的操作步骤如下。

Step 1 在【插入】面板中切换至【布局】选项卡，单击【绘制 AP Div】按钮，在网页下方拖动绘制 AP Div，如图 8.80 所示。

图 8.79　网页互动产品展示效果

图 8.82　指定素材图像

图 8.80　插入 AP Div

Step 2 将光标定位在 AP Div 内，切换【插入】面板至【常用】选项卡，单击【图像：图像】按钮🖼，如图 8.81 所示。

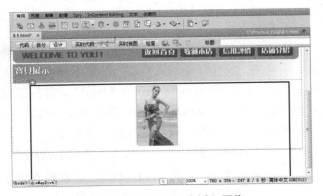

图 8.81　在 AP Div 内插入图像

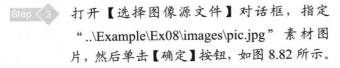

Step 3 打开【选择图像源文件】对话框，指定"..\Example\Ex08\images\pic.jpg"素材图片，然后单击【确定】按钮，如图 8.82 所示。

Step 4 选择整个 AP Div 对象，在【属性】面板中设置【右】参数为 54px、【上】参数为 250px、【宽】参数为 641px、【高】参数为 319px，如图 8.83 所示。

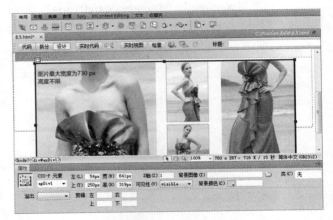

图 8.83　设置 AP Div 属性

Step 5 按 F2 功能键打开 AP Div 面板，在面板左边👁栏单击选择 apDiv1 选项，隐藏 AP Div，如图 8.84 所示。

Step 6 选择网页中的主题图像，按 Shift+F4 快捷键打开【行为】面板。单击面板中的【添加行为】按钮 +.，打开下拉菜单并选择【效果】|【显示/渐隐】命令，如图 8.85 所示。

Step 7 弹出【显示/渐隐】对话框，在【效果持续时间】文本框中设置参数为 2500 毫秒，然后在【效果】下拉列表中选择【显示】选项，在【显示自】和【显示到】文本框中设置参

数分别为 10% 和 100%，最后单击【确定】
按钮，如图 8.86 所示。

图 8.84　隐藏 AP Div

图 8.85　添加"显示/渐隐"特效

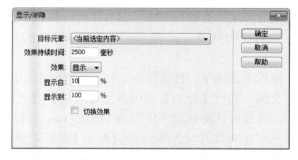

图 8.86　设置"显示"效果

Step 8　在【行为】面板中再次单击【添加行为】按
钮 ＋，打开下拉菜单并选择【显示-隐藏元
素】命令，如图 8.87 所示。

图 8.87　添加"显示-隐藏元素"行为

Step 9　打开【显示-隐藏元素】对话框，在【元素】
列表框中选择 div "apDiv1"选项，再单击
【显示】按钮，然后单击【确定】按钮，如
图 8.88 所示。

图 8.88　设置显示元素

Step 10　在【行为】面板中分别修改"显示/隐藏"
行为的事件为 onLoad、"显示-隐藏元素"
行为的事件为 onClick，如图 8.89 所示。

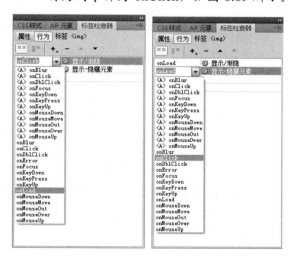

图 8.89　设置行为事件

181

Step 11 再次选择网页中的主题图像，切换【插入】面板至 Spry 选项卡，单击【Spry 工具提示】按钮，如图 8.90 所示。

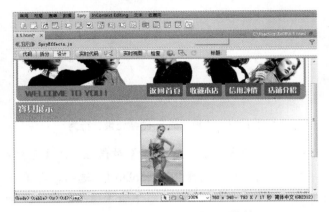

图 8.90　插入 Spry 工具提示特效

Step 12 定位光标在网页底部的"Spry 工具提示"对象中，输入提示文本，然后在【属性】面板中设置【大小】参数为 12，颜色为紫色 (#90F)，再单击【粗体】按钮 **B**，如图 8.91 所示。

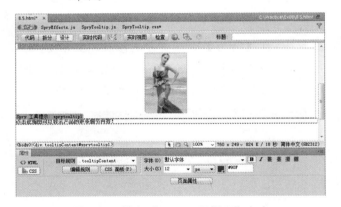

图 8.91　输入"Spry 工具提示"文本

Step 13 单击"Spry 工具提示"对象上的蓝色标签选取整个特效，在【属性】面板中选中【跟随鼠标】和【鼠标移开时隐藏】两个复选框，再选择效果为【遮帘】，如图 8.92 所示。至此，完成本例的操作。

图 8.92　设置"Spry 工具提示"属性

8.6　章后总结

本章介绍了 Dreamweaver CS5 的 AP Div 功能在网页内容定位中的应用，以及行为和 Spry 特效在网页互动特效设计中的使用方法。同时提供了大量的实例详细介绍其操作过程，特别是将 AP Div 元素与行为和 Spry 特效的巧妙结合，使网页的互动特效设计更加精彩。

8.7　章后实训

本章实训题要求为网页左边的主题大图添加鼠标经过时产生"晃动"特效，以及打开网页后弹出欢迎信息的行为特效，完成一个具备互动特效的网页效果。

操作方法如下：打开练习文档，选择网页左边的主题大图，通过【行为】面板添加【效果】|【晃动】特效，再设置该特效的事件为 onMouseOver；再定位鼠标在所有网页内容之外，通过【行为】面板添加【弹出信息】行为，在打开的【弹出信息】对话框中输入欢迎信息并直接应用行为的默认事件。整个操作流程如图 8.93 所示。

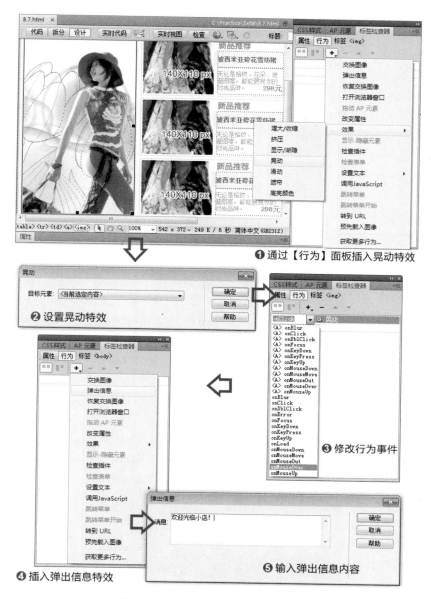

❶ 通过【行为】面板插入晃动特效

❷ 设置晃动特效

❸ 修改行为事件

❹ 插入弹出信息特效

❺ 输入弹出信息内容

图 8.93　制作页面特效的操作流程

第 9 章

创建表单与站点数据库

本书第 2 章已介绍了安装 IIS 和定义动态网站的方法，由本章开始将学习创建表单和数据库并指定为数据源，再通过 Dreamweaver CS5 连接数据库的方法，完成这些操作将形成动态网站设计必备的环境，从而接着学习提交表单资料到数据库和在网页上显示数据库记录的方法。

本章学习要点

➢ 网页表单的设计

➢ 数据库与 web 页关联设置

➢ 在页面显示数据库记录

9.1　网页表单设计

本节将学习网页表单以及表单元件的组成，再通过实例学习设计网页表单的方法，以及使用 Spry 验证功能为表单添加信息验证功能，完成动态网站设计所需的表单制作。

9.1.1　表单与表单组件

作为一种窗体式网页元素，表单是实现网站与访问者信息传递、互动交流的重要工具。表单的工作原理是：访问者在网页表单中输入或选择相关信息(如图 9.1 所示)，然后提交到网站服务器数据库，接着服务器脚本或应用程序对这些信息进行处理，最后根据所处理的信息内容将反馈信息以另一个页面传回给访问者，从而达到访问者与网站交流的目的。

图 9.1　利用表单提交信息

表单只是一个引用与提交信息的主体，为了能够让浏览者输入、选择和提交信息，还需要插入更多不同的表单元件。Dreamweaver CS5 为用户提供了丰富的表单元件，大致可分为文本对象、选择对象、菜单对象、按钮对象以及标签和字段集对象。通过【插入】面板的【表单】选项卡便可为网页插入所需的表单内容，如图 9.2 所示。

图 9.2　【插入】面板

下面详细介绍 Dreamweaver CS5 所提供的表单以及表单元件的应用。

- 表单：用于创建包含文本域、密码域、单选按钮、复选框、跳转菜单、按钮以及其他表单元件的范围。

- 文本字段：可以接受任何类型的字母、数字、文本内容，亦可设置为设置密码之用(在这种情况下，输入文本将被替换为星号或项目符号，以避免旁观者看到这些文本)。

- 隐藏域：存储用户输入的信息，如姓名、电子邮件地址或偏爱的查看方式，并在该用户下次访问此网站时使用这些数据。

- 文本区域：当浏览者需要输入较多文本时，即可使用此表单元件。

- 复选框：允许在一组选项中选择多个选项，用户可以将此对象应用在需要选择任意多个适用选项的表单功能设置上，如让浏览者选择多种爱好、专长等。

- 单选按钮：当在一组选项中只需要选择单一选项时，可以使用此表单元件。它可以在浏览者选择某个单选按钮组(由两个或多个共享同一名称的按钮组成)的其中一个选项时，就会取消选择该组中的所有其他选项。

- 单选按钮组：此对象将多个单选按钮按一定顺序排列一起构成一组，功能和单选按钮相同。

- 列表/菜单：此对象提供一个滚动列表，浏览者可以从该列表中选择项值。当设置为

"列表"时，浏览者只需在列表中选择一个项值；当设置为"菜单"时，浏览者则可以选择多个项值。

- 跳转菜单：此对象是可导航的列表或弹出菜单，当浏览者选择菜单中的项值时，即会跳转到该项链接的某个文档或文件中。

- 图像域：此对象可以在表单中插入一个图像，常用于制作图形化按钮。如果使用图像来执行任务而不是提交数据，则需要将某种行为附加到表单元件。

- 文件域：此对象使用户可以浏览到计算机上的某个文件，并将该文件作为表单数据上传。

- 按钮：此对象包含"提交表单"与"重设表单"两种动作类型。"提交表单"动作就是将表单数据提交到服务器或其他用户指定的目标位置；"重设表单"动作就是清除当前表单中已填写的数据，并将表单恢复到初始状态。

- 标签：在网页中插入<label></label>标签。

- 字段集：提供一个区域放置表单元件。

- Spry 验证文本域：此对象是一个文本域，该域用于在网站访问者输入文本时显示文本的状态(有效或无效)。例如，用户可以向访问者输入电子邮件地址的表单中添加验证文本域构件。如果访问者无法在电子邮件地址中输入@符号和句点，验证文本域构件会返回一条消息，提示访问者输入的信息无效。

- Spry 验证文本区域：此对象是一个文本区域，该区域在访问者输入几个文本句子时显示文本的状态(有效或无效)。如果文本区域是必填域，而访问者没有输入任何文本，该构件将返回一条消息，提示必须输入值。

- Spry 验证复选框：此对象是表单中的一个或一组复选框，该复选框在访问者选择(或没有选择)复选框时会显示构件的状态(有效或无效)。例如，用户可以向表单中添加验证复选框构件，该表单可能会要求访问者进行三

项选择。如果访问者没有进行所有这三项选择，该对象会返回一条消息，提示不符合最小选择数要求。

- Spry 验证选择：此对象是一个下拉菜单，该菜单在访问者进行选择时会显示构件的状态(有效或无效)。例如，用户可以插入一个包含状态列表的验证选择构件，这些状态按不同的部分组合并用水平线分隔。如果访问者意外选择了某条分界线(而不是某个状态)，验证选择构件会向访问者返回一条消息，提示选择无效。

- Spry 验证密码：此对象为一个文本区域，当用户在密码类型的文本域中输入不符合规则的内容时显示所设置文本提示信息。例如，表单填写时要求输入字母+数字的组合内容，若访问者只输入字母或数字，将会返回一条文本消息，提示不符合密码组合要求。

- Spry 验证确认：此对象为一个文本区域，当用户填写的内容与表单中指定的其他元件信息不一致时，将显示错误提示信息。以确认密码填写为例，用户在输入一组密码后，仍需再输入一次相同的密码，如果密码不一致时，验证确认元件会向访问者返回一条消息，提示与第一次输入的密码不符。

- Spry 验证单选按钮组：此对象是一组单选按钮，可验证用户是否在单选按钮组中选择或正确选择某一个单选项。例如，建立一组单选按钮组后，访问者在选择任何单选按钮时，将向访问者返回一条消息，提示必须选择其中一项。

9.1.2　设计表单页面

为网页添加表单的方法很简单，只需要在网页指定位置先插入表单元件，然后根据需求在表单中分别插入各类表单元件，同时编辑与设置元件的属性。本实例将以一个 VIP 会员加入的表单设计为例，介绍表单网页的设计方法。

设计表单页面的操作步骤如下。

Step 1　请先打开光盘中的"..\Example\Ex09\9.1.2.html"练习文件，将光标定位在网页中间空白单元格，切换【插入】面板至【表单】选项卡，再单击【表单】按钮，如图 9.3 所示。

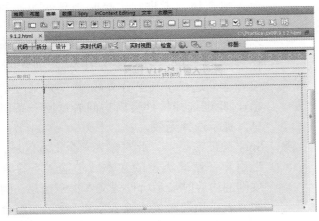

图 9.3　插入表单和字段集

Step 2　插入表单后，将光标定位在表单内，在【插入】面板中单击【字段集】按钮，如图 9.4 所示。

Step 3　打开【字段集】对话框，输入标签内容，然后单击【确定】按钮，如图 9.5 所示。

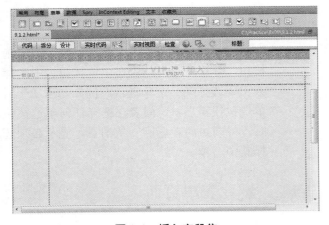

图 9.4　插入字段集

图 9.5　设置字段集标签

Step 4　在字段集中选择标签文本，再通过【属性】面板为其套用 text01 规则，然后按 Enter 键另起一行，如图 9.6 所示。

图 9.6　套用标签规则

Step 5　分行输入会员信息项目文本，再通过【属性】面板套用 text02 规则，结果如图 9.7 所示。

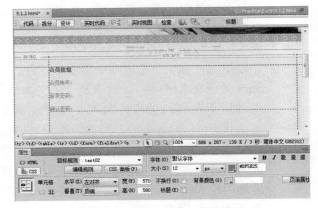

图 9.7　编辑会员信息项目文本

Step 6　在编辑区下方标签栏中单击<fieldset>标签全选字段集内容，如图 9.8 所示。然后按→键，向前进一格，再按 Enter 键，另起一行，以便再新建另一个字段集。

Step 7　另起一行后，依照步骤 2 至 5 的方法，再插入一个标签为"个人资料"的字段集，并分行输入个人资料项目文本，然后套用对应的样式规则，结果如图 9.9 所示。

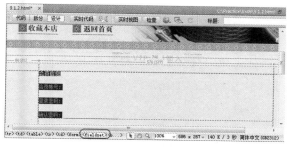

图 9.8　在字段集外另起一行

图 9.9　编辑另一字段集

Step 8　将光标定位在"会员账号："文本右边，在【插入】面板中单击【文本字段】按钮，如图 9.10 所示。

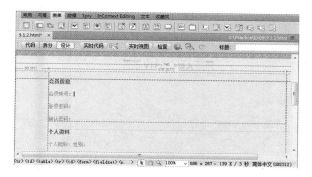

图 9.10　插入文本字段

 提　示

使用 Dreamweaver CS5 在网页中插入表单元件时，默认弹出【输入标签辅助功能属性】对话框，如图 9.11 所示。从中可为所插入的表单设置属性。用户可通过【首选参数】设置，在【辅助功能】分类中取消显示【表单元件】的辅助功能。

Step 9　选择插入的文本字段，在【属性】面板中设

置 ID 为 member_id、字符宽度为 18，如图 9.12 所示。

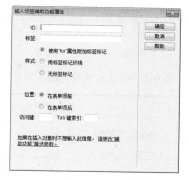

图 9.11　设置文本字段的属性

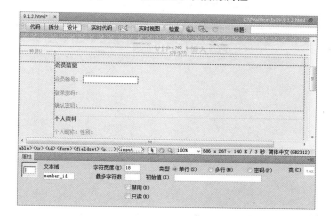

图 9.12　设置文本字段属性

Step 10　在"登录密码："文本后面插入另一个文本字段元件，在【属性】面板中设置其名称为 member_pw、宽度为 18、类型为【密码】，如图 9.13 所示。

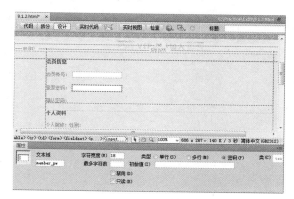

图 9.13　插入并设置另一文本字段

Step 11 依照步骤 8 至 10 的方法，分别在表单其他项目中插入文本字段元件，并设置文本字段的属性。其中各个文本字段的属性设置如下表 9.1 所示。插入文本字段后的结果如图 9.14 所示。

表 9.1 各文本字段的属性设置

项 目	ID	字符宽度	类 型
确认密码	member_pw2	18	密码
个人昵称	member_name	15	单行
联系电话	member_tel	15	单行
联系地址	member_add	60	单行
电子邮件	member_email	60	单行

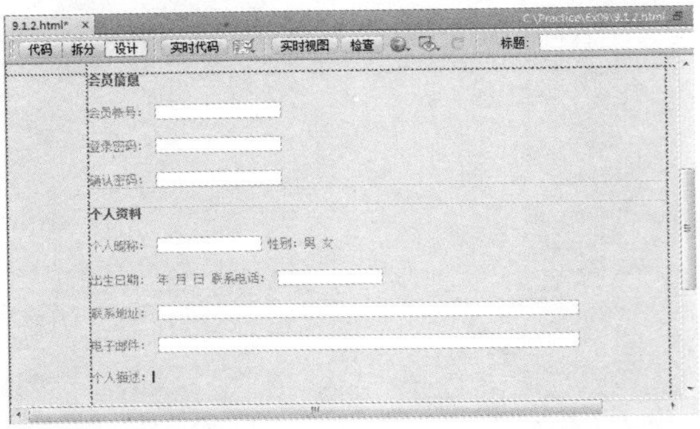

图 9.14 插入各个文本字段的结果

Step 12 将光标定位在"性别："文字右边，在【插入】面板中单击【单选按钮】按钮，如图 9.15 所示。

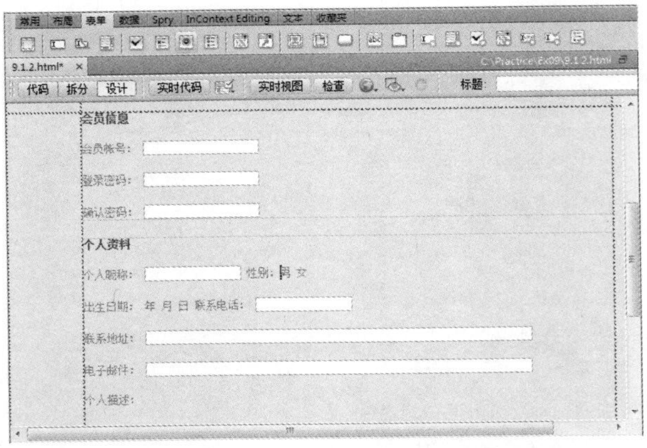

图 9.15 插入单选按钮

 Step 13 选择插入的单选按钮对象，在【属性】面板中设置按钮名称为 member_sex，再设置选定值为【男】，如图 9.16 所示。

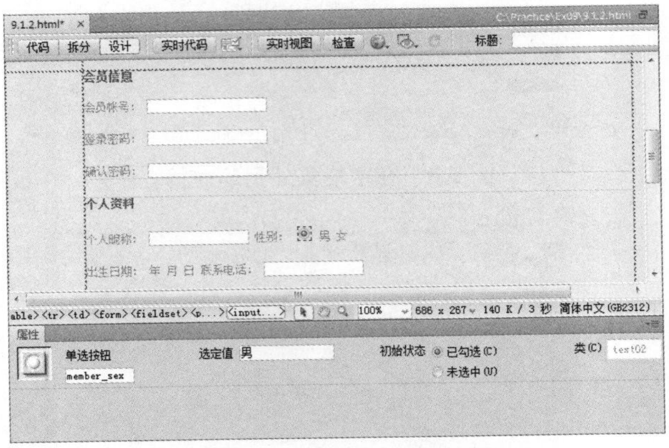

图 9.16 设置单选按钮的属性

 Step 14 使用步骤 12 和 13 的方法，再次插入一个单选按钮对象，然后设置按钮名称为 member_sex，设置选定值为【女】，初始状态为【未选中】，如图 9.17 所示。

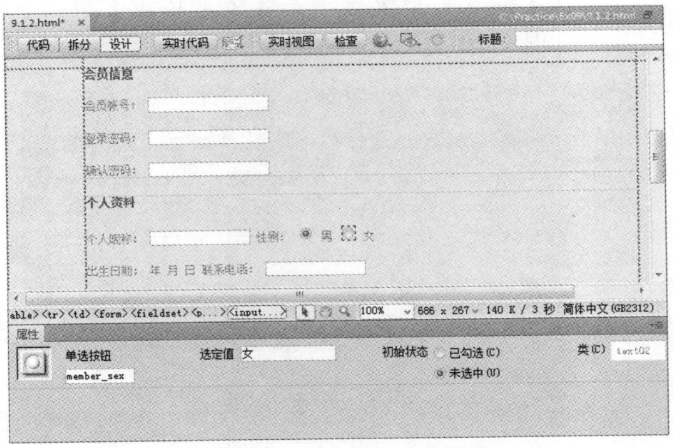

图 9.17 插入另一单选按钮

 Step 15 将光标定位在"出生日期："文字右边，在【插入】面板中单击【列表/菜单】按钮，如图 9.18 所示。

Step 16 选择插入的【列表/菜单】对象，然后打开【属性】面板，并设置元件名称为 member_year，再单击【列表值】按钮，如图 9.19 所示。

Step 17　打开【列表值】对话框,设置每一个项目为 1960,然后单击对话框左上方的 ➕ 按钮,如图 9.20 所示。

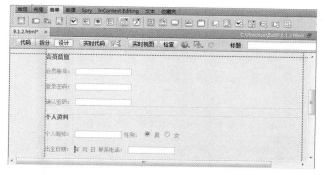

图 9.18　插入【列表/菜单】对象

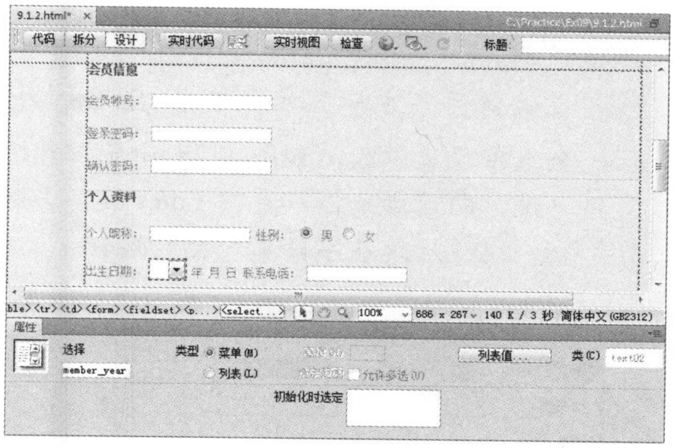

图 9.21　添加其他列表值

图 9.19　设置列表属性和列表值

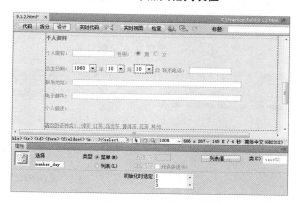

图 9.22　添加另外两个列表

图 9.20　设置列表值

Step 18　接着分别添加值为 1961 至 2000 的项目标签,最后单击【确定】按钮,如图 9.21 所示。

Step 19　依照步骤 15 至 18 的方法,分别在"出生日期:"文本右边插入两个【列表/菜单】对象,然后通过【属性】面板设置对象名称为 member_month 和 member_day,并相应地设置月份和天数列表值,结果如图 9.22 所示。

Step 20　将光标定位在"个人描述:"项目文字下边,在【插入】面板中单击【文本域】按钮 🔲,如图 9.23 所示。

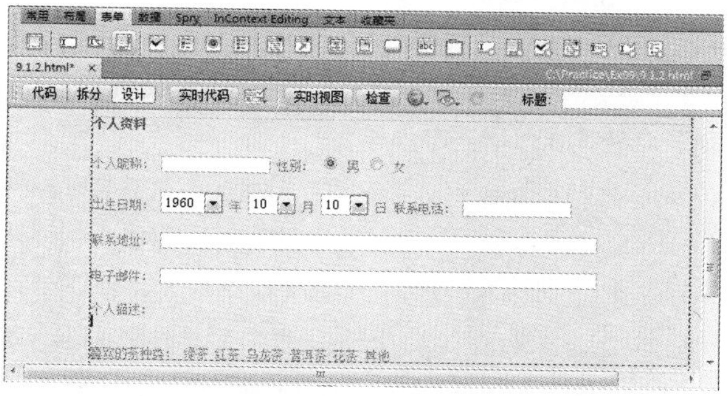

图 9.23　插入文本域

Step 21　在【属性】面板中设置新插入元件的名称为 member_info,设置字符宽度为 67、行数为 5,如图 9.24 所示。

Step 22　将光标定位在最后一个项目文字右边,然后在【插入】面板中单击【复选框】按钮，如图 9.25 所示。

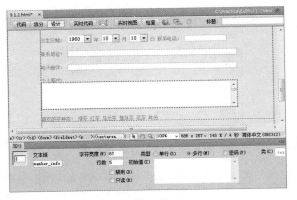

图 9.24　设置文本域属性

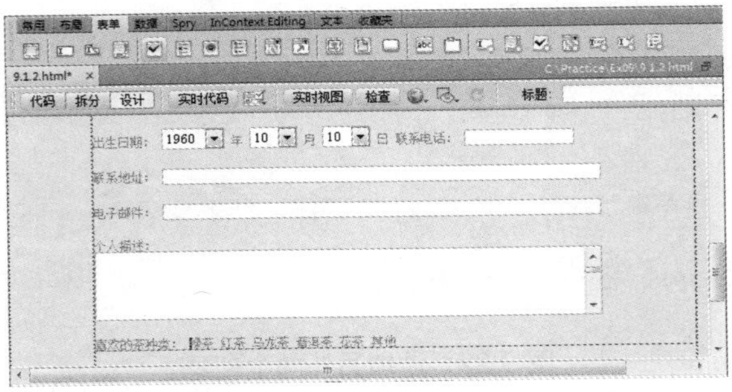

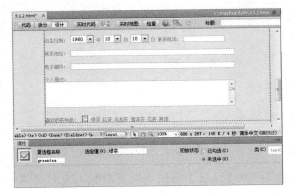

图 9.25　插入复选框

Step 23　在【属性】面板中设置新插入元件的名称为 greentea，选定值为【绿茶】，状态为【未选中】，如图 9.26 所示。

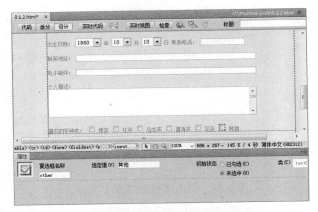

图 9.26　设置复选框属性

Step 24　依照步骤 16 的方法，插入多个复选框，然后分别设置这些复选框名称为 redtea、

oolong、puerh、flowertea 和 other，并输入相应的选定值，初状状态都为【未选中】，结果如图 9.27 所示。

图 9.27　插入其他复选框并设置属性

Step 25　在编辑区下方标签栏中单击<fieldset>标签全选字段集内容，如图 9.28 所示。然后按 →键，向前进一格，再按 Enter 键，另起一行，以便后续在字段集外插入按钮。

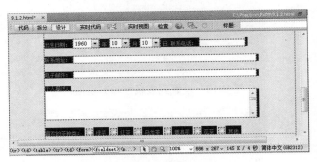

图 9.28　在字段集外另起一行

Step 26　将光标定位在字段集对象的下一行，然后单击【按钮】按钮，如图 9.29 所示。

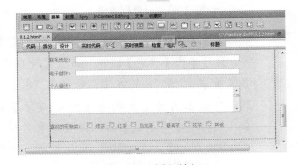

图 9.29　插入按钮

Step 27 通过【属性】面板为新插入的按钮元件设置值为【注册】，动作为【提交表单】，如图 9.30 所示。

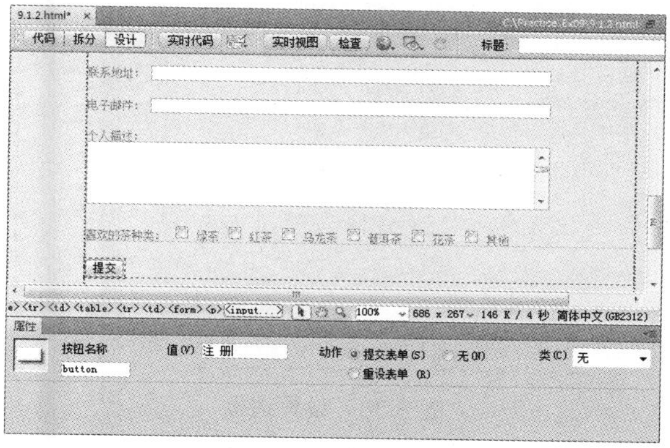

图 9.30 设置按钮属性

Step 28 依照步骤 26 和步骤 27 的方法，在右边插入另一个按钮元件，通过【属性】面板为按钮元件设置值为【重填】，选择动作为【重设表单】，结果如图 9.31 所示。

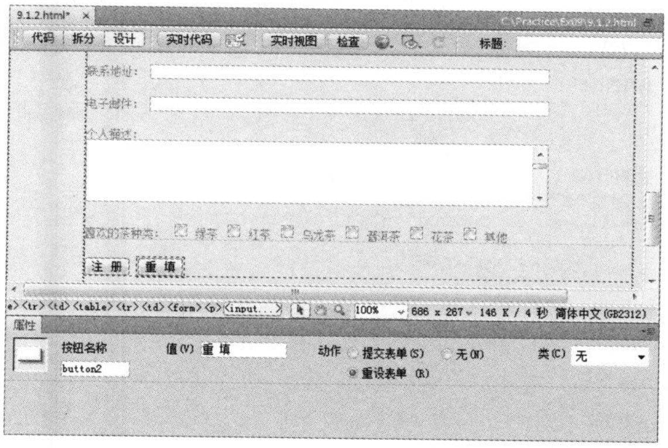

图 9.31 插入另外一按钮并设置属性

Step 29 定位光标在“性别：”文本左边，切换【插入】面板至【文本】选项卡，多次单击【字符：不换行空格】按钮，插入多个空格以隔开各表单项目。接着以相同的操作在其他位置插入空格，使整个表单看起来更整齐，结果如图 9.32 所示。

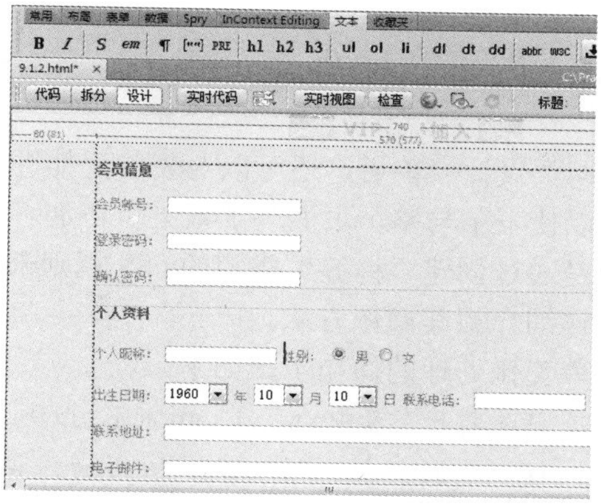

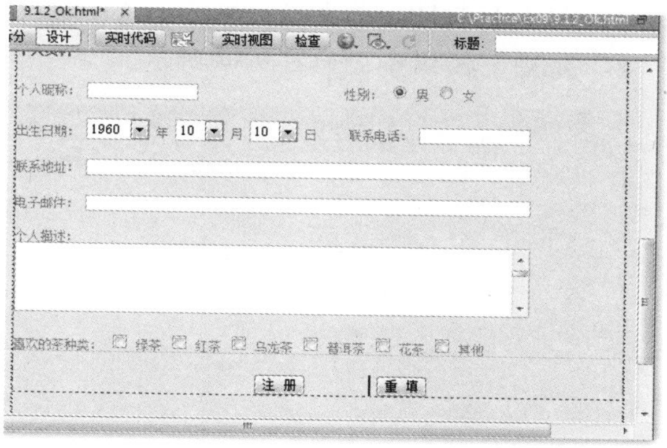

图 9.32 插入空格调整表单间隔

至此完成网页表单的设计，保存为成果档后通过浏览器预览其效果，如图 9.33 所示。

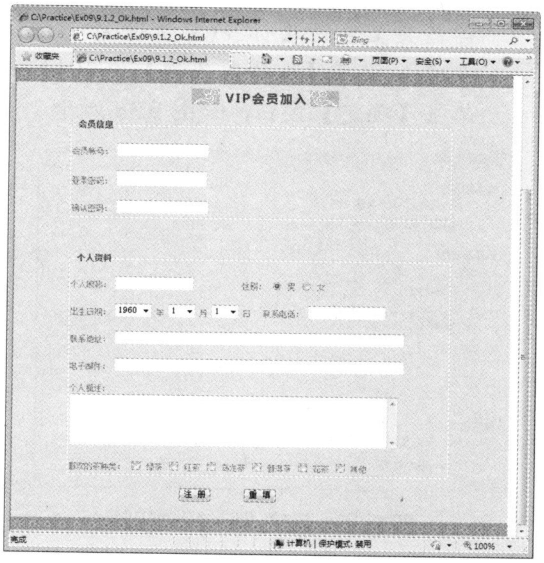

图 9.33 网页表单设计结果

9.1.3 表单美化处理

为网页设计表单后，还可以对表单元件进行美化处理，以使表单与整个页面外观效果更协调。美化表单主要是通过创建"标签"类型的 CSS 规则来实现，本例将详细介绍其操作方法。

表单美化处理的操作步骤如下。

Step 1 请先打开光盘中的"..\Example\Ex09\9.1.3.html"练习文件，按 Shift+F11 快捷键打开【CSS样式】面板，单击面板下方的【新建 CSS规则】按钮 📎，如图 9.34 所示。

图 9.34 新建 CSS 规则

Step 2 打开【新建 CSS 规则】对话框，选择【选择器类型】为【标签(重新定义 HTML 元素)】，设置【选择器名称】为 fieldset，再单击【确定】按钮，如图 9.35 所示。

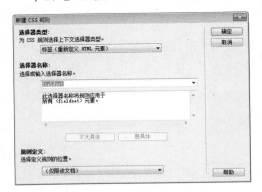

图 9.35 新建"标签"规则

Step 3 打开 CSS 规则定义对话框，在【分类】列

表框中选择【边框】选项，设置 Width 为1px，再设置 Color 为土黄色(#FC9)，然后单击【确定】按钮，如图 9.36 所示。

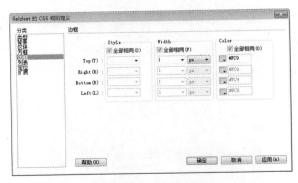

图 9.36 设置边框

Step 4 在【CSS 样式】面板下方单击【新建 CSS规则】按钮 📎，打开【新建 CSS 规则】对话框，在【选择器类型】下拉列表中选择【标签(重新定义 HTML 元素)】选项，设置【选择器名称】为 input，然后单击【确定】按钮，如图 9.37 所示。

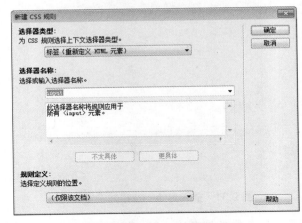

图 9.37 新建另一"标签"规则

Step 5 打开 CSS 规则定义对话框，在【分类】列表框中选择【背景】选项，在 Background-color 下拉列表框中设置颜色为浅黄色(#FAE6CB)，如图 9.38 所示。

Step 6 在【分类】列表框中选择【边框】选项，设置 Width 为 1px，再设置 Color 为浅褐色(#C96)，然后单击【确定】按钮，如图 9.39 所示。

图 9.38　设置背景

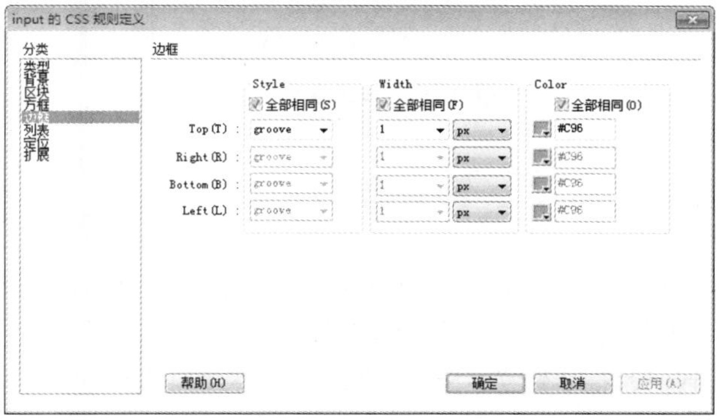

图 9.39　设置边框

Step 7 在【CSS 样式】面板下方单击【新建 CSS 规则】按钮，打开【新建 CSS 规则】对话框，在【选择器类型】下拉列表中选择【标签(重新定义 HTML 元素)】选项，设置【选择器名称】为 select，然后单击【确定】按钮，如图 9.40 所示。

图 9.40　再次新建"标签"规则

Step 8 打开 CSS 规则定义对话框，在【分类】列表框中选择【背景】选项，在 Background-color 下拉列表框中设置颜色为浅黄色 (#FAE6CB)，如图 9.41 所示。

图 9.41　设置背景颜色

Step 9 在【分类】列表框中选择【边框】选项，设置 Width 为 1px，再设置 Color 为土黄色 (#FC9)，然后单击【确定】按钮，如图 9.42 所示。

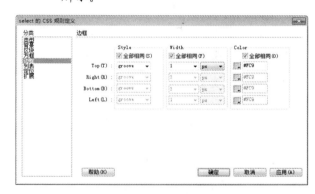

图 9.42　设置边框参数

Step 10 在【CSS 样式】面板下方单击【新建 CSS 规则】按钮，打开【新建 CSS 规则】对话框，在【选择器类型】下拉列表中选择【标签(重新定义 HTML 元素)】选项，设置【选择器名称】为 textarea，然后单击【确定】按钮，如图 9.43 所示。

Step 11 打开 CSS 规则定义对话框，在【分类】列表框中选择【背景】选项，在 Background-color 下拉列表框中设置颜色为浅黄色

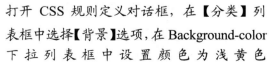

(#F7E4C4)，如图 9.44 所示。

图 9.43　继续新建"标签"规则

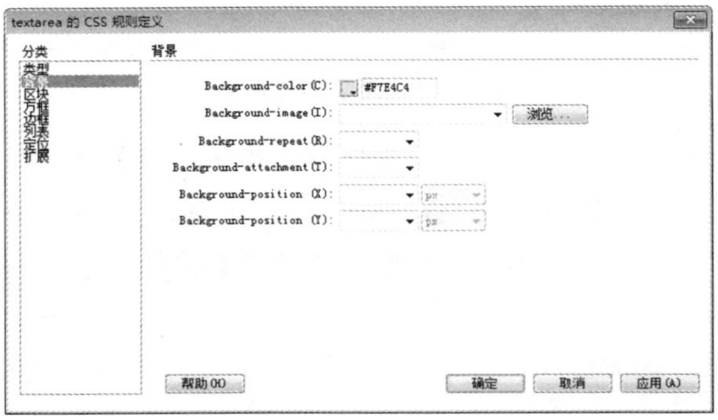

图 9.44　再次设置背景

 Step 12 在【分类】列表框中选择【边框】选项，设置 Width 为 1px，再设置 Color 为土黄色（#FC9），然后单击【确定】按钮，如图 9.45 所示。

图 9.45　再次设置边框

完成网页表单的美化处理后保存为成果档，通过浏览器预览其效果，如图 9.46 所示。

图 9.46　表单美化结果

9.1.4　Spry 验证处理

Dreamweaver CS5 的 Spry 功能除了可以制作动态页面特效，还可用于表单验证处理，用户可以使用 Spry 验证文本域、Spry 验证文本区域、Spry 验证复选框、Spry 验证选择、Spry 验证密码、Spry 验证确认和 Spry 验证单选按钮组 7 种表单验证功能验证文本字段、文本区域、复选框和菜单的有效性和填写格式。

使用 Spry 验证处理的操作步骤如下。

 Step 1 请先打开光盘中的 "..\Example\Ex09\9.1.4.html" 练习文件，选择"会员账号"栏的文本字段，在【插入】面板中单击【Spry 验证文本域】按钮，如图 9.47 所示。

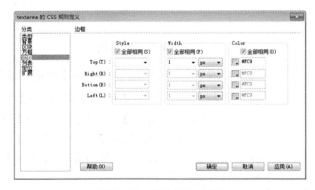

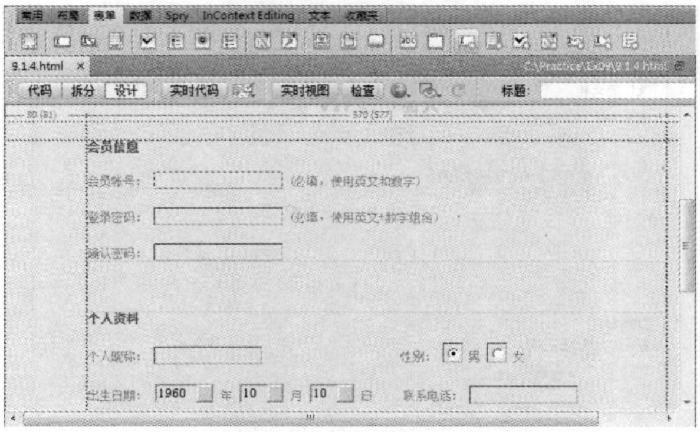

图 9.47　添加 Spry 验证文本域

Step 2 添加 Spry 验证文本域后，打开【属性】面板，设置预览状态为【初始】，选中【必需的】复选框，以设置必填文本域信息的验证，如图 9.48 所示。

中【必需的】复选框，如图 9.51 所示。

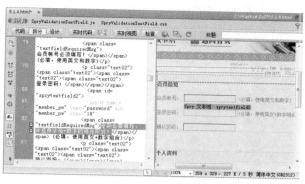

图 9.50   设置验证"登录密码"填写

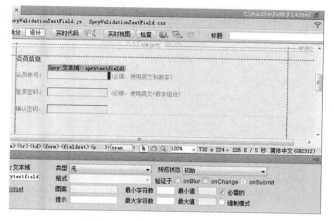

图 9.48   设置必填文本域验证

Step 3 选择文本域验证的蓝色标签，单击【文档】工具栏中的【拆分】按钮，在代码区中被选取的代码中修改中文部分为"会员账号必须填写！"，如图 9.49 所示。

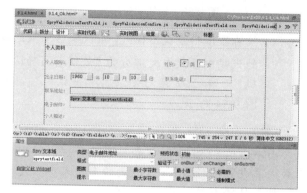

图 9.51   设置验证"电子邮件"填写

Step 6 选择"确认密码"栏的文本字段元件，在【插入】面板中单击【Spry 验证密码】按钮，如图 9.52 所示。

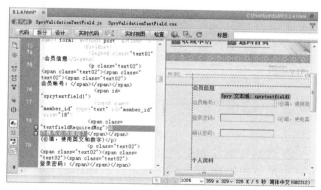

图 9.49   修改验证提示文本

Step 4 根据步骤 1 至 3 的方法，为"登录密码"项目的文本字段添加 Spry 验证文本域，然后通过"代码"编辑视图修改验证提示信息，如图 9.50 所示。

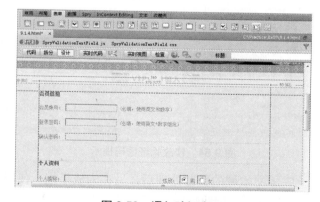

图 9.52   添加验证密码

Step 5 使用相同的方法为"电子邮件"栏的文本字段添加 Spry 验证文本域，在【属性】面板中设置类型为【电子邮件地址】，并取消选

Step 7 选择验证密码元件的蓝色标签，在【属性】面板中选中【必填】复选框，在【验证参照

对象】下拉列表中选择【 "member_pw" 在
表单 "form1" 】选项，如图 9.53 所示。

图 9.53　设置验证密码

 接着显示拆分视图模式，在代码区中被选取
的代码中修改中文部分为"必须填写确认密
码！"和"必须与登录密码一致！"，如
图 9.54 所示。

注　意

由于应用了 Spry 技术执行表单验证，因此当
保存设置成果时，要求将 Spry 的支持文本一并保
存，如图 9.56 所示。需要注意的是 Spry 支持文件
必须与网页保存在同一文件夹内，才可以让 Spry
验证生效。

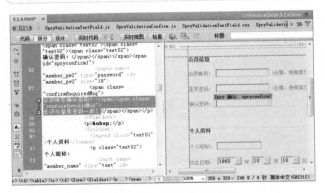

图 9.54　修改验证密码提示

完成文本域的验证处理后，另存为成果档，使用
IE 浏览器预览成果网页。当浏览者在表单中输入不符
规则的内容时，将在对应的表单元件后面显示提示信
息，如图 9.55 所示。

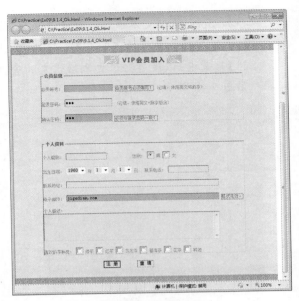

图 9.55　表单验证效果

图 9.56　保存 Spry 验证的支持文本

9.2　数据库与 Web 页关联设置

在网站与浏览者交流互动的过程中，浏览者需要
通过表单来提交信息，而网站则需要使用数据库来保
存信息。为此，完成表单设计后，还要为表单创建对
应的数据库，并为表单与数据库之间建立关联，以便
可以让表单的数据提交到数据库内。

数据库是动态网站的重要组成，通过动态网页对
数据库进行读取、写入、修改、删除等操作，使网站
与浏览者、浏览者与浏览者之间通过网页交流互动。
本节将分别介绍创建数据库文件、设置 ODBC 数据
源、指定数据源名称以及提交表单到数据库等一系列
操作，详细介绍动态网站的数据库处理方法。

9.2.1　创建数据库和数据表

数据库是依照某种数据模型而组织的数据集合，允许用户访问、查询和修改特定的数据记录，不管是用于存储各种数据的表格，还是能够保存海量信息的并具有数据管理功能的大型数据系统都可称为数据库。

常用的数据库创建及管理软件有 Microsoft SQL Server、Oracle、Microsoft Access 等，其中，Access 的操作较简单快速。本例将介绍使用 Access 创建数据库的方法。

创建数据库和数据表的操作步骤如下。

Step 1　单击桌面左下角的【开始】按钮，从弹出的菜单中选择【所有程序】| Microsoft Office | Microsoft Office Access 2003 命令，打开 Access 程序，如图 9.57 所示。

图 9.57　启动 Access 2003 程序

Step 2　打开 Microsoft Access 窗口后，选择【文件】|【新建】命令，打开【新建文件】窗格后，单击"空数据库"链接文本，如图 9.58 所示。

Step 3　打开【文件新建数据库】对话框，指定数据库文件保存的目录并设置数据库文件名称，然后单击【创建】按钮即可，如图 9.59 所示。

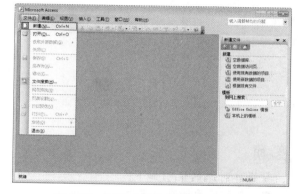

图 9.58　打开【新建文件】工作窗格

图 9.59　创建数据库文件

Step 4　返回 Microsoft Access 窗口，可看到数据库编辑与管理工作区。在数据库窗口中单击【新建】按钮，如图 9.60 所示。

Step 5　在打开的对话框中选择【设计视图】选项，并单击【确定】按钮，以便通过表设计视图创建数据表，如图 9.61 所示。

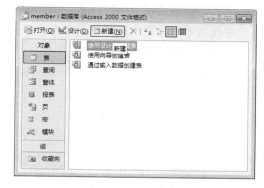

图 9.60　创建表

图 9.61　打开设计视图

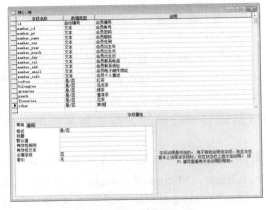

图 9.63　添加其他字段

说明

数据库对象的说明如下。

- 表：用于保存数据及定义数据的相关格式与信息，是数据库最基础的对象，也是最重要的对象。
- 查询：用于对数据库的数据进行分析、计算、筛选。它是 Access 表现出具有对数据的强大控制能力的主要对象。
- 窗体：用于设计直观且友好的控制界面，让用户输入与浏览数据。
- 报表：用于产生数据报表，以供打印。
- 页：用于将数据库数据变成网页文件的格式，传送至网络使用。
- 宏：用于将数据库中重复性的多个操作化为一个单一操作。
- 模块：用于建立 Access 的新功能及新函数，扩展数据库的应用范围。

Step 6 打开表的编辑窗口，先在【字段名称】文本框中输入数据记录字段，再选择【数据类型】为【自动编号】列表框，然后输入字段说明文本，如图 9.62 所示。

Step 7 依照步骤 5 的方法，分别输入其他数据项的字段名称，以及设置对应的数据类型和说明文本，结果如图 9.63 所示。

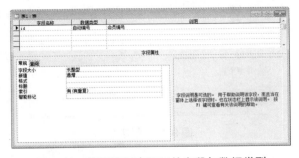

图 9.62　设置数据表记录的字段与数据类型

说明

Access 提供了"文本、备注、数字、日期/时间、货币、自动编号、是/否、OLE 对象、超链接、查阅向导"等 10 种数据类型，其说明如下。

- "文本"类型：可以输入文本字符，如中文、英文、数字、符号、空白等，最多可以保存 255 个字符。
- "备注"类型：可以输入文本字符，但它不同于文字类型，可以保存约 64K(指保存字节的容量，一般一个字为 1 字节，1K 相当于 1000 字节)字符，适用于长度不固定的文字数据。
- "数字"类型：用来保存诸如正整数、负整数、小数、长整数等数值数据。
- "日期/时间"类型：用来保存和日期、时间有关的数据。
- "货币"类型：适用于无需很精密计算的数值数据，如单价、金额等。
- "自动编号"类型：适用于自动编号类型，可以在增加一笔数据时自动加 1，产生一个数字的字段，自动编号后，用户无法修改其内容。
- "是/否"类型：关于逻辑判断的数据，都可以设定为此类型。
- "OLE 对象"类型：为数据表链接诸如电子表格、图片、声音等对象。
- "超链接"类型：用来保存超链接数据，如网址、电子邮件地址等。
- "查阅向导"类型：用来查阅可预知的数据字段或特定数据集。

选择 id 字段，然后右击展开快捷菜单，选择【主键】命令，将【编号】字段设置为数据表主键，如图 9.64 所示。

图 9.64　设置主键

 单击【关闭】按钮，弹出对话框后，单击【是】按钮保存数据表。弹出【另存为】对话框后，设置数据表名称，最后单击【确定】按钮，如图 9.65 所示。

图 9.65　保存表设计

9.2.2　设置 ODBC 数据源

ASP 动态网页设计必须通过开放式数据库连接(ODBC)驱动程序或嵌入式数据库(OLE DB)程序连接到数据源，以便动态网页从数据源读取数据信息。开放式数据库连接在动态网页设计中较为常用，用户可通过开放式数据库连接驱动程序，设置动态网站的数据源。

在进行本例操作前，请先将 "..\Example\Ex09" 文件夹复制到 C 盘，根据本书第 2.2.4 小节所介绍的 IIS 网站属性设置方法，指定该文件夹为 IIS 服务器物理路径，然后打开 Dreamweaver CS5 程序，通过【文件】面板定义该文件夹为网站，结果如图 9.66 所示。

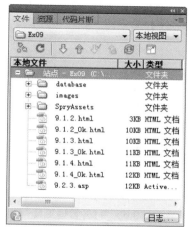

图 9.66　设置 IIS 物理路径后再定义网站

设置 ODBC 数据源的操作步骤如下。

Step 1　单击桌面左下角的【开始】按钮，从弹出的菜单中选择 Micosoft office Access 2003 命令，打开 Access 程序，如图 9.67 所示。

Step 2　打开【控制面板】窗口，然后双击【管理工具】图标，打开【管理工具】窗口，如图 9.68 所示。

Step 3　打开【管理工具】窗口后，双击【数据源(ODBC)】项目，如图 9.69 所示。

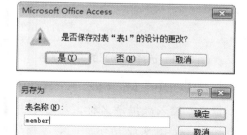

图 9.67　打开控制面板

图 9.68　打开管理工具

图 9.69　打开 ODBC 数据源

 打开【ODBC 数据源管理器】对话框,切换至【系统 DSN】选项卡,单击【添加】按钮,如图 9.70 所示。

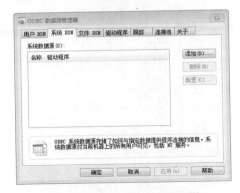 打开【创建新数据源】对话框后,在右边的列表框中选择 Microsoft Access Driver(*.mdb)项目,单击【完成】按钮,如图 9.71 所示。

图 9.70　添加 ODBC 数据源

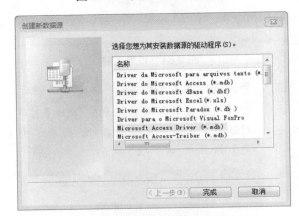

图 9.71　选择数据源的驱动程序

 打开【ODBC Microsoft Access 安装】对话框后,输入数据源名称,然后单击【选择】按钮,如图 9.72 所示。

 打开【选择数据库】对话框后,选择数据库文件 (C:\\Ex09\database\member.mdb),如图 9.73 所示。然后单击【确定】按钮关闭所有对话框。

图 9.72　设置数据源名称

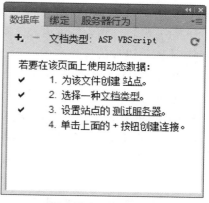

图 9.74　指定数据源名称的三个条件

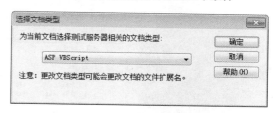

图 9.73　选择数据库

图 9.75　通过【数据库】面板设置文档类型

9.2.3　指定数据库源名称

动态网站设计也需要在一个虚拟动态网站服务器环境中进行。在 Dreamweaver CS5 中为网站指定数据库源名称需要先满足定义动态站点、选择文档类型、设置测试服务器三个重要的条件，如图 9.74 所示。

关于定义动态网站的方法在本书第 2 章已详细介绍，具体方法请参照 2.2.4 小节的内容，其设置过程中就包括了选择文档类型的设置，若是未进行该项设置，则可直接在【数据库】面板中单击【文档类型】链接文本，打开如图 9.75 所示的对话框，进行设置。

同样，在【数据库】面板中单击【测试服务器】链接文本，打开网站定义对话框。在【服务器】定义项目中添加服务器项目并选中服务器项目后面的"测试"选项，或是设置已添加的服务器项目。方法是双击该服务器项目，然后在【高级】设置中分别输入服务器名称，选择连接方式为【本地/网络】，再指定虚拟的默认服务器地址 http://localhost:8081/ 作为 Web URL，如图 9.76 所示。

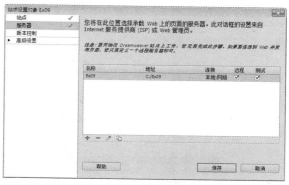

图 9.76　通过【数据库】面板设置测试服务器

在正确地完成数据库源名称条件设置后，在【数据库】面板中可看到三个条件前面都已打钩,表示一切正常,便可以开始执行指定数据库源名称,以实现后续一系列动态网页设计的操作。

指定数据源名称(DSN)的操作步骤如下。

 在 Dreamweaver CS5 中通过【文件】面板打开 9.2.3.asp 练习文件,再按 Ctrl+Shift+F10 快捷键打开【数据库】面板,准备通过已打开的网页为网站指定数据源名称,如图 9.77 所示。

图 9.77　打开 asp 文件

 在【数据库】面板上单击 ➕ 按钮,并从弹出的菜单中选择【数据源名称(DSN)】命令,如图 9.78 所示。

图 9.78　添加记录集

 弹出【数据源名称(DSN)】对话框后,设置连接名称,接着在【数据源名称(DSN)】下拉列表框中选择数据源名称,如图 9.79 所示。

图 9.79　指定数据源名称

 此时可以单击对话框中的【测试】按钮,以测试数据库是否成功连接。若成功连接,则会弹出提示对话框,只需单击【确定】按钮即可,如图 9.80 所示。

成功连接数据库后,返回 Dreamweaver 的【数据库】面板即可查看已连接的数据库,如图 9.81 所示。

图 9.80　成功连接数据库

图 9.81　成功连接数据库的结果

9.2.4　提交表单记录至数据库

为网站指定数据源名称(DSN)后,网站以及其中的网页与数据库之间建立了关联,如此,当浏览者通过网页表单填写资料后，就可以提交到网站的数据库中。实现这个过程的方法很简单，就是为表单添加"插入记录"服务器行为，使表单元件与数据库的数据表字段相对应，并将数据一一对应地插入到数据表的字段中，完成资料数据的提交，同时浏览者也成功申请会员。

提交表单记录至数据库的操作步骤如下。

Step 1 通过【文件】面板打开 9.2.4.asp 练习文件，按 Ctrl+F9 快捷键打开【服务器行为】面板，然后单击⊞按钮，并从弹出的菜单中选择【插入记录】命令，如图 9.82 所示。

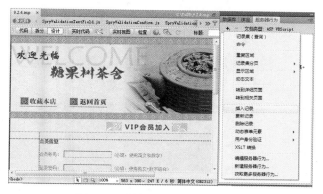

图 9.82　添加"插入记录"行为

Step 2 打开【插入记录】对话框，分别设置【连接】和【插入到表格】都为 member，单击【插入后，转到】文本框后的【浏览】按钮，如图 9.83 所示。

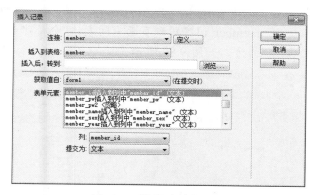

图 9.83　设置连接数据表

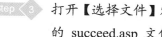

提 示

本例操作所使用的网页中各表单元件的 ID 名称与数据库中数据表各个字段相同，因此，在"插入记录"的设置中，指定连接的数据库和数据表后，会自动将表单元件名称与数据表字段相对应。因为两者所用名称不同，所以需要依次选择表单元件，再通过下方的【列】下拉列表框分别指定相应的数据字段，如此，才可以准确地将表单资料添加到数据库中。

Step 3 打开【选择文件】对话框，指定同一网站内的 succeed.asp 文件，然后单击【确定】按钮，如图 9.84 所示。

图 9.84　指定转到文件

完成上述操作后，将网页另存为成果文件，按 F12 功能键可预览网页。打开网页后，在表单上填写各项信息，然后单击【提交】按钮。此时表单的数据将提交到数据库，并自动转到指定的网页，如图 9.85 所示。

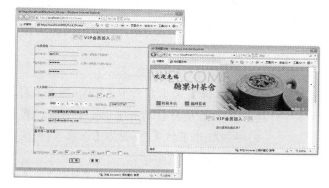

图 9.85　提交表单资料

当表单成功提交后，表单的资料就保存在数据库的数据表内，如图 9.86 所示。

图 9.86　表单成功提交后，资料保存到数据库

9.3　在页面显示数据库记录

除了通过网页表单将收集的信息添加到数据库，也可以将数据库中的记录显示在网页上，本节将介绍在网页页面上显示单笔记录、显示多笔记录以及制作记录集导航状态和记录集导航的操作，进一步了解动态网页的设计方法。

9.3.1　显示单笔记录

在网页中显示单笔记录指的是将数据库中的一条记录完整地显示在网页上，以申请会员为例，浏览者申请时填写了一组相关的会员资料，这些资料作为一笔记录保存在数据库中，通过显示单笔记录的方式，将一个会员的资料(数据库中的一笔记录)显示在页面上，产生会员详细资料页面。

将单笔记录显示在网页上，首先要绑定记录集，从而将记录集中相关的字段添加到网页上。绑定记录集的方法是：选择【窗口】|【绑定】命令(或按 Ctrl+F10 快捷键)，打开【绑定】面板。单击 ➕ 按钮，打开下拉菜单，选择【记录集(查询)】命令，这时将打开【记录集】对话框，分别指定数据源名称、连接和表格，再分别指定筛选或排序方式即可。

显示单笔记录的操作步骤如下。

Step 1　通过【文件】面板打开 9.3.1.asp 练习文件，按 Ctrl+F10 快捷键打开【绑定】面板，单击 ➕ 按钮打开下拉菜单，选择【记录集(查询)】命令，如图 9.87 所示。

Step 2　打开【记录集】对话框，设置【名称】、【连接】和【表格】都为 member，再于【筛选】下拉列表框中选择 id 选项，并在下面的下

拉列表中选择【URL 参数】选项，并输入 id 语句，然后单击【确定】按钮，如图 9.88 所示。

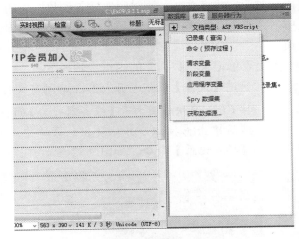

图 9.87　绑定记录集

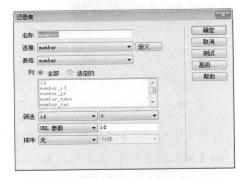

图 9.88　设置记录集绑定

Step 3　在【绑定】面板中打开记录集，再拖动 member_id 字段到页面中间表格"会员账号"右方，如图 9.89 所示。

图 9.89　插入字段

Step 4　依照步骤 3 的方法，以拖动的方式分别在网

页的表格中添加对应的字段，结果如图9.90所示。

图9.90　插入其他字段

完成添加字段的操作后另存为成果档，按F12功能键可预览动态网页。在显示的会员名单中单击某个会员【查看】链接，即可在网页上显示单笔会员资料，如图9.91所示。

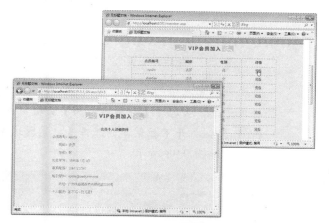

图9.91　显示单笔记录的结果

9.3.2　显示多笔记录

将绑定的记录集中的字符添加到网页上，只会显示数据表的单笔数据，如果需要将数据表的其他多笔记录都显示在网页上，可通过【服务器行为】面板，添加"重复区域"服务器行为，以重复显示数据表中的多笔记录。

显示多笔记录的操作步骤如下。

Step 1　通过【文件】面板打开9.3.2.asp练习文件，按Ctrl+F10快捷键打开【绑定】面板，再单击 **+** 按钮，打开下拉菜单，选择【记录集(查询)】命令，如图9.92所示。

图9.92　绑定记录集

Step 2　打开【记录集】对话框，设置【名称】、【连接】和【表格】都为member，然后在【排序】下拉列表框中选择id选项，并设置其排序为【升序】，然后单击【确定】按钮，如图9.93所示。

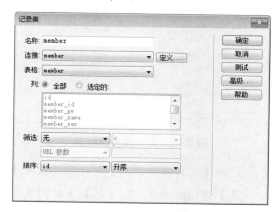

图9.93　设置记录集绑定

Step 3　在【绑定】面板中打开记录集，拖动member_id字段到左边表格"会员账号"下方单元格中，如图9.94所示。

Step 4　依照步骤3的方法，再分别为表格中的"昵称"和"性别"下方单元格添加字段member_name

和 member_sex，结果如图 9.94 所示。

图 9.94　添加记录集字段

Step 5　在表格"详情"下方的单元格中选择【查看】
文本，切换至【服务器行为】面板，单击【+】
按钮，打开下拉菜单，选择【转到详细页面】
命令，如图 9.95 所示。

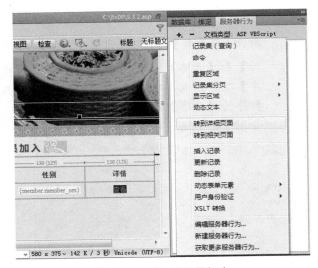

图 9.95　添加服务器行为

Step 6　打开【转到详细页面】对话框，设置【记录
集】为 member，在【列】下拉列表框中指
定 id 选项，然后单击【详细信息页】文本
框后的【浏览】按钮，如图 9.96 所示。

Step 7　打开【选择文件】对话框，指定同一文件夹
中的 information.asp 素材文件，然后单击【确
定】按钮，如图 9.97 所示。

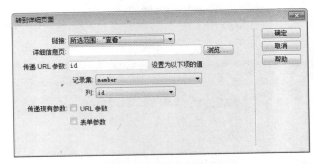

图 9.96　设置转到详细页面

图 9.97　指定详细页面文件

Step 8　将光标移至表格的第二行左侧，单击选取整
行单元格，然后在【服务器行为】面板中单
击【+】按钮打开下拉菜单，选择【重复区域】
命令，如图 9.98 所示。

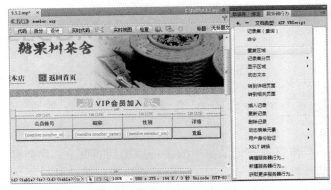

图 9.98　添加重复区域行为

Step 9　打开【重复区域】对话框，选择【记录集】
为 member，设置【显示】8 条记录，然后
单击【确定】按钮，如图 9.99 所示。

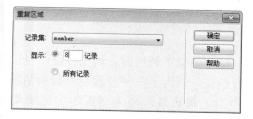

图 9.99　设置重复区域

设置显示多笔记录后保存成果文档，然后按 F12 功能键浏览动态网页，可从页面上看到一次显示 8 笔数据表记录，如图 9.100 所示。

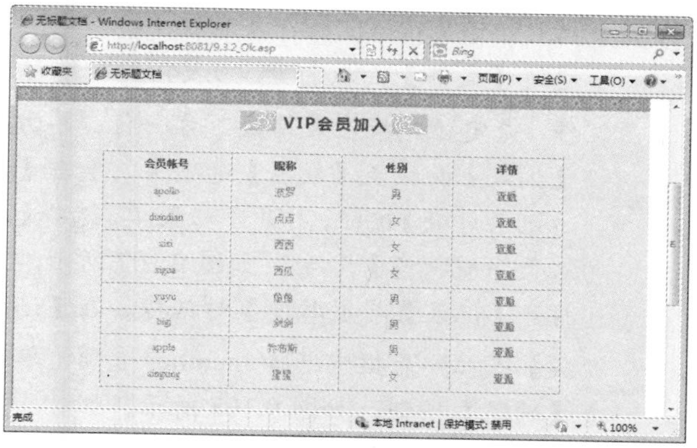

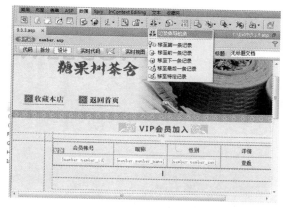

图 9.101　插入"记录集导航条"

图 9.100　显示多笔记录的结果

9.3.3　制作记录集导航

通过制作记录集导航条可以分页显示更多数据库信息，解决由于网页的页面篇幅有限，无法完整显示数据库中数量众多信息资料的问题。Dreamweaver CS5 的【插入】面板的【数据】选项卡提供了添加"记录集导航条"功能，通过该功能可为网页中已建立"重复区域"的记录集添加一组以"文本"或"图像"显示的导航项目。下面通过实例介绍制作记录集导航条的操作方法。

制作记录集导航条的操作步骤如下。

Step 1　通过【文件】面板打开"9.3.3.asp"练习文件，定位光标在表格的第三行单元格中，切换【插入】面板至【数据】选项卡，然后单击【记录集分页】按钮，打开下拉菜单，选择【记录集导航条】命令，如图 9.101 所示。

Step 2　打开【记录集导航条】对话框，选择【记录集】为 member，再选择【显示方式】为【文本】，然后单击【确定】按钮，如图 9.102 所示。

图 9.102　设置记录集导航条

Step 3　插入记录集导航条后，向右拖动导航条表格右下角的调整点，增加导航链接的间距，如图 9.103 所示。

图 9.103　修改导航文本

Step 4　拖动选取导航条各单元格，然后通过【属性】面板的【类】下拉列表框套用 text02 规则，如图 9.104 所示。

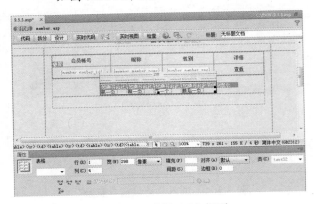

图 9.104　套用 CSS 规则

Step 5　先定位光标在记录集导航条上方拖动选取空格字符，按 Delete 键删除该多余行，如图 9.105 所示。

图 9.105　删除多余行

完成记录集导航条设置后保存成果文档，按 F12 功能键浏览动态网页，可看到表格资料下方显示一组导航链接，单击这些链接可翻页以显示更多数据记录，如图 9.106 所示。

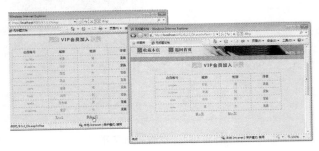

图 9.106　记录集分页效果

9.3.4　制作记录集导航状态

在浏览会员清单资料时，浏览者可通过记录集导航条进行翻页，而为了方便查看当前翻页情况，以及数据库中的记录数量，可为网页添加记录集导航状态，将目前所浏览的记录笔数和数据库中的总笔数显示出来。Dreamweaver CS5【插入】面板的【数据】选项卡提供了"记录集导航状态"功能，通过该功能可在网页中插入一组用于显示导航状态的信息。下面通过实例介绍制作记录集导航状态的操作方法。

制作记录集导航状态的操作步骤如下。

Step 1　通过【文件】面板打开"9.3.4.asp"练习文件，先定位光标在表格最下方一行，再切换【插入】面板至【数据】选项卡，单击【显示记录计数】按钮，打开下拉菜单，选择【记录集导航状态】命令，如图 9.107 所示。

Step 2　打开【记录集导航状态】对话框，在【记录集】下拉列表框中选择 member 选项，单击【确定】按钮，如图 9.108 所示。

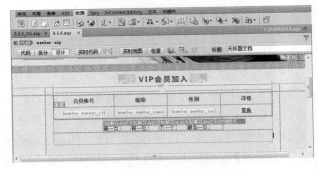

图 9.107　插入"记录集导航状态"

Step 3　接着将新插入的"记录集导航状态"中相应的文本修改为中文"第(字段)个至(字段)个会员(总共(字段)个会员)"，如图 9.109 所示。

图 9.108　指定数据表

图 9.109　修改记录集导航状态文本

Step 4 拖动选取记录集导航状态文本，在【属性】面板的 HTML 分类中设置【目标规则】为 text02，如图 9.110 所示。

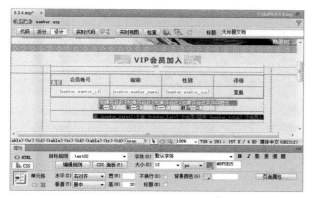

图 9.110　套用 CSS 规则

完成记录集导航状态的制作后保存成果文档，然后按 F12 功能键浏览动态网页，可在页面表格资料最下方看到导航状态信息，如图 9.111 所示。

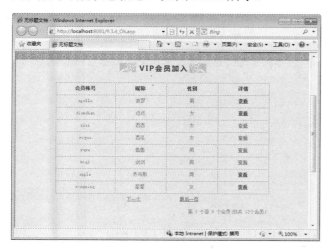

图 9.111　记录集导航状态效果

9.4　上机练习——设计会员资料修改功能

本例上机练习将为 VIP 会员加入模块添加一项可供会员修改个人资料的功能。在本章之前各实例操作的基础上，使用相同的设计操作环境，在【文件】面板中定义 Ex09 文件夹为网站，并设置相同的测试服务器，然后指定相同的数据源文件，并在【数据库】面板中连接该数据库，如图 9.112 所示。

图 9.112　插入文本字段对象

完成的会员修改功能主要是提供会员根据需要修改除账号、登录密码和性别之外的个人资料信息，如图 9.113 所示。成功注册为会员的浏览者后，单击【修改】链接，进入会员修改页面开始修改个人资料，然后单击【修改】按钮，显示会员资料修改成功。

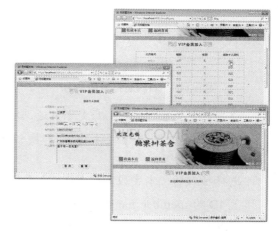

图 9.113　修改会员资料的效果

设计会员修改资料功能的操作步骤如下。

Step 1 通过【文件】面板打开 "9.4.asp" 练习文件，定位光标在网页资料表格下方，切换【插入】面板至【表单】选项卡，单击【表单】按钮，如图 9.114 所示。

图 9.114　插入表单

Step 2 选取整个表格，按 Ctrl+X 快捷键剪切该表格，再定位光标在新插入的表单内，按 Ctrl+V 快捷键粘贴上表格，如图 9.115 所示。

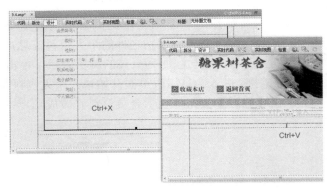

图 9.115　转移表格至表单内

Step 3 将光标定位在"昵称:"文本右边，在【插入】面板中单击【文本字段】按钮，如图 9.116 所示。

Step 4 选择插入的文本字段，在【属性】面板中设置 ID 为 member_name、字符宽度为 15，如图 9.117 所示。

Step 5 依照步骤 2 和步骤 3 的方法，分别在"联系电话:"、"电子邮件:"和"地址:"三

项文本右边插入名称为 member_tel 字符宽度为 15、名称为 member_email 字符宽度为 60、名称为 member_add 字符宽度为 60 的三个文本字符元件，结果如图 9.118 所示。

图 9.116　插入文本字段

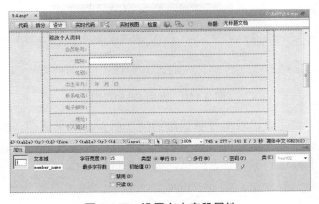

图 9.117　设置文本字段属性

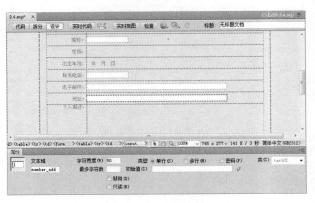

图 9.118　插入其他文本字段

Step 6 将光标定位在"出生年月:"文字右边，在

【插入】面板中单击【列表/菜单】按钮，如图 9.119 所示。

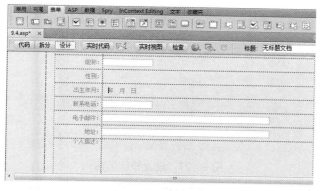

图 9.119　插入列表元件

Step 7 选择插入的【列表/菜单】对象，然后打开【属性】面板，并设置元件名称为 member_year，再单击【列表值】按钮，如图 9.120 所示。

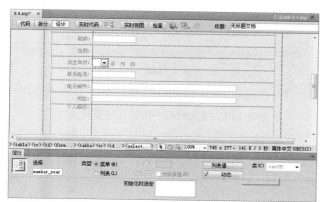

图 9.120　设置列表属性和列表值

Step 8 打开【列表值】对话框，设置每一个项目为 1960，如图 9.121 所示。

图 9.121　设置列表值

Step 9 然后单击对话框左上方的 + 按钮，接着分

别添加值为 1961 至 2000 的项目标签，最后单击【确定】按钮，如图 9.122 所示。

图 9.122　添加其他列表值

Step 10 依照步骤 6 至 9 的方法，分别在"出生年月："文本右边插入两个【列表/菜单】对象，然后通过【属性】面板设置对象名称为 member_month 和 member_day，并相应地设置月份和天数列表值，结果如图 9.123 所示。

图 9.123　添加另外两个列表

Step 11 将光标定位在"个人描述："项目文字右边，在【插入】面板中单击【文本域】按钮，如图 9.124 所示。

图 9.124　插入文本域

Step 12 在【属性】面板中设置新插入元件的名称为

213

member_info，设置字符宽度为 55、行数为 6，如图 9.125 所示。

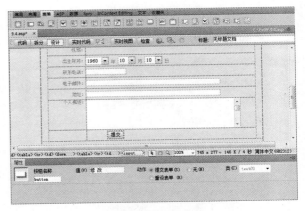

图 9.127 设置按钮属性

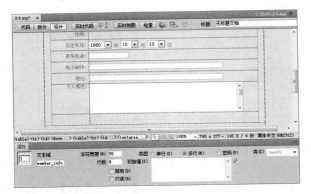

图 9.125 设置文本域属性

Step 13 将光标定位在表格最下方一行单元格，单击【按钮】按钮◻，如图 9.126 所示。

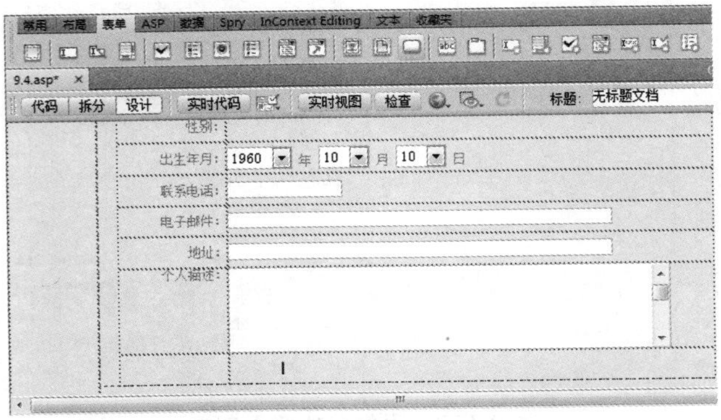

图 9.128 插入另外一按钮并设置其属性

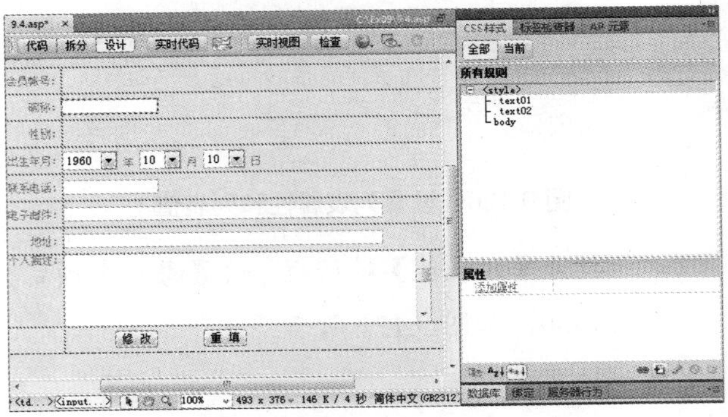

图 9.126 插入按钮元件

Step 14 通过【属性】面板为新插入的按钮元件设置【值】为【修改】，【动作】为【提交表单】，如图 9.127 所示。

Step 15 依照步骤 13 和步骤 14 的方法，在右边插入另一个按钮元件，通过【属性】面板中为按钮元件设置值为【重填】，选择动作为【重设表单】，结果如图 9.128 所示。

Step 16 按 Shift+F11 快捷键打开【CSS 样式】面板，单击面板下方的【新建 CSS 规则】按钮，如图 9.129 所示。

图 9.129 添加 CSS 规则

Step 17 打开【新建 CSS 规则】对话框，选择【选择器类型】为【标签(重新定义 HTML 元素)】，设置【选择器名称】为 input，然后单击【确定】按钮，如图 9.130 所示。

Step 18 打开 CSS 规则定义对话框，在【分类】列

表框中选择【背景】选项，在
Background-color 下拉列表框中设置颜色为
浅黄色(#F8E5C7)，如图 9.131 所示。

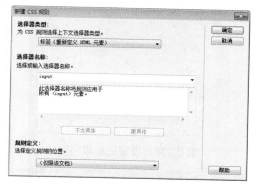

图 9.130　新建"标签"规则

图 9.131　设置背景

Step 19　在【分类】列表框中选择【边框】选项，设
置 Width 为 1px，再设置 Color 为浅褐色
(#F96)，然后单击【确定】按钮，如图 9.132
所示。

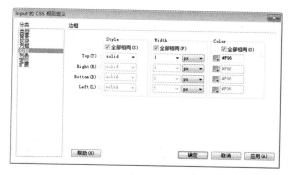

图 9.132　设置边框

Step 20　在【CSS 样式】面板下方单击【新建 CSS

规则】按钮，打开【新建 CSS 规则】对
话框，在【选择器类型】下拉列表框中选择
【标签(重新定义 HTML 元素)】选项，设置
【选择器名称】为 select，然后单击【确定】
按钮，如图 9.133 所示。

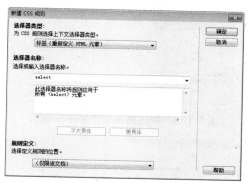

图 9.133　新建另一"标签"规则

Step 21　打开 CSS 规则定义对话框，在【分类】列
表框中选择【背景】选项，在 Background-
color 下拉列表框中设置颜色为浅黄色
(#FBE7CC)，然后单击【确定】按钮，如
图 9.134 所示。

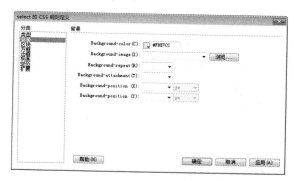

图 9.134　再次设置背景

Step 22　在【CSS 样式】面板下方单击【新建 CSS
规则】按钮，打开【新建 CSS 规则】对
话框，在【选择器类型】下拉列表中选择【标
签(重新定义 HTML 元素)】选项，设置【选
择器名称】为 textarea，然后单击【确定】
按钮，如图 9.135 所示。

Step 23　打开 CSS 规则定义对话框，在【分类】列表
框中选择【背景】选项，在 Background-color

下拉列表框中设置颜色为浅黄色(#FAE6CB)，然后单击【确定】按钮，如图 9.136 所示。

图 9.135 新建第三个"标签"规则

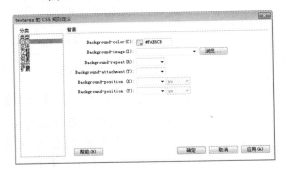

图 9.136 设置背景参数

Step 24 按 Ctrl+F10 快捷键打开【绑定】面板，在面板上单击 ➕ 按钮，从弹出的下拉菜单中选择【记录集(查询)】命令，如图 9.137 所示。

图 9.137 添加记录集

Step 25 弹出【记录集】对话框，设置【名称】、【连接】和【表格】都为 member，再于【筛选】下拉列表框中选择 id，并在下一下拉列表中选择【URL 参数】选项，且输入 id 语句，然后单击【确定】按钮，如图 9.138 所示。

Step 26 在【绑定】面板中打开记录集，再拖动

member_id 字段到页面中间表格"会员账号"右方，如图 9.139 所示。

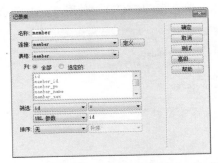

图 9.138 设置记录集绑定

图 9.139 插入字段

Step 27 拖动 member_name 字段到"昵称："文本右方的文本字段元件上，为表单元件添加字段，如图 9.140 所示。

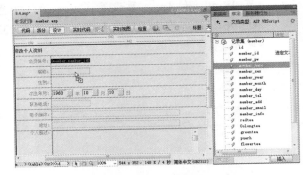

图 9.140 为表单元件添加字段

Step 28 依照步骤 26 和步骤 27 的方法，以拖动的方式分别在网页的表格空白单元格以及表单元件上添加对应的字段，结果如图 9.141 所示。

图 9.141　添加其他字段的结果

Step 29 按 Ctrl+F9 快捷键打开【服务器行为】面板，然后单击 ⊞ 按钮，并从弹出的下拉菜单中选择【更新记录】命令，如图 9.142 所示。

图 9.142　添加更新记录行为

Step 30 打开【更新记录】对话框，分别设置【连接】、【要更新的表格】和【选取记录自】都为 member，单击【在更新后，转到】文本框后的【浏览】按钮，如图 9.143 所示。

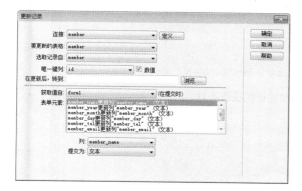

图 9.143　指定更新的数据表

Step 31 打开【选择文件】对话框，指定同一网站内的 succeed_m.asp 文件，然后单击【确定】按钮，完成本例的操作，如图 9.144 所示。

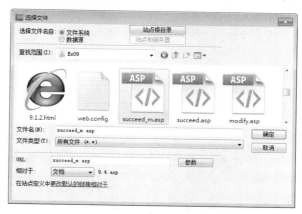

图 9.144　指定转到文件

9.5　章后总结

本章首先介绍了网页表单的设计，包括表单元件设计、表单美化处理和验证表单的方法，接着又介绍了创建数据库、设置 ODBC 数据源、为站点指定数据源名称，以及提交表单记录至数据库和在网页上显示数据库记录的方法，从而使读者系统地了解与掌握使用 Dreamweaver CS5 开发动态网页的基本知识与操作。

9.6　章后实训

本章实训题要求在网页中插入表单，并根据已有的表格项目添加不同的表单元件，最后再为必填项目设置验证功能，完成一个用于收集访客建议的网页表单。

操作方法如下：打开练习文档，先在表格下方插入表单，然后剪切整个表格项目再粘贴于表单内，接着依次在表格文本项目后面插入一个文本字段元件、四个复选按钮元件、一个文本域元件和两个按钮元件，最后为文本字段文本添加"Spry 验证文本域"，设置其为必填项目，在"代码"视图模式中修改提示文本。整个操作流程如图 9.145 所示。

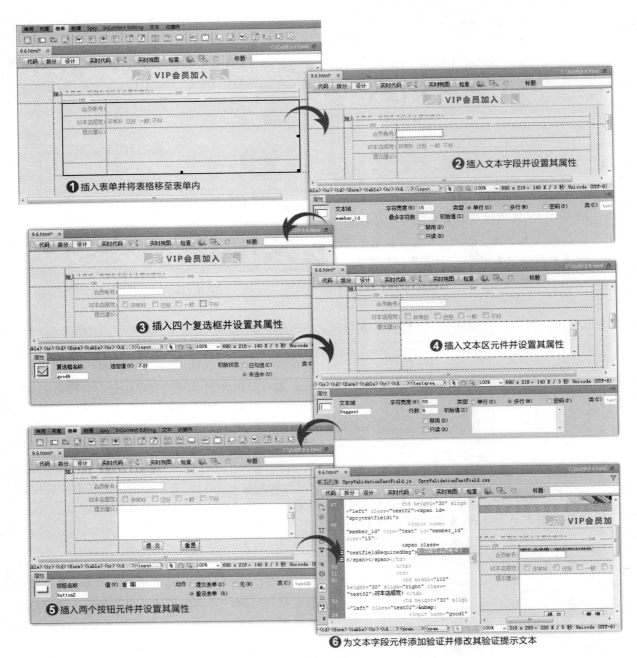

❶ 插入表单并将表格移至表单内

❷ 插入文本字段并设置其属性

❸ 插入四个复选框并设置其属性

❹ 插入文本区元件并设置其属性

❺ 插入两个按钮元件并设置其属性

❻ 为文本字段元件添加验证并修改其验证提示文本

图 9.145　建立网页表单并添加验证的操作流程

第 10 章

案例设计——个人网站

通过前面各章的学习，熟悉并掌握了 Dreamweaver CS5 文本、图像、表格、CSS、Spry 特效以及动态网站等各项功能的应用操作后，本章将综合所学知识，通过静态和动态两个精美的综合实例设计，进一步提升 Dreamweaver 网页设计水平。

本章学习要点

➢ 个人网店主页设计

➢ 网站留言区设计

10.1　个人网店主页设计

本节综合实例将由新建网页文件开始，通过页面布局规划、网页内容编辑、页面美化和页面特效设计一系列操作，完成如图 10.1 所示的个人网店页设计。

图 10.1　个人网店主页设计效果

10.1.1　页面布局规划

启动 Dreamweaver CS5 程序后新建一个空白网页，再通过设置页面属性、插入表格以及嵌套更多表格，然后插入基本的图像素材，完成如图 10.2 所示的页局规划效果。

图 10.2　页面布局规划效果

页面布局规划的操作步骤如下。

Step 1　打开 Dreamweaver CS5 程序，在起始页上单击 HTML 选项，新建一空白网页文件，如图 10.3 所示。

图 10.3　新建网页文件

Step 2 选择【修改】|【页面属性】命令，打开【页面属性】对话框，如图 10.4 所示。

图 10.4   选择【页面属性】命令

Step 3 在【页面属性】对话框默认显示的【外观(CSS)】选项卡中【左边距】和【上边距】参数都为 0，如图 10.5 所示。

图 10.5   设置左上边距

Step 4 在左边【分类】列表框中选择【链接(CSS)】选项，设置【大小】参数为 12，再分别设置【链接颜色】、【变换图像链接】、【已访问链接】和【活动链接】各链接状态颜色，然后在【下划线样式】下拉列表框中选择【始终无下划线】选项，如图 10.6 所示。

Step 5 在左边【分类】列表框中选择【标题/编码】选项，在【标题】文本框中输入网页标题，在【编码】下拉列表框中选择【简体中文(GB2312)】选项，然后单击【确定】按钮，

如图 10.7 所示。

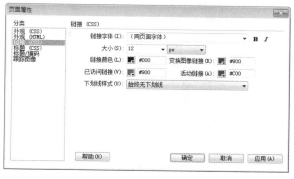

图 10.6   设置链接属性

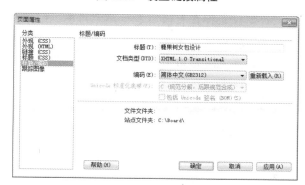

图 10.7   设置标题和编码

Step 6 定位光标在网页中，在【插入】面板【常用】选项卡中单击【表格】按钮，如图 10.8 所示。

图 10.8   单击【表格】按钮

Step 7 打开【表格】对话框，设置【行数】和【列】为 5 和 1，再设置【表格宽度】为 750 像素，【边框粗细】、【单元格边距】和【单元格间距】参数都为 0，然后单击【确定】按钮，

如图 10.9 所示。

图 10.9　设置表格

Step 8 定位光标在表格第二行单元格中，在【属性】面板中设置【高】参数为 237，再设置颜色为黑色(#000000)，如图 10.10 所示。

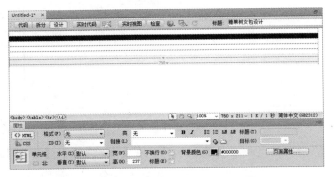

图 10.10　设置单元格高度和背景

Step 9 依照步骤 8 的方法，再分别设置表格中第三行单元格高度为 516、第四行单元格的高度为 250、第五行单元格的高度为 38，结果如图 10.11 所示。

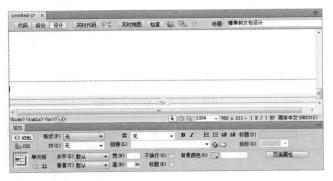

图 10.11　设置其他单元格高度

Step 10 定位光标在第一行单元格中，在【插入】面板中单击【图像：图像】按钮，如图 10.12 所示。

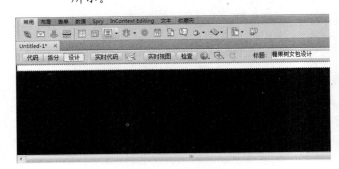

图 10.12　插入图像

Step 11 打开【选择图像源文件】对话框，指定 "..\Example\Ex10\images\top.png" 素材文件，单击【确定】按钮后随之弹出提示框，直接单击【确定】按钮，如图 10.13 所示。

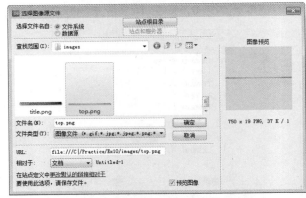

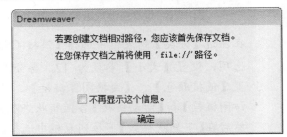

图 10.13　指定图像素材

Step 12 定位光标在第三行单元格中，在文档工具栏中单击【拆分】按钮，在代码视图中找到对应位置，如图 10.14 所示。

图 10.14　拆分编辑视窗

Step 13 定位光标在同一行的 <td> 标签中，按 Enter 键展开下拉菜单，选择 background 选项，接着显示【浏览】选项，再次按 Enter 键，如图 10.15 所示。

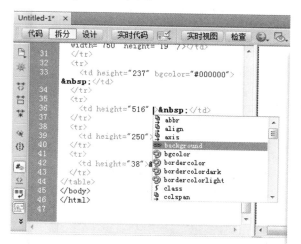

图 10.15　设置背景图像

Step 14 打开【选择文件】对话框，指定 "..\Example\Ex10\images\bg02.png" 素材文件，然后单击【确定】按钮，如图 10.16 所示。

图 10.16　指定素材图像

Step 15 依照与步骤 12 至 14 相同的方法，为第四行单元格指定素材图像 bg03.png 作为背景，为第五行单元格指定素材图像 bottom.png 作为背景，结果如图 10.17 所示。

图 10.17　设置其他单元格背景

10.1.2　编辑网店产品内容

完成网页布局规划设计后，下面接着在网页的布局表格中嵌套插入多个表格，并设置其中单元格属性，然后分别插入图像并输入文本，设计结果如图 10.18 所示。

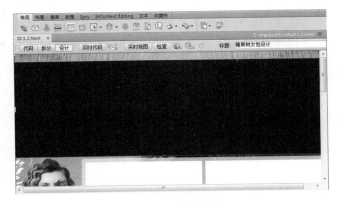

图 10.18　编辑网页内容的结果

编辑网店产品内容的操作步骤如下。

Step 1　打开本书光盘中的 "..\Example\Ex10\10.1.2.html"
文档，定位光标在表格第二行单元格，在【插
入】面板【常用】选项卡中单击【表格】按
钮，如图 10.19 所示。

图 10.19　插入表格

Step 2　打开【表格】对话框，设置【行数】和【列】
为 3 和 2，再设置【表格宽度】为 750 像素，
【边框粗细】、【单元格边距】和【单元格
间距】参数都为 0，然后单击【确定】按钮，
如图 10.20 所示。

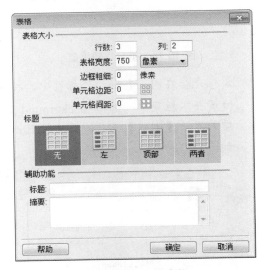

图 10.20　设置表格

Step 3　拖动选取表格第二列单元格，在【属性】面
板中设置【宽】参数为 278，再单击【合并
所选单元格，使用跨度】按钮，如图 10.21
所示。

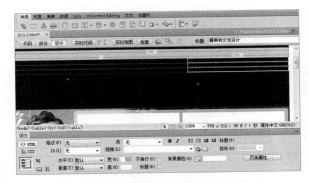

图 10.21　设置单元格高度和背景

Step 4　依照步骤 3 的方法，为新插入的表格左边第
一行单元格设置高度为 62，再设置第三行
单元格高度为 25，结果如图 10.22 所示。

Step 5　依照前面步骤的方法，为网页的布局表格第

三行单元格插入一个 5 行 3 列的表格，再分别于表格第二列的第二和第四行单元格插入嵌套表格，并分别设置各单元格的宽/高属性，结果如图 10.23 所示。

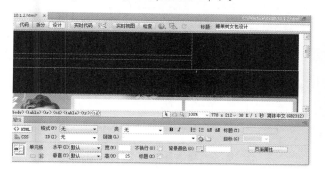

图 10.22　设置其他单元格高度

图 10.23　为第三行单元格插入并嵌套表格

Step 6　依照前面步骤的方法，为网页的布局表格第四行单元格插入一个 3 行 1 列的表格，再于表格第二列插入 2 行 7 列的表格，并设置其单元格宽/高，结果如图 10.24 所示

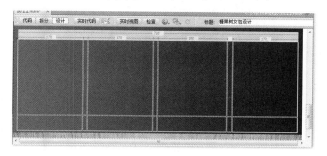

图 10.24　为第四行单元格插入并嵌套表格

Step 7　定位光标在布局表格第二行嵌套表格的第二列单元格中，在【插入】面板中单击【图像】按钮，如图 10.25 所示。

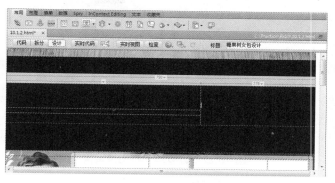

图 10.25　插入图像

Step 8　打开【选择图像源文件】对话框，指定 "..\Example\Ex10\images\pic.png" 素材文件，然后单击【确定】按钮，如图 10.26 所示。

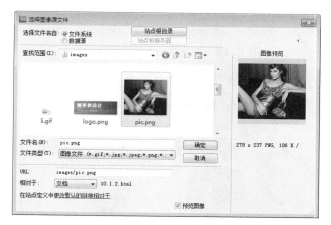

图 10.26　指定素材图像

Step 9　定位光标在网页下方第一个商品格子下方的单元格中，在文档工具栏中单击【拆分】按钮，在代码视图中找到对应位置，然后在同一行的 \<td\> 标签中输入代码，指定 "images\probg.gif" 素材文件，如图 10.27 所示。

Step 10　依照步骤 9 的方法，为网页下面其他三个商品格子的下方单元格设置相同的背景效果，结果如图 10.28 所示。

如图 10.30 所示。

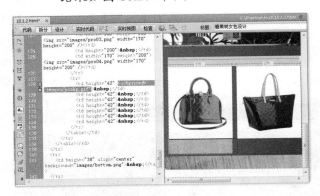

图 10.27　设置单元格图像背景

图 10.30　输入其他文本并插入符号

图 10.28　设置其他单元格图像背景

10.1.3　使用 CSS 美化页面元素

直接在网页中输入的文本不够美观，本节通过新建多个 CSS 规则，再搭配套用到网页中文本上，然后为图像绘制热点区域，为图像制作局部链接，结果如图 10.31 所示。

Step 11　在网页上方四个商品格子右边空白单元格中输入商品信息，如图 10.29 所示。

图 10.29　输入文本

Step 12　接着在网页下方的四个商品格子下方空白单元格中输入另一组商品信息，并在布局表格最下方一行输入版权信息，其中的版权符号通过【插入】面板的【文本】分类插入，

图 10.31　使用 CSS 美化页面的结果

使用 CSS 美化网页元素的操作步骤如下。

Step 1　打开本书光盘中的 "..\Example\Ex10\10.1.3.html" 文档，按 Shift+F11 快捷键打开【CSS 样式】面板，在面板下方单击【新建 CSS 规则】按钮 🗋，如图 10.32 所示。

Step 2　打开【新建 CSS 规则】对话框，在【选择器类型】下拉列表框中选择【类(可应用于任何 HTML 元素)】选项，设置【选择器名称】为 text01，然后单击【确定】按钮，如图 10.33 所示。

图 10.32　新建 CSS 规则

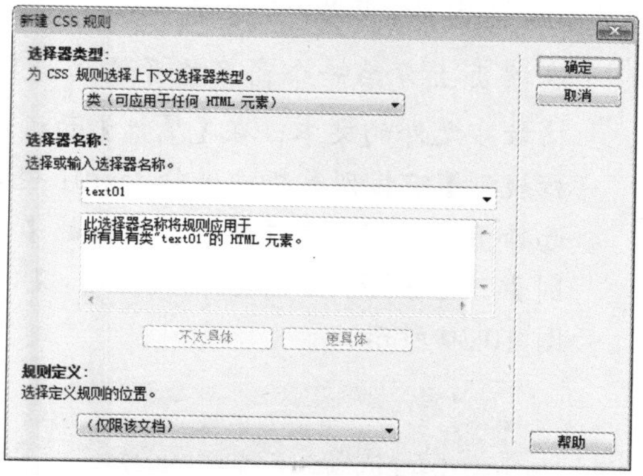

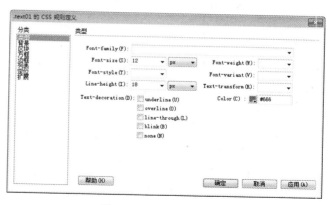

(#C60)，然后单击【确定】按钮，如图 10.35 所示。

图 10.34　设置类型参数

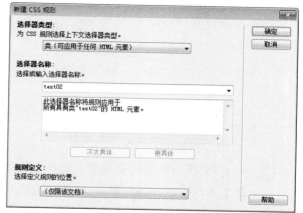

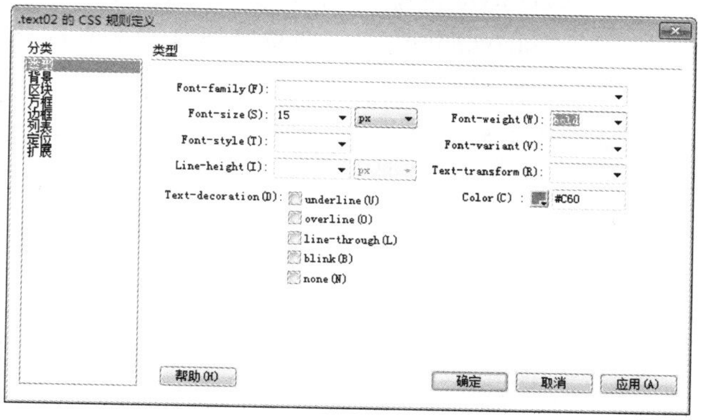

图 10.33　新建 "类" 规则

Step 3　打开 CSS 规则定义对话框，在默认的【类型】选项卡中设置 Font-size 参数为 12、Line-height 参数为 18、Color 为 "深红" (#666)，然后单击【确定】按钮，如图 10.34 所示。

Step 4　依照前面步骤 1 至步骤 3 的方法，创建 text02 类规则，设置 Font-size 参数为 12、Font-weight 参数为 bold、Color 为 "红色"

图 10.35　定义 CSS 类型

Step 5　依照前面步骤 1 至 3 的方法，创建 text03 类规则，设置 Font-size 参数为 12、Line-height 参数为 20、Color 为 "白色" (#FFF)，如图 10.36 所示。

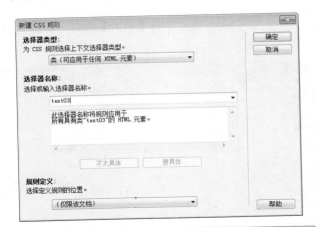

图 10.36 再次定义 CSS 类型

Step 6 在 CSS 规则定义对话框中，选择左边【分类】列表框中的【列表】项目，在 List-style-image 下拉列表框中指定素材图像 "images/li.gif"，然后单击【确定】按钮，如图 10.37 所示。

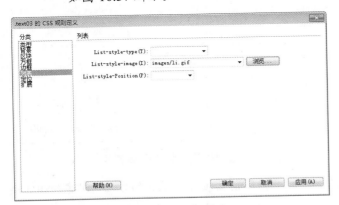

图 10.37 设置列表参数

Step 7 依照前面步骤1至步骤3的方法，创建text04

类规则，设置 Font-size 参数为 11，Color 为 "深灰"(#333)，然后单击【确定】按钮，如图 10.38 所示。

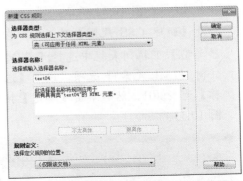

图 10.38 定义另一 CSS 类型

Step 8 在网页上方第一个商品格子右边选取除价格数字之外的文本，在【属性】面板的【目标规则】下拉列表框中选择 text01 规则；再选择价格数字，在【属性】面板的【目标规则】下拉列表框中选择 text02 规则，如图 10.39 所示。

图 10.39 套用 CSS 规则

图 10.39　套用 CSS 规则(续)

Step 9 依照与步骤 8 相同的方法，为网页上方其他商品格子中的文本套用相同的 CSS 规则(如图 10.40 所示)，以形成统一的文本外观效果。

图 10.40　为其他文本套用 CSS 规则

Step 10 在店铺信息区中分行输入文本内容，再选择所输入的文本，在【属性】面板的 HTML 设置中单击【项目列表】按钮 ，如图 10.41 所示。

图 10.41　输入文本并设置项目列表

Step 11 选取列表项目文本，在【属性】面板的【目

标规则】下拉列表框中选择 text03 选项，如图 10.42 所示。

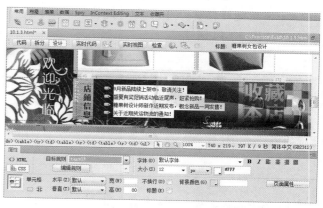

图 10.42　为其他文本套用 CSS 规则

Step 12 依照与步骤 8 相同的方法，为网页下方第一个商品格子的商品信息文本套用 text01 规则；再选择价格数字，为其套用 text02 规则，如图 10.43 所示。

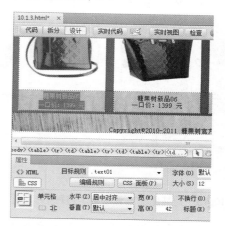

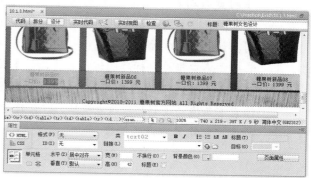

图 10.43　套用不同 CSS 规则

接着选择商品信息的第一行，在【属性】面板的【链接】文本框中输入#符号，为其设置空链接并产生相应的链接外观样式，如图 10.44 所示。

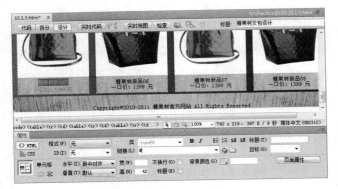

图 10.44　设置链接

 依照步骤 12 和步骤 13 的方法，为网页下方其他商品格子中的文本套用相同的 CSS 规则并设置空链接，结果如图 10.45 所示。

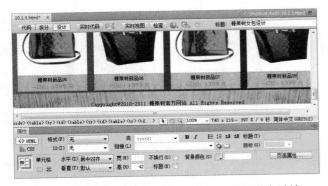

图 10.45　为其他文本套用 CSS 规则并设置空链接

 在网页布局表格最下方单元格内选取版权信息，通过【属性】面板为其套用 text04 规则，如图 10.46 所示。

 选择"热卖推荐"标题图像，在【属性】面板中单击【矩形热点工具】按钮 □，在图像右下角拖动绘制矩形热点区域，如图 10.47 所示，制作更多产品链接。

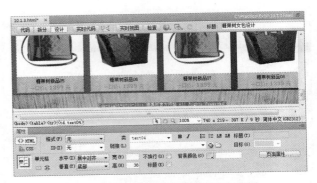

图 10.46　为版权信息套用 CSS 规则

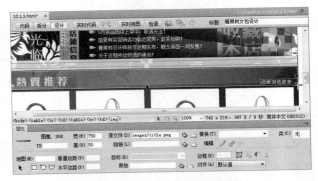

图 10.47　绘制图像热点区域链接

10.1.4　页面特效设计

完成网店主页面的内容编辑后，下面将根据页面内容布局特点，为横幅图像和收藏本店图像添加互动效果，同时插入一个 Spry 菜单，产生一个可展开子菜单的网站导航条，设计结果如图 10.48 所示。

页面特效设计的操作步骤如下。

 打开本书光盘中的 "..\Example\Ex10\10.1.4.html" 文档，选择网页上的横幅插图，按 Shift+F4 快捷键打开【行为】面板，单击【添加行为】按钮 +，打开下拉菜单并选择【效果】|【显示/渐隐】命令，如图 10.49 所示。

 打开【显示/渐隐】对话框，设置【效果持续时间】参数为 2000 毫秒，选择【效果】为【显示】，并设置【渐隐自】和【渐隐到】参数为 100%和 10%，再选中【切换效果】复选框，最后单击【确定】按钮，如图 10.50 所示。

图 10.49　新建 CSS 规则

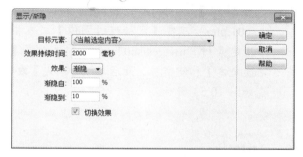

图 10.50　设置"显示"效果

Step 3 在【行为】面板中修改行为事件为 onMouseOver，如图 10.51 所示。

图 10.51　修改行为事件

Step 4 定位光标在收藏本店空白单元格内，在【插入】面板中展开【图像】下拉菜单，选择【鼠标经过图像】命令，如图 10.52 所示。

图 10.48　网店主页特效设计效果

图 10.52　插入鼠标经过图像

Step 5 打开【插入鼠标经过图像】对话框，在【原始图像】文本框中指定素材 "images/sc01.png"，在【鼠标经过图像】文本框中指定素材 "images/sc02.png"，再设置【替换文本】和空链接，最后单击【确定】按钮，如图 10.53 所示。

图 10.53　设置鼠标经过图像

Step 6 定位光标在网页左上方黑色单元格内，切换【插入】面板至 Spry 分类，单击【Spry 菜单栏】按钮，如图 10.54 所示。

图 10.54　插入 Spry 菜单栏

Step 7 打开【Spry 菜单栏】对话框，选择【水平】单选按钮，然后单击【确定】按钮，如图 10.55 所示。

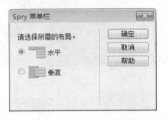

图 10.55　选择布局

Step 8 选择新插入的 Spry 菜单栏，在【属性】面板中选择【项目 1】，在其子项目栏中依次选择各子项目，然后在上方单击【删除菜单项】图示按钮 ，如图 10.56 所示。

图 10.56　删除子菜单项

Step 9 依照步骤 8 的方法，再选择【项目 3】的【项目 3.1】，然后将两个子项目删除，如图 10.57 所示。

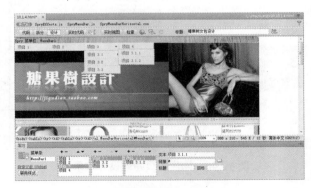

图 10.57　删除其他子项目

Step 10 选择【项目 1】，在右边【文本】文本框中修改为 "< 返回首页"，如图 10.58 所示。

图 10.58 编辑项目文本

Step 11 依照步骤 10 的操作方法，依次修改其他菜单项目以及子项目的文本内容，结果如图 10.59 所示。

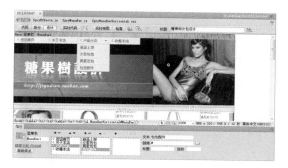

图 10.59 编辑其他项目文本

Step 12 按 Shift+F11 快捷键，打开【CSS 样式】面板，在面板中展开 SpryMenuBarHorizontal.css 样式表，再选择其中的 ul.MenuHorizontal a 样式，在面板下方 background 栏展开色盘，选择黑色(#000)，如图 10.60 所示。

图 10.60 修改样式背景颜色

Step 13 在下一行的 colro 栏展开色盘，选择褐色(#960)，如图 10.61 所示。

图 10.61 修改样式字体颜色

Step 14 选择 ul.MenuBarHorizontal a:hover, ul MeunBar Horizontal a:focus 样式，在面板下方 background 栏展开色盘，选择黑色(#000)，如图 10.62 所示。

图 10.62 修改另一样式背景颜色

Step 15 选择该样式文本中名称最长的样式项目，然后在面板下方 background 栏展开色盘，选择黑色(#000)，如图 10.63 所示。

图 10.63 修改名称最长样式的背景颜色

Step 16 选择 ul.MenuBarHorizontal li 样式，在面板下方 width 栏设置参数为 110px(如图 10.64 所示)，修改各菜单项目宽度，完成本例操作。

图 10.64 编辑 "ul.MenuBarHorizontal li" CSS 样式的背景

10.2 网站留言区设计

本例介绍如何设计网站留言区模块，学习在页面中显示留言信息、将表单信息添加到数据库、转到详细页面以及记录集导航等操作，通过这些操作的学习，进一步掌握 Dreamweaver 的动态网页设计技巧。

1. 模块结构分析与成果预览

图 10.65 所示为本例留言区模块结构图，整个留言区模块由"新增留言"和"详细留言信息"两个部分组成。其中，浏览者可通过"新增留言"页面新增留言信息，新增留言成功后将显示留言成功发布的信息，然后返回留言区主页；浏览者也可以进入"显示留言信息"页面查看某一条留言信息详细内容并作回复，回复后将返回"详细留言信息"页面。

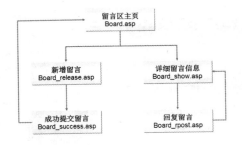

图 10.65 留言区功能模块结构图

下面先通过浏览器预览本例留言区模块的设计效果。打开留言区主页面 Board.asp，可看到以分页的形式显示了所有留言，每一条留言包括标题、留言人和留言时间，并通过下方的导航按钮切换显示更多留言信息，如图 10.66 所示。

若浏览者想发表留言信息，可在页面上单击"我要留言!"按钮进入新增留言的页面 Board_release.asp，通过该页面的表单填写留言信息，然后单击【发布】按钮，随之显示成功发布留言的提示页面，如图 10.67 所示。

图 10.66 留言区模块主页

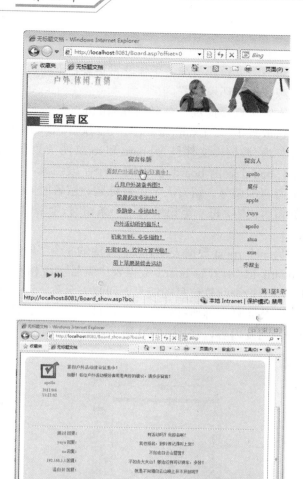

图 10.67　新增留言信息

图 10.68　显示留言信息

在显示成功发布留言的提示页面中单击"返回"链接文本后，将返回到留言区主页面。若想查看某一条留言的详细内容，可单击留言标题，进入显示留言以及其回复内容的页面 Board_show.asp，如图 10.68 所示。

若想在 Board_show.asp 页面中回复该留言，可单击"我要回复"链接文本，进入回复留言页面 Board_rpost.asp。该页面的上方显示了所回复留言的具体内容，下方则是回复表单，可在表单中直接填写回复人名称和回复信息，然后单击【回复】按钮，随后返回同一留言的详细页面，如图 10.69 所示。

图 10.69　回复留言

2. 数据源与设计环境配置

动态网页设计前准备工作非常重要，下面将介绍数据源和设计环境配置。

本实例直接提供一个名为 board.mdb 的数据库文件，它放置于"..\Example\Ex10\10.2\board\Database"文件夹内。数据库文件包含 board 和 rpost 两个数据表。其中，board 表由 board_前缀的 5 个字段组成，用于记录留言的编号、留言人、留言标题、留言时间和详细的留言内容，每一笔记录表示一条留言，如图 10.70 所示。

另一个 rpost 数据表由 rpost_前缀的 3 个字段和一个 board_id 字段(与 board 数据表中编号字段相同)组成，用于记录回复信息的编号、回复人名称、回复内容，以及回复内容所针对的留言项目，每一行记录代表一个回复内容，如图 10.70 所示。

图 10.70　本例数据库分析

在环境配置方面，请先将实例光盘中的"..\Example\Ex10\10-2\Board"文件夹复制到本地电脑 C 盘，再为系统 IIS 组件设置【物理路径】为"C:\Board"，如图 10.71 所示。详细的操作方法可参考本书第 2.2.4 小节内容。

图 10.71　设置 IIS 主目录

接着通过"控制面板"的"管理工具"打开"数据源 (ODBC)"程序，指定本例的数据库文件 board.mdb，如图 10.72 所示。详细的操作方法可参考本书第 9.2.2 小节内容。

打开 Dreamweaver CS5 程序定义动态网站，主要设置【站点】和【服务器】两项，其中，设置【站点名称】为 board，【本地站点文件夹】为"C:\Board\"，如图 10.73 所示。

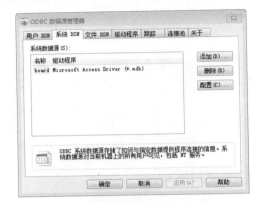

图 10.72　指定 ODBC 数据源

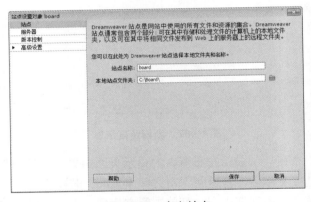

图 10.73　定义站点

在"服务器"设置中添加名为 Board 的新服务器，在基本设置中，设置【服务器名称】为 board，【连接方法】为【本地/网络】，【服务器文件夹】为"C:\Board"，Web URL 为"http://localhost:8081/"；而在高级设置中，主要设置测试服务器类型为 ASP VBScript，如图 10.74 所示。

接着在 Dreamweaver CS5 中选择【窗口】|【数据库】命令，打开【数据库】面板。单击图示按钮⊕，打开下拉菜单，选择【数据源名称(DSN)】命令，打

开【数据源名称(DSN)】对话框。在【连接名称】文本框中输入名称 board，在【数据源名称】下拉列表框中选择"board"，最后单击【确定】按钮，如图 10.75 所示。

图 10.74　定义本地网站

图 10.75　连接数据源

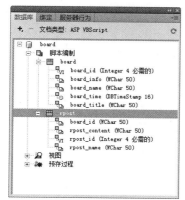

10.2.1　制作留言区主页

留言区主页(Board.asp)显示所有的留言项目，由于单个页面篇幅有限，因此将以分页方式呈现留言信息。制作该页将用到添加数据字段到网页、建立重复区域、记录集分页和记录集导航条以及转到详细页面等网页动态行为。

制作留言区主页的操作步骤如下。

Step 1　通过【文件】面板打开 Board.asp 文件，按 Ctrl+F10 快捷键打开【绑定】面板，单击 图示按钮打开下拉菜单，选择【记录集(查询)】命令，如图 10.76 所示。

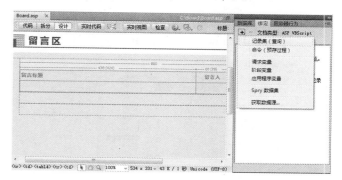

图 10.76　绑定记录集

Step 2　打开【记录集】对话框，设置【名称】、【连接】和【表格】都为 board，在【排序】下拉列表框中选择 board_id 选项，并设置其排序为【升序】，然后单击【确定】按钮，如图 10.77 所示。

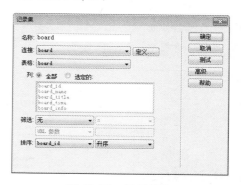

图 10.77　设置绑定

Step 3　在【绑定】面板中展开记录集，拖动 board_title 字段到左边表格"留言标题"下方的单元格中，如图 10.78 所示。

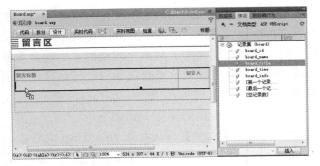

图 10.78　为网页添加字段

Step 4　依照步骤 3 的方法，再分别为表格中的"留言人"和"留言时间"下方单元格添加字段 board_name 和 board_time，如图 10.79 所示。

图 10.79　添加其他字段

Step 5　选择"留言标题"下方单元格中的字段，然后切换至【服务器行为】面板，单击 ➕ 图示按钮，打开下拉菜单，选择【转到详细页面】命令，如图 10.80 所示。

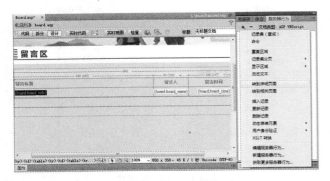

图 10.80　添加服务器行为

Step 6　打开【转到详细页面】对话框，在【详细信息页】文本框中指定 Board_Show.asp 文件，并在【记录集】下拉列表框中指定 board 选项，在【列】下拉列表框中选择 board_id 选项，然后单击【确定】按钮，如图 10.81 所示。

图 10.81　设置转换到详细页面

Step 7　将光标移至添加字段的单元格左侧，单击选择整行单元格，在【服务器行为】面板中单击 ➕ 图示按钮，打开下拉菜单，选择【重复区域】命令，如图 10.82 所示。

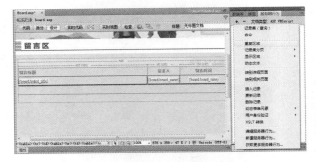

图 10.82　插入重复区域行为

Step 8　打开【重复区域】对话框，选择【记录集】为 board，设置显示 8 条记录，然后单击【确定】按钮，如图 10.83 所示。

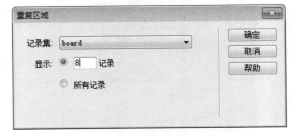

图 10.83　设置重复区域

Step 9 定位光标在记录集字段下方的单元格内,切换【插入】面板至【数据】选项卡,单击【记录集分页】按钮打开下拉菜单,选择【记录集导航条】命令,如图 10.84 所示。

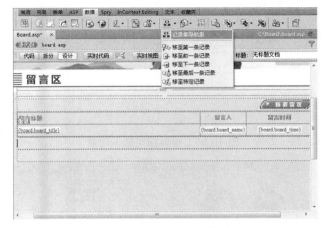

图 10.84　插入记录集导航条

Step 10 打开【记录集导航条】对话框,选择【记录集】为 board,再选择【显示方式】为【图像】,然后单击【确定】按钮,如图 10.85 所示。

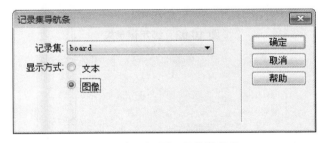

图 10.85　设置记录集导航条

Step 11 插入记录集导航条后,其上方自动空出一行,拖动选取该行再按 Delete 键,将其删除,如图 10.86 所示。

Step 12 定位光标于表格最下方一行,在【插入】面板中单击【记录集导航状态】按钮,如图 10.87 所示。

Step 13 打开【记录集导航条状态】对话框,选择 board 选项,然后单击【确定】按钮,如图 10.88 所示。

图 10.86　删除多余行

图 10.87　修改记录集导航状态文本

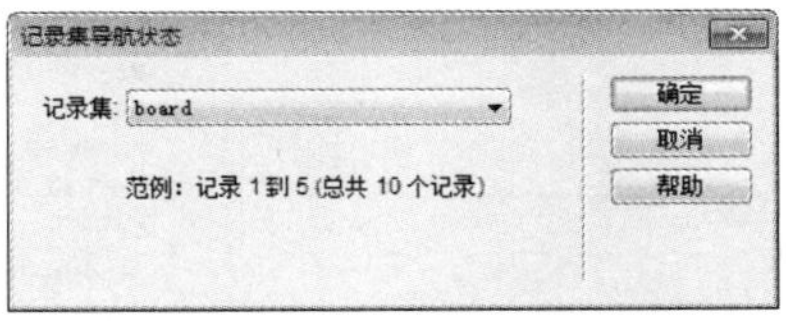

图 10.88　设置记录集导航条状态

Step 14 插入记录集导航状态后,将原本的状态内容修改为中文"第(字段)至(字段)条留言(总共(字段)条留言)",完成 Board.asp 页面的制作,如图 10.89 所示。

图 10.89　修改记录集导航状态文本

10.2.2　制作留言发布和显示页面

留言发布页面(Board_release.asp)主要用于提供发布留言，在已完成网页表单制作的基础上，主要将通过插入记录行为，将页面所收集的信息提交到数据库；留言显示页面(Board_show.asp)将显示留言信息和针对留言所发布的回复信息，其制作则是通过添加记录集字段来完成。

制作留言发布和显示页面的操作步骤如下。

Step 1 打开 Board_release.asp 文档，按 Ctrl+F9 快捷键打开【服务器行为】面板，单击面板上的 ➕ 图示按钮打开下拉菜单，选择【插入记录】命令，如图 10.90 所示。

图 10.90　添加服务器行为

Step 2 打开【插入记录】对话框，设置【连接】和【插入到表格】都为 board，在【插入后，转到】文本框中指定 Board_Success.asp 素材文件，然后单击【确定】按钮，如图 10.91 所示。

Step 3 打开 Board_show.asp 文档，按 Ctrl+F10 快捷键打开【绑定】面板，单击 ➕ 图示按钮打开下拉菜单，选择【记录集(查询)】命令，如图 10.92 所示。

Step 4 打开【记录集】对话框，设置【名称】、【连接】和【表格】都为 board，在【筛选】下拉列表框中选择 board_id 选项，并在下一下拉列表中选择【URL 参数】选项，再输入

board_id 内容，然后单击【确定】按钮，如图 10.93 所示。

图 10.91　设置指定插入记录

图 10.92　绑定记录集

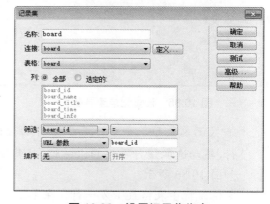

图 10.93　设置记录集绑定

Step 5 依照步骤 3 和步骤 4 的方法，再绑定记录 rpost，设置【连接】为 board，再指定【表格】为 rpost，然后在【筛选】下拉列表中选择 board_id 选项，并在下一下拉列表中选

择【URL 参数】选项，再输入 board_id 内容，如图 10.94 所示。

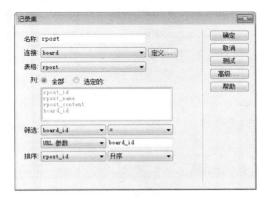

图 10.94　绑定另一记录集

Step 6 打开记录集，拖动 board_name 字段到表格第一列的图标下方单元格内，如图 10.95 所示。

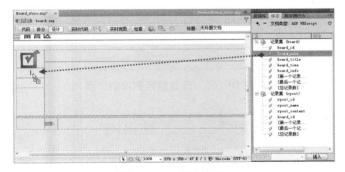

图 10.95　添加字段

Step 7 依照步骤 6 的操作，分别在分界线上方单元格中再添加字段 board_time、board_title 和 board_info，在分界面下方的单元格中添加字段 rpost_name 和 rpost_content，结果如图 10.96 所示。

Step 8 将光标移至分界线下面一行的单元格左侧，单击选择整行单元格，然后切换至【服务器行为】面板，单击 ➕ 图示按钮打开下拉菜单，选择【重复区域】命令，如图 10.97 所示。

图 10.96　添加记录集字段

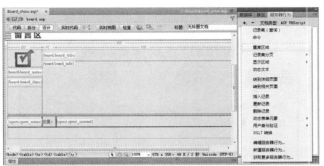

图 10.97　添加重复区域行为

Step 9 打开【重复区域】对话框，选择【记录集】为 rpost，再设置显示 5 条记录，然后单击【确定】按钮，如图 10.98 所示。

图 10.98　插入记录集导航条

Step 10 定位光标在记录集字段下方的单元格中，切换【插入】面板至【数据】选项卡，单击【记录集分页】按钮打开下拉菜单，选择【记录集导航条】选项，如图 10.99 所示。

Step 11 打开【记录集导航条】对话框，选择【记录集】为 rpost，再选择【显示方式】为【文本】，然后单击【确定】按钮，如图 10.100 所示。

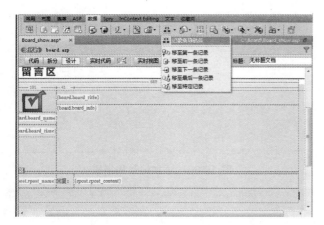

图 10.99　插入记录集导航条

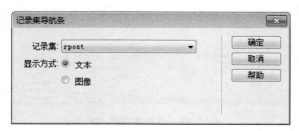

图 10.100　设置记录集导航条

Step 12 插入记录集导航条后，其上方自动空出一行，拖动选取该行再按 Delete 键将其删除，如图 10.101 所示。

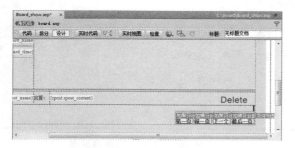

图 10.101　删除多余行

Step 13 定位光标在记录集导航条下一行单元格，输入文本"我要回复>>"，然后切换至【服务器行为】面板，单击 ➕ 图示按钮打开下拉菜单，选择【转到详细页面】命令，如图 10.102 所示。

Step 14 打开【转到详细页面】对话框，在【详细信息页】文本框中指定 Board_rpost.asp 文件，并在【记录集】下拉列表框中指定 board 选

项，在【列】下拉列表框中选择 board_id 选项，然后单击【确定】按钮，完成 Board_show.asp 页面的制作，如图 10.103 所示。

图 10.102　添加服务器行为

图 10.103　设置转换到详细页面

10.2.3　制作留言回复页面

留言回复页面(Board_rpost.asp)中将显示所回复留言的详细内容以及一个简单的表单，以用于输入回复信息。制作该页面需要添加多个字段，同时添加插入记录集行为，其回复信息将插入到 rpost 数据表，下面将详细介绍整个操作过程。

制作留言回复页面的操作步骤如下。

Step 1 打开 Board_rpost.asp 文档，再按 Ctrl+F10 快捷键打开【绑定】面板，单击 ➕ 图示按钮打开下拉菜单，选择【记录集(查询)】命令，如图 10.104 所示。

Step 2 打开【记录集】对话框，设置【名称】、【连接】和【表格】都为 board，在【筛选】下拉列表框中选择 board_id 选项，并在下一下拉列表中选择【URL 参数】选项，再输入

board_id 内容，然后单击【确定】按钮，如图 10.105 所示。

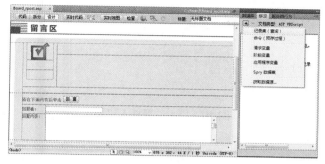

图 10.104　绑定记录集

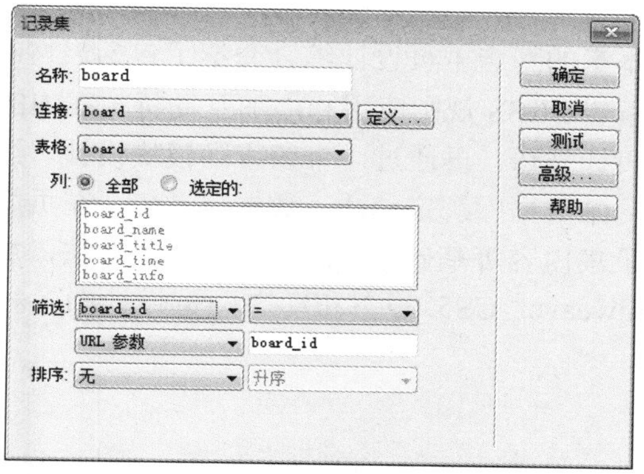

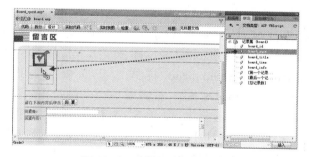

图 10.105　设置记录集绑定

Step 3　展开记录集，拖动 board_name 字段到表格第一列的图标下方单元格内，如图 10.106 所示。

图 10.106　添加记录集字段

Step 4　依照步骤 3 的操作，分别在其他单元格中再添加字段 board_time、board_title 和 board_info，结果如图 10.107 所示。

图 10.107　添加其他记录集字段

Step 5　定位光标于文本区域元件右边，切换【插入】面板至【表单】选项卡，单击【隐藏域】按钮，如图 10.108 所示。

图 10.108　插入"隐藏域"对象

Step 6　选择"隐藏域"元件，通过【属性】面板命名为 board_id，再单击【值】文本框后的图示按钮，如图 10.109 所示。

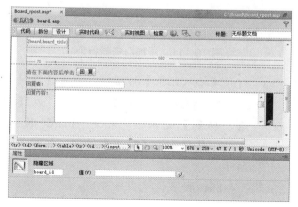

图 10.109　设置"隐藏域"对象属性

Step 7 打开【动态数据】对话框，在【域】列表框中选择 board_id 字段，然后单击【确定】按钮，如图 10.110 所示。

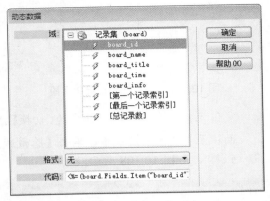

图 10.110　设置动态数据

Step 8 切换至【服务器行为】面板，单击面板上的 ➕ 图示按钮打开下拉菜单，选择【插入记录】命令，如图 10.111 所示。

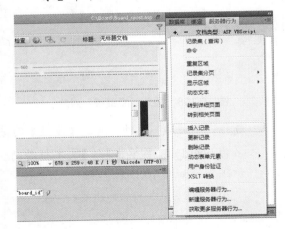

图 10.111　添加服务器行为

Step 9 打开【插入记录】对话框，设置【连接】为 board、【插入到表格】为 rpost，在【插入后，转到】文本框中指定 Board_show.asp 文件，然后单击【确定】按钮，如图 10.112 所示。

至此，本例留言区模块设计完成。

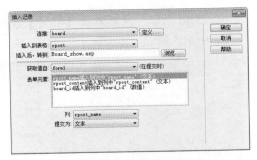

图 10.112　设置插入记录

10.3　章后总结

本章的网店主页设计综合介绍了包括表格编排、图文编辑、CSS 规则应用和添加互动特效在内的静态网页设计技巧，再通过一个留言区模块设计，综合介绍了网站数据库绑定、插入数据记录集、在页面上显示记录集内容等基础的 ASP 动态设计方法，加强了 Dreamweaver CS5 静态和动态网页设计的各种应用操作。

10.4　章后实训

本章实训题要求为网页中的 Spry 菜单栏修改菜单文本颜色，再修改显示子菜单的箭头符号，以及隐藏下拉菜单的外边框。

操作方法如下：打开练习文档，按 Shift+F11 快捷键打开【CSS 样式】面板，在面板中展开 SpryMenuBarHorizontal.css 样式表，选择其中的 ul.MenuBarItemSubmenu 样式。在面板下方选择 background-images 栏，右侧显示一个浏览图示按钮 📁，打开【选择图像源文件】对话框，指定 "..\Example\Ex10\10.4\SpryAssets\10.4.png" 素材文件；再选择 SpryMenuBarHorizontal.ul 样式，然后单击面板下方的【编辑样式】按钮 ✏️，打开 CSS 规则编辑对话框，在【边框】选项卡中选择 Style 为 none，最后再修改 "SpryMenuBarHorizontal.a" 的 Color 为白色(#FFF)。整个操作流程如图 10.113 所示。

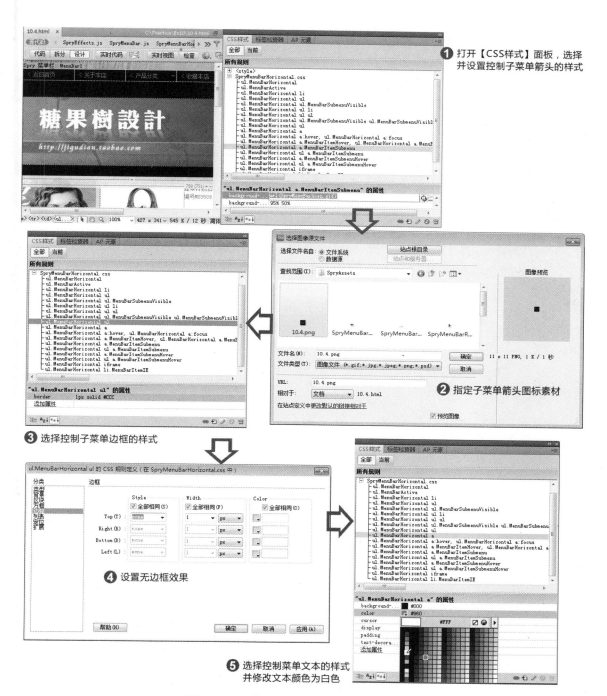

① 打开【CSS样式】面板，选择
并设置控制子菜单箭头的样式

② 指定子菜单箭头图标素材

③ 选择控制子菜单边框的样式

④ 设置无边框效果

⑤ 选择控制菜单文本的样式
并修改文本颜色为白色

图 10.113　修改 Spry 菜单外观的操作流程

第11章

案例设计——企业网站

本章通过一个企业网站的整站设计，体验静态+动态的一站式设计案例，综合本书前面各章所学的知识，贯通融合 Dreamweaver CS5 各项网站设计功能，更完整地学习所有网站及网页设计技巧。

本章学习要点

➢ 网站架构及设计准备
➢ 静态网页制作
➢ 社区公告模块设计

11.1　网站架构及设计准备

本实例将从无到有，设计一个包括静态网页、动态网页以及其他页面支持文件等文件类型的"糖果树科技"企业网站。如图 11.1 所示为整站设计完成后的最终成果。

图 11.1　"糖果树科技"整站设计成果

本节先通过网站内各页面成果展示、设计前准备工作的介绍，为后续的页面设计操作建立基础。

11.1.1　成果展示

下面先就本章整站设计成果进行展示、首先是静态网页部分，分别有 index.html、about.html、product.html 和 contact.html 四个页面。图 11.2 所示为糖果树科技的首页"index.html"，其中的内容从上到下包括页头、选项卡式的案例展示区、业务宣传区、新闻活动区和页尾，其中页头和页尾会在网站中每个页面中都有显示。

图 11.2　网站首页

about.html 为公司简介页面，其中主要以文本显示介绍糖果树科技公司的文本资料，如图 11.3 所示。

图 11.3　公司简介页面

product.html 为公司产品案例展示页，包括上方的产品报价和下方的案例展示，如图 11.4 所示。

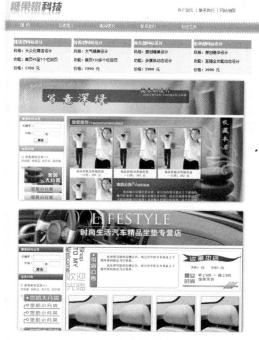

图 11.4　产品案例展示页面

contact.html 为联系我们页面，其中主要为企业联系资料和便捷联系方式，如图 11.5 所示。

图 11.5　联系我们页面

动态页面部分主要为了实现糖果树科技社区公告系统，用于提供企业管理者发布各类公告信息，同时提供所有访客浏览。动态页面主要包括 candytree.asp、content.asp、login.asp、lfail.asp、admin.asp、issue.asp、amend.asp、del.asp 八个页面。图 11.6 所示为社区公告系统结构图。

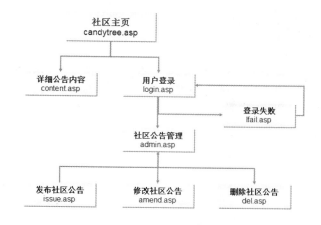

图 11.6　社区公告系统结构图

打开社区主页 candytree.asp 文件，如图 11.7 所示。页面上显示了已发布的公告，浏览者可通过此页面进一步浏览公告详细内容和发布公告；而作为网站的管理员，还可以在登录后对已发布的公告进行修改或删除管理。

图 11.7　社区公告主页

单击某一项公告标题，可进入详细内容页面 content.asp，如图 11.8 所示。该页面将显示公告类型与标题、时间、公告人和具体内容，浏览完后，可单击下方的"返回"链接，返回社区主页面。

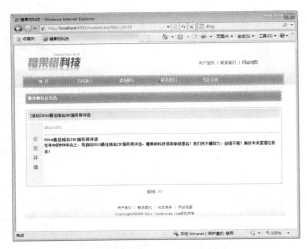

图 11.8　公告详细页面

在公告区主页，浏览者单击右上方的"公告管理"链接，将打开 login.asp 页面，网站管理者可在此页面通过账号和密码登录，从而管理公告信息，如图 11.9 所示。

图 11.9　公告管理登录页面

若是登录账号和密码无误，将登录社区公告页面 admin.asp，该页面与社区主页相似，如图 11.10 所示。不同之处在于公告管理页面拥有发布、修改和删除三项管理功能。

若是在登录页面中输入错误的账号名称或密码，将打开如图 11.11 所示的错误提示页面，管理用户可单击"返回登录"链接，返回登录页面。

当管理人员需要发布新公告时，可在管理页面右上方单击"发布公告"链接，打开如图 11.12 所示的公告发布页面 issue.asp。输入相关的公告内容后单击

【发布】按钮即可返回管理页面，或取消公告发布，单击下方的"返回"链接返回管理页面。

图 11.10　公告登录页面

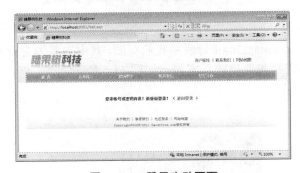

图 11.11　登录失败页面

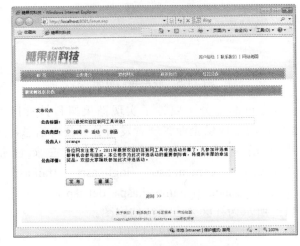

图 11.12　公告发布页面

若需要修改某一项公告，可在相应的公告项目后单击"修改"链接，进入公告修改页面 amend.asp，如图 11.13 所示。通过该页面可修改公告标题、类型和详细内容，完成后将返回管理区页面。

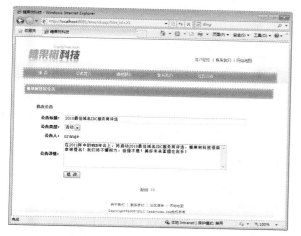

图 11.13　公告修改页面

若想删除某一项多余公告，可在对应的公告项目后单击"删除"链接，进入公告删除页面 del.asp。其中显示了公告的详细信息，单击【确认删除】按钮便可将公告删除，并返回管理区页面，如图 11.14 所示。

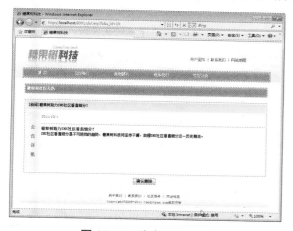

图 11.14　公告删除页面

11.1.2　定义并管理网站

首先通过 Dreamweaver CS5 定义网站，在本地电脑的硬盘空间中新建文件夹并指定为网站，接着在网站中新建所需的文件夹和文件，然后将附书光盘中的素材文件复制到网站中对应的位置。图 11.15 所示为定义并管理网站后的结果。

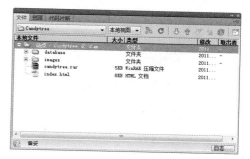

图 11.15　定义并管理网站文件的结果

定义并管理网站的操作步骤如下。

Step 1　打开 Dreamweaver CS5 程序，按 F8 功能键打开【文件】面板，单击面板上方的"管理站点"链接，如图 11.16 所示。

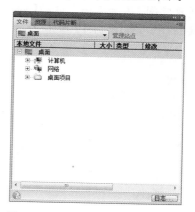

图 11.16　单击"管理站点"链接

Step 2　打开【管理站点】对话框，单击【新建】按钮，如图 11.17 所示。

图 11.17　新建网站

251

Step 3　打开网站定义对话框，在【站点】设置中先输入站点名称，再单击【本地站点文件夹】文本框后的浏览按钮 📁，如图 11.18 所示。

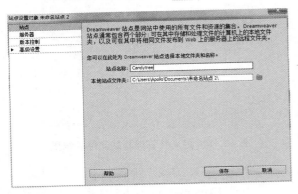

图 11.18　输入网站名称

Step 4　打开【选择根文件夹】对话框，指定保存的硬盘空间，然后单击上方的【创建新文件夹】按钮 📁，如图 11.19 所示。

图 11.19　新建文件夹

Step 5　新建文件夹后输入与网站相同的名称，然后单击【打开】按钮，如图 11.20 所示。

Step 6　打开新文件夹后，单击【选择】按钮，如图 11.21 所示。

Step 7　返回网站定义对话框，在左侧选择【服务器】项目，单击添加按钮 ➕，如图 11.22 所示。

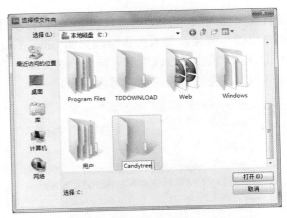

图 11.20　输入文件夹名称

图 11.21　选择本地文件夹

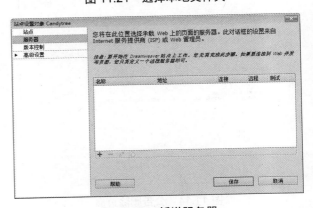

图 11.22　新增服务器

Step 8　显示服务器设置对话框，在【基本】设置中输入服务器名称，选择连接方法为【本地/网络】，再输入 Web URL 为 "http://localhost:8081/"，然后单击【服务器文件夹】文本框后的浏览按钮 📁，如图 11.23 所示。

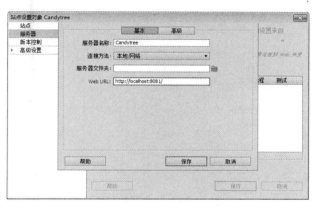

图 11.23　设置服务器名称

Step 9 打开【选择文件夹】对话框，指定网站文件夹，然后单击【选择】按钮，如图 11.24 所示。

Step 10 在服务器设置对话框中切换到【高级】选项卡，选择服务器类型为 ASP VBScript，然后单击【保存】按钮，如图 11.25 所示。

图 11.24　指定服务器文件夹

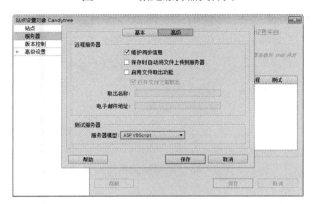

图 11.25　选择服务器类型

Step 11 新增服务器项目后，在【测试】栏选中新增的服务器，再单击【确定】按钮，如图 11.26 所示。

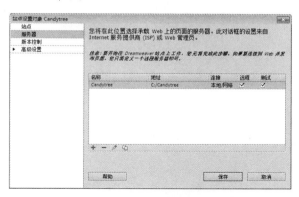

图 11.26　测试服务器

Step 12 返回【管理站点】对话框，可看到新增的网站，单击【确定】按钮，完成定义站点的操作，如图 11.27 所示。

图 11.27　完成定义网站

Step 13 在【文件】面板中选择新建的网站，右击展开下拉菜单，从中选择【新建文件夹】命令，如图 11.28 所示。

图 11.28　新建网站文件夹

Step 14　新建网站文件夹呈现命名状态，输入名称为 images，再按 Enter 键确认，如图 11.29 所示。

图 11.29　设置文件夹名称

Step 15　以相同的操作再为网站新建文件夹 database，如图 11.30 所示。

图 11.30　新建另一网站文件夹

Step 16　再次右击网站文件夹展开快捷菜单，选择【新建文件】命令，如图 11.31 所示。

Step 17　新建的网站文件呈现命名状态，输入名称为 index.html，如图 11.32 所示。

Step 18　将本书光盘中的 "..\Example\Ex11\source\pic\" 文件夹中所有图像文件复制至新建网站的 images 文件夹，再复制 "..\Example\Ex11\source\candytree.rar" 文件至新建网站根目录文件夹，结果如图 11.33 所示。

图 11.31　新建网站文件

图 11.32　输入文件名称

图 11.33　复制网站素材资料

图 11.33　复制网站素材资料(续)

11.1.3　建立数据库文件

本小节通过 Access 程序建立企业网站的社区公告系统的数据库文件，并将数据库文件保存在网站的 database 文件夹中。图 11.34 所示为建立网站数据的结果。

图 11.34　新建数据库的结果

建立数据库文件的操作步骤如下。

Step 1　单击桌面左下角的【开始】按钮，从弹出的菜单中选择【所有程序】| Microsoft Office | Microsoft Office Access 2003 命令，打开 Access 程序，如图 11.35 所示。

Step 2　打开 Microsoft Access 窗口后，选择【文件】| 【新建】命令，打开【新建文件】窗格后，单击【空数据库】链接文本，如图 11.36 所示。

图 11.35　启动 Access 2003 程序

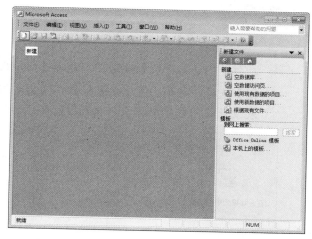

图 11.36　打开【新建文件】工作窗格

Step 3　打开【文件新建数据库】对话框，指定数据库文件保存的目录并设置数据库文件名称，然后单击【创建】按钮即可，如图 11.37 所示。

Step 4　返回 Microsoft Access 窗口，可看到数据库编辑与管理工作区。在数据库窗口中单击【新建】按钮，如图 11.38 所示。

255

图 11.37　创建数据库文件

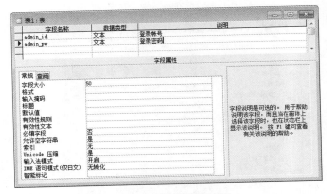

图 11.40　编辑数据字段

Step 7 选择 admin_id 字段，然后右击展开下拉菜单，从中选择【主键】命令，将登录账号字段设置为数据表主键，如图 11.41 所示。

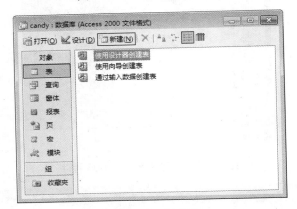

图 11.38　创建表

Step 5 在打开的【新建表】对话框中选择【设计视图】选项，并单击【确定】按钮，以便通过表设计视图创建数据表，如图 11.39 所示。

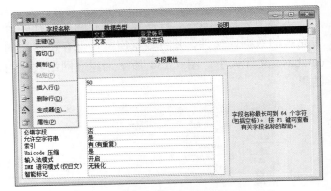

图 11.41　设置主键

Step 8 单击【关闭】按钮，弹出对话框后，单击【是】按钮保存数据表，如图 11.42 所示。

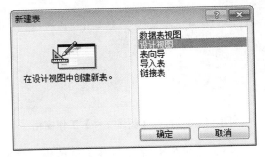

图 11.39　打开设计视图

Step 6 打开表的编辑窗口，建立 admin_id 和 admin_pw 两个文本类型的数据字段，如图 11.40 所示。

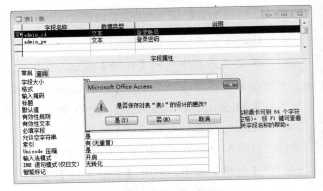

图 11.42　保存表设计

Step 9 弹出【另存为】对话框后，设置数据表名称，最后单击【确定】按钮，如图 11.43 所示。

图 11.43　输入保存名称

Step 10　返回数据库窗口，单击【新建】按钮后打开【新建表】对话框，选择【设计视图】选项后再单击【确定】按钮，如图 11.44 所示。

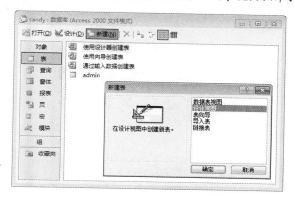

图 11.44　新建另一数据表

Step 11　打开数据表编辑窗口，分别建立 bbs_id、bbs_name、bbs_title、bbs_time、bbs_style 和 bbs_info，并设置对应的数据类型，结果如图 11.45 所示。

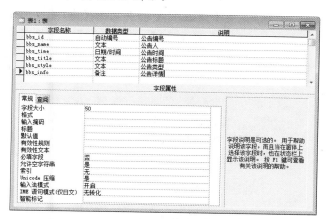

图 11.45　编辑另一数据表数据字段

Step 12　选择 bbs_time 字段，在下面【常规】设置中设置【默认值】为 Date()，如图 11.46 所示。

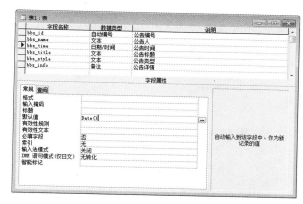

图 11.46　设置字段默认值

Step 13　选择 bbs_id 字段，右击展开下拉菜单，从中选择【主键】命令，将公告编号字段设置为数据表主键，如图 11.47 所示。

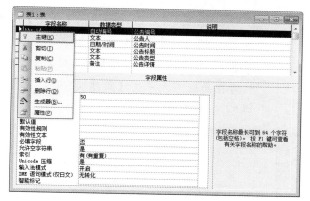

图 11.47　设置另一数据表主键

Step 14　单击【关闭】按钮，弹出对话框后，单击【是】按钮保存数据表，如图 11.48 所示。

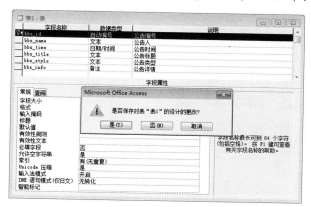

图 11.48　保存另一数据表

Step 15 弹出【另存为】对话框后输入数据表名称，最后单击【确定】按钮，如图 11.49 所示。

图 11.49 输入另一数据表保存名称

11.1.4 建立 CSS 样式文件

为了统一网站内各页面文本的外观，将为网站建立 CSS 样式文件，以便网页随时调用 CSS 规则，所建立的 CSS 样式文件同样会保存在网站文件夹中，如图 11.50 所示为建立 CSS 样式文件的结果。

建立 CSS 样式文件的操作步骤如下。

Step 1 在 Dreamweaver CS5 起始页的【新建】栏单击 CSS 项目，如图 11.51 所示。

Step 2 按 Shift+F11 快捷键打开【CSS 样式】面板，然后在面板下方单击【新建 CSS 规则】按钮，如图 11.52 所示。

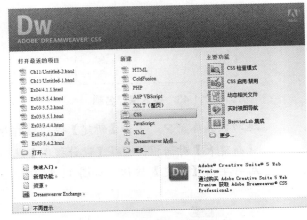

图 11.51 新建 CSS 文档

图 11.52 新建 CSS 规则

Step 3 打开【新建 CSS 规则】对话框，在【选择器类型】下拉列表框中选择【类(可应用于任何 HTML 元素)】选项，设置【选择器名称】为 text01，然后单击【确定】按钮，如图 11.53 所示。

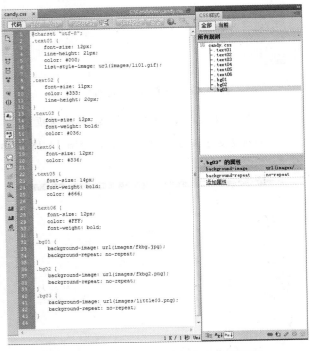

图 11.50 建立 CSS 数据表文件的结果

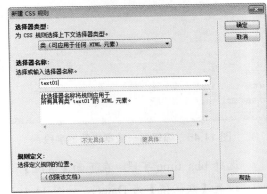

图 11.53 新建 text01 规则

Step 4 打开 CSS 规则定义对话框，在默认的【类型】选项卡中设置 Font-size 参数为 12、Line-height 参数为 21、Color 为"黑色"(#000)，然后单击【确定】按钮，如图 11.54 所示。

Step 5 在【分类】列表框中选择【列表】选项，然后单击 List-style-image 下拉列表框后的【浏览】按钮，如图 11.55 所示。

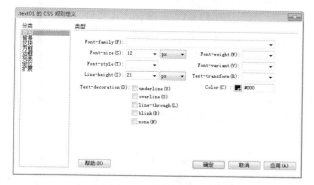

图 11.54　设置类型分类

Step 6 打开【选择图像源文件】对话框，指定本书光盘中的"..\candytree\images\li01.gif"素材文件，然后依次单击【确定】按钮，如图 11.56 所示。

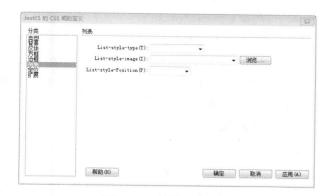

图 11.55　设置列表分类

Step 7 随之弹出提示框，提供保存文件以创建正确的路径，单击【确定】按钮即可，如图 11.57 所示。

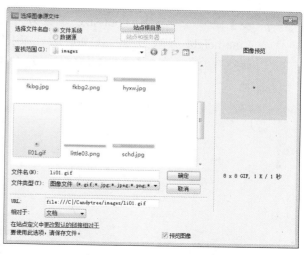

图 11.56　指定素材图像

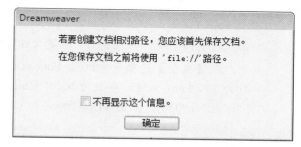

图 11.57　确认提示

Step 8 在【CSS 样式】面板下方单击【新建 CSS 规则】按钮，打开【新建 CSS 规则】对话框，输入【选择器名称】为 text02，再单击【确定】按钮，如图 11.58 所示。

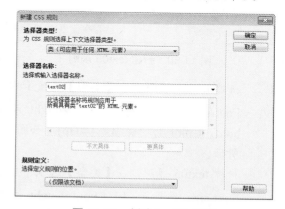

图 11.58　新建 text02 规则

Step 9 打开 CSS 规则定义对话框，在默认的【类型】选项卡中设置 Font-size 参数为 11、Line-height 参数为 20、Color 为"深灰"(#333)，然后单击【确定】按钮，如图 11.59 所示。

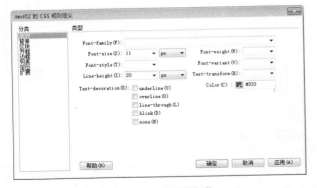

图 11.59　设置分类

Step 10　依照与前面步骤相同的操作，新建 text03 规则，在【类型】选项卡中设置 Font-size 参数为 12、Font-weight 参数为 bold、Color 为"深蓝"(#036)，如图 11.60 所示。

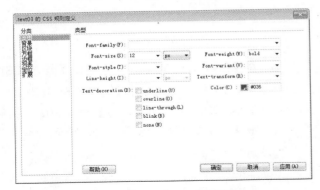

图 11.60　新建 text03 规则

Step 11　新建 text04 规则，在【类型】选项卡中设置 Font-size 参数为 12、Font-Weight 参数为 bold、Color 为"深蓝"(#036)，如图 11.61 所示。

Step 12　新建 text05 规则，在【类型】选项卡中设置 Font-size 参数为 14、Font-weight 参数为 bold、Color 为"灰色"(#666)，如图 11.62 所示。

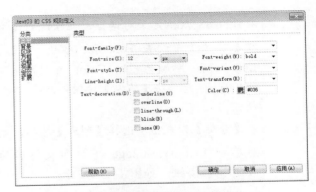

图 11.61　新建 text04 规则

图 11.62　新建 text05 规则

Step 13　新建 text06 规则，在【类型】选项卡中设置 Font-size 参数为 12、Font-weight 参数为 bold、Color 为"白色"(#FFF)，如图 11.63 所示。

Step 14　新建 bg01 规则，在【背景】选项卡中指定 Background-image 为 "…\candytree\images\fkbg.jpg"素材文件，选择 Background-repeat 为 no-repeat，如图 11.64 所示。

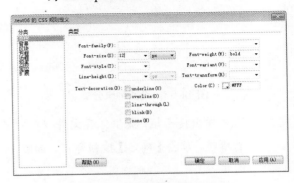

图 11.63　新建 text06 规则

图 11.64　新建 bg01 规则

Step 15　新建 bg02 规则，在【背景】选项卡中指定 Background-image 为 "…\candytree\images\fkbg2.jpg" 素材文件，选择 Background-repeat 为 no-repeat，如图 11.65 所示。

图 11.65　新建 bg02 规则

 Step 16　新建 bg03 规则，在【背景】选项卡中指定 Background-image 为 "..\Example\Ex11\images\little03.jpg 素材文件，选择 Background-repeat 为 no-repeat，如图 11.66 所示。

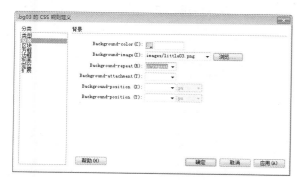

图 11.66　新建 bg03 规则

 Step 17　完成所需的 CSS 规则定义后，选择【文件】|【保存】命令，打开【另存为】对话框。指定网站文件夹并命名文件，然后单击【保存】按钮，如图 11.67 所示。

图 11.67　保存文件

11.1.5　动态环境设置

完成创建所需的网站文件后，下面通过【控制面板】的管理工具设置 IIS 物理路径，并指定 ODBC 数据源，完成动态网站环境设置。

动态环境设置的操作步骤如下。

Step 1　单击桌面左下角的【开始】按钮，从弹出的菜单中选择【控制面板】命令，如图 11.68 所示。

图 11.68　选择【控制面板】命令

Step 2 打开【控制面板】窗口，在窗口右上方选择
【查看方式】为【大图标】，然后单击【管理工具】图标，如图 11.69 所示。

图 11.69　打开管理工具

Step 3 在打开的【管理工具】窗口中双击【Internet 信息服务(IIS)管理器】，打开新版的 IIS 管理器项目，如图 11.70 所示。

图 11.70　打开 IIS

Step 4 在窗口左侧展开选择 Default Web Site 项目，在右边的操作区中单击【基本设置】项目，如图 11.71 所示。

图 11.71　打开基本设置

Step 5 打开【编辑网站】对话框，单击【物理路径】文本框后的【浏览】按钮，如图 11.72 所示。

图 11.72　设置默认文件

Step 6 打开【浏览文件夹】对话框，选择网站文件 Candytree，再单击【确定】按钮，如图 11.73 所示。

图 11.73　打开 ODBC 数据源

Step 7　返回【管理工具】窗口，双击【数据源(ODBC)】项目，如图 11.74 所示。

图 11.74　添加 ODBC 数据源

 Step 8　打开【ODBC 数据源管理器】对话框，切换到【系统 DSN】选项卡，单击【添加】按钮，如图 11.75 所示。

Step 9　打开【创建新数据源】对话框，在列表框中选择 Microsoft Access Driver(*.mdb)项目，单击【完成】按钮，如图 11.76 所示。

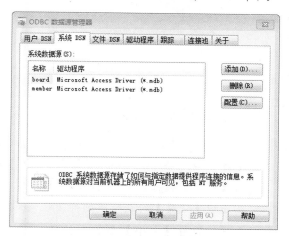

图 11.75　选择数据源的驱动程序

 Step 10　打开【ODBC Microsoft Access 安装】对话框后，输入数据源名称，然后单击【选择】按钮，如图 11.77 所示。

图 11.76　设置数据源名称

图 11.77　选择数据库

 Step 11　打开【选择数据库】对话框后，选择数据库文件(..\candytree\database\member.mdb)，如图 11.78 所示。然后单击【确定】按钮关闭所有对话框。

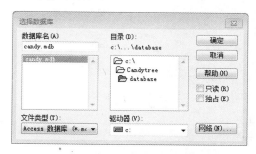

图 11.78　选择数据库文件

11.2　静态网页制作

本例整站设计中静态网页部分包括 index.html、

about.html、product.html 和 contact.html 四个文件，本节将介绍这四个页面的设计过程。

11.2.1　设计网页布局

为了使同一个网站中的网页具有相同的外观风格，将使用相同的布局外观。本小节将制作网站首页的布局，初步完成页面的页头和页尾外观设计，如图 11.79 所示。同时，该布局设计也将应用到网站内其他的网页。

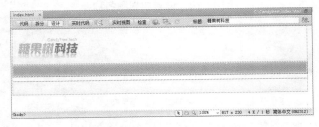

图 11.79　页面布局规划效果

设计页面布局的操作步骤如下。

Step 1　按 F8 功能键打开【文件】面板，双击打开 index.html 文件，如图 11.80 所示。

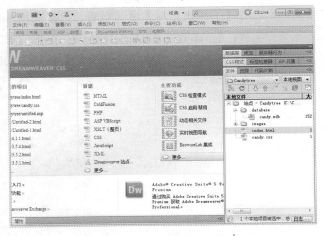

图 11.80　新建网页文件

 Step 2　选择【修改】|【页面属性】命令，打开【页面属性】对话框，如图 11.81 所示。

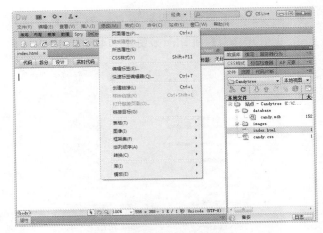

图 11.81　设置页面属性

Step 3　在【页面属性】对话框默认显示的【外观(CSS)】选项卡中设置【左边距】和【上边距】参数都为 0，在【重复】下拉列表中选择 repeat-x 选项，然后在【背景图像】文本框后单击【浏览】按钮，如图 11.82 所示。

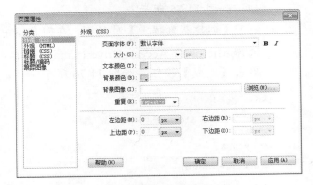

图 11.82　设置左上边距

Step 4　打开【选择图像源文件】对话框，在 images 文件夹中选择 topbg.jpg 图像素材，然后单击【确定】按钮，如图 11.83 所示。

Step 5　在左边【分类】列表框中选择【链接(CSS)】选项，设置【大小】参数为 12，再分别设置【链接颜色】、【已访问链接】和【活动链接】链接状态颜色为灰色(#666)，设置【变换图像链接】颜色为深灰(#333)，然后在【下划线样式】下拉列表框中选择【始终无下划线】选项，如图 11.84 所示。

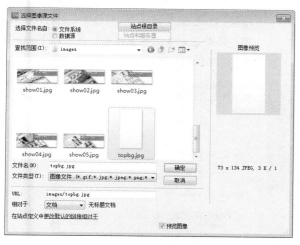

图 11.83 指定图像素材

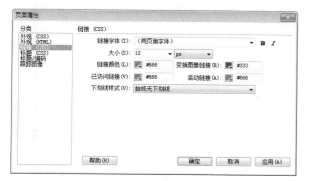

图 11.84 设置链接属性

 在左边【分类】列表框中选择【标题/编码】选项，在【标题】文本框中输入网页标题，在【编码】下拉列表框中选择【简体中文(GB2312)】选项，然后单击【确定】按钮，如图 11.85 所示。

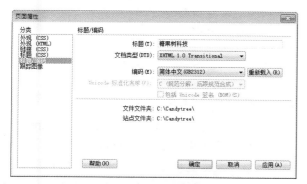

图 11.85 设置标题和编码

Step 7 定位光标在网页中，在【插入】面板【常用】分类中单击【表格】按钮，如图 11.86 所示。

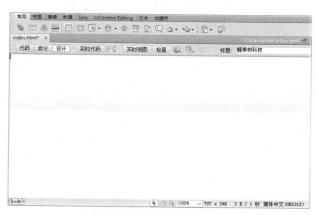

图 11.86 单击【表格】按钮

Step 8 打开【表格】对话框，设置【行数】和【列】为 3 和 1，再设置【表格宽度】为 800 像素，【边框粗细】、【单元格边距】和【单元格间距】参数都为 0，然后单击【确定】按钮，如图 11.87 所示。

图 11.87 设置表格

Step 9 定位光标在表格第一行单元格中，在【属性】面板中设置【高】参数为 134，如图 11.88 所示。

Step 10 定位光标在表格第三行单元格中，在【属性】

面板中设置【高】参数为 38，设置【水平】对齐为【居中对齐】，如图 11.89 所示。

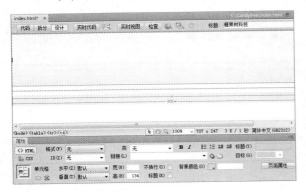

图 11.88　设置单元格高度

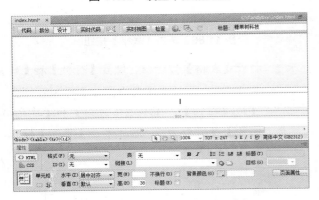

图 11.89　设置单元格高度与对齐

Step 11　定位光标在第一行，在文档工具栏中单击【拆分】按钮，然后在"代码"模式中找到相应的位置，如图 11.90 所示。

图 11.90　在代码模式中定位

Step 12　定位光标在同一行代码的 <td> 标签中，按

Enter 键展开下拉菜单，选择 background 选项，接着显示【浏览】选项，再次按 Enter 键，如图 11.91 所示。

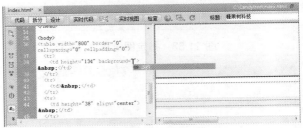

图 11.91　设置背景图像

Step 13　打开【选择文件】对话框，指定 "..\candytree\images\top.png" 素材文件，然后单击【确定】按钮，如图 11.92 所示。

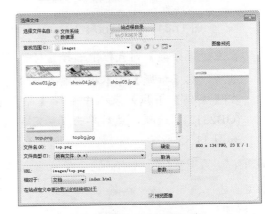

图 11.92　指定素材图像

Step 14　根据步骤 11 至 13 的操作，接着为第三行单元格指定 "..\candytree\images\bottom.png" 素材文件作为背景，如图 11.93 所示。

Step 15　单击表格边框选取整个表格，在【属性】面板的【对齐】下拉列表框中选择【居中对齐】选项，如图 11.94 所示。

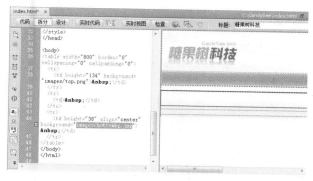

图 11.93　设置第三行背景

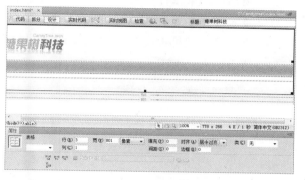

图 11.94　设置表格对齐

11.2.2　网站首页图文编辑

完成网站首页的布局设计后，本小节接着为网页编排文本及图片，主要包括页头的链接文本、业务介绍和行业新闻等内容，编辑结果如图 11.95 所示。

图 11.95　首页图文编辑结果

网站首页图文编辑的操作步骤如下。

Step 1　按 Shift+F11 快捷键打开【CSS 样式】面板，单击面板下方的【附加样式表】按钮，如图 11.96 所示。

图 11.96　附加样式表

Step 2　打开【链接外部样式表】对话框，单击【文件/URL】下拉列表框后的【浏览】按钮，如图 11.97 所示。

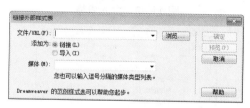

图 11.97　浏览样式表

Step 3　打开【选择样式表文件】对话框，选择保存在网站文件夹内的 candy.css 文件，然后单击【确定】按钮，如图 11.98 所示。

Step 4　定位光标在表格第一行单元格，在【插入】面板【常用】分类中单击【表格】按钮，如图 11.99 所示。

Step 5　打开【表格】对话框，设置【行数】和【列】为 3 和 2，再设置【表格宽度】为 800 像素，【边框粗细】、【单元格边距】和【单元格间距】参数都为 0，然后单击【确定】按钮，如图 11.100 所示。

图 11.98 指定样式表文件

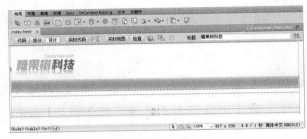

图 11.99 插入表格

图 11.100 设置表格

Step 6 定位光标在左上单元格，在【属性】面板中设置【宽】参数为 520，【高】参数为 70，如图 11.101 所示。

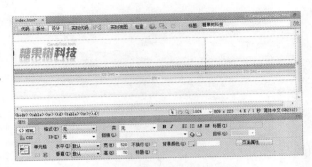

图 11.101 设置单元格宽和高

Step 7 拖动选取第三行单元格，在【属性】面板中设置【高】参数为 35，再单击【合并所选单元格，使用跨度】按钮，如图 11.102 所示。

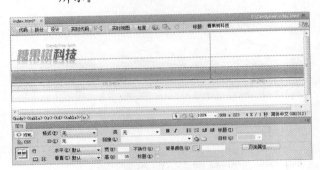

图 11.102 合并单元格并设置高度

Step 8 依照步骤 4 的方法，在表格第二行单元格插入 7 行 1 列的表格，其设置如图 11.103 所示。

图 11.103 插入 7 行 1 列表格

Step 9 定位光标在新插入表格的第四行，在【属性】

面板中设置【高】参数为 133，再单击文档工具栏的【拆分】按钮，在 "代码" 模式中找到对应位置，在同一行代码的 `<td>` 标签中输入 background="images/midd.png"，如图 11.104 所示。

Step 10 再依照与前面步骤的相同方法，在同一单元格插入 2 行 2 列的表格，其设置如图 11.105 所示。

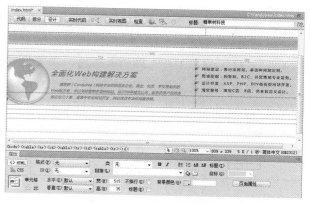

图 11.106　设置单元格宽和高

图 11.104　设置单元格背景

Step 11 根据前面步骤的方法，为新插入的表格左上单元格设置宽和高分别为 515 和 98，为左下单元格设置宽和高分别为 515 和 35，结果如图 11.106 所示。

图 11.107　插入 2 行 3 列表格

Step 13 分别设置新插入表格第三行的第一和第三列单元格宽度为 395，并套用 bg01 CSS 规则，结果如图 11.108 所示。

图 11.105　插入 2 行 2 列的表格

Step 12 在步骤 8 所插入的 7 行 1 列表格的第 6 行单元格插入 2 行 3 列的表格，其设置如图 11.107 所示。

图 11.108　设置单元格宽度并套用 CSS 规则

Step 14　在新插入的表格左下单元格中插入宽度为370的1行1列表格,其设置如图11.109所示。

Step 15　定位光标在1行1列的表格内,在【属性】面板中设置高度为190,如图11.110所示。

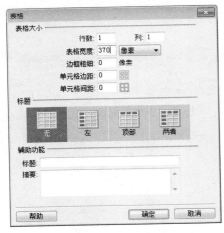

图 11.109　插入 1 行 1 列表格

Step 16　以相同的步骤在右下单元格内中插入另一个相同的1行1列的表格,结果如图11.111所示。

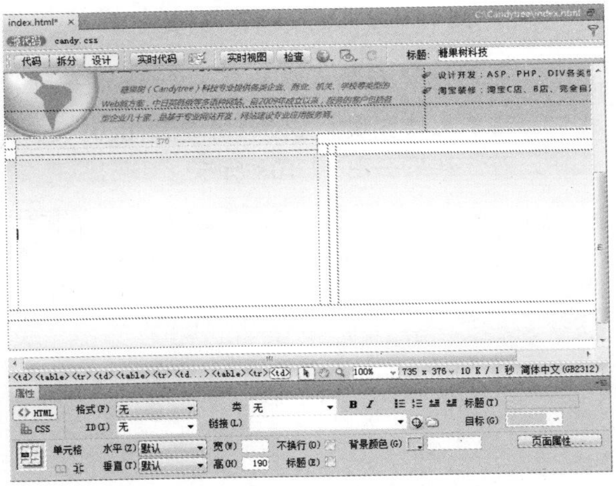

图 11.110　设置表格单元格高度

Step 17　定位光标在网页页头表格的右上单元格,输入一组链接文本,并套用 text04 规则,如图11.112所示。

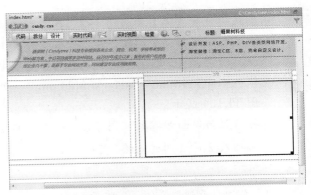

图 11.111　插入并设置另一表格

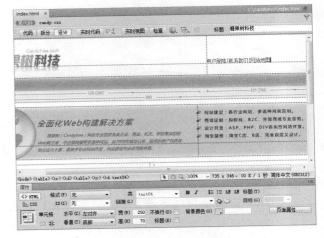

图 11.112　输入文本

Step 18　定位光标在第一项文本与第二项文本之间,通过【插入】面板的【文本】分类,展开【字符】下拉菜单,选择【不换行空格】命令,如图11.113所示。

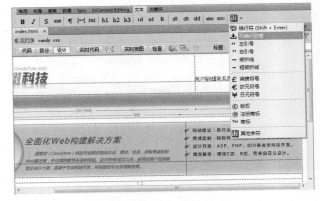

图 11.113　插入空格

Step 19 根据步骤 18 的操作方法，插入其他空格以便隔开各链接项目，结果如图 11.114 所示。

Step 20 拖动选取第一项链接文本，在【属性】面板的【链接】文本框中输入链接文件 login.asp，如图 11.115 所示。

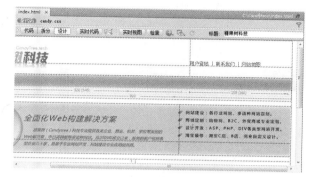

图 11.114　插入其他空格

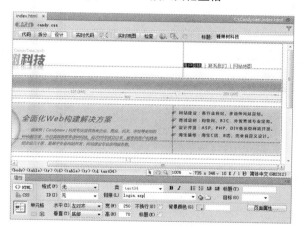

图 11.115　设置文本链接

Step 21 打开素材文件"..\Example\Ex11\source\text.txt"，按 Ctrl+C 快捷键复制如图 11.116 所示的文本内容。

Step 22 定位光标在如图 11.117 所示的网页左下方空白单元格中，按 Ctrl+V 快捷键粘贴上素材文件。

Step 23 定位光标在第二行文本前面，按退格键(←)，将文本退回第一行，再按 Enter 键换行，接着以相同操作依次为各行文本进行换行处理，如图 11.118 所示。

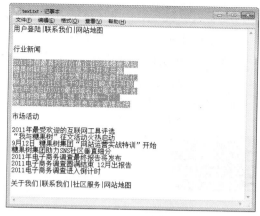

图 11.116　复制素材文件

图 11.117　粘贴文本

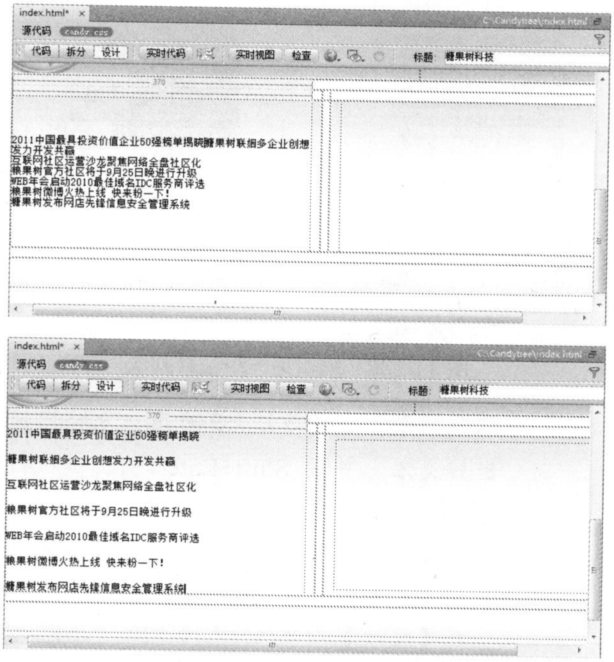

图 11.118　文本换行

Step 24　拖动选取换行后所有文本，在【属性】面板
中单击【项目列表】按钮 ，再套用 text01
规则，如图 11.119 所示。

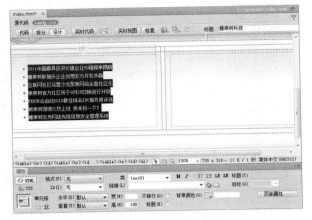

图 11.119　设置项目列表

Step 25　依照步骤 21 至 24 的操作方法，为网页右下
方空白单元格编辑另一组项目表格文本，结
果如图 11.120 所示。

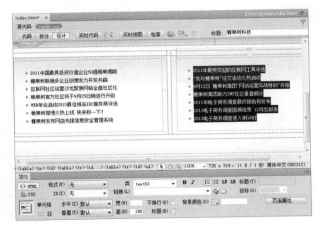

图 11.120　编辑另一组项目列表

Step 26　依照前面步骤的方法，在页尾区表格内输入
链接文本，并按 Shift+Enter 快捷键执行断
行，再输入一组版权信息，如图 11.121 所示。

Step 27　定位光标在版权信息文本，通过【插入】面
板的【文本】分类，展开【字符】下拉菜单，
选择【版权】命令(如图 11.122 所示)，插入
版权符号。

图 11.121　输入页尾文本

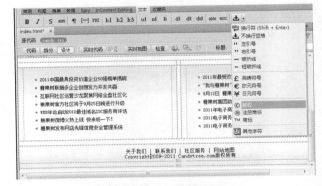

图 11.122　插入版权符号

Step 28　拖动选取页尾区所有文本；在【属性】面板
中设置【类】为 text02 规则，如图 11.123
所示。

Step 29　定位光标在项目列表上方的空白单元格内，
在【插入】面板的【常用】分类中单击【图
像：图像】按钮 ，如图 11.124 所示。

Step 30　打开【选择图像源文件】对话框，在网站中
的 images 文件夹中选择 hywx.jpg 素材文件，
然后单击【确定】按钮，如图 11.125 所示。

图 11.123　为文本套用 text02 规则

 依照步骤 29 到步骤 30 的操作方法，在另一组项目列表上方空白单元格内插入素材图像 schd.jpg，结果如图 11.126 所示。

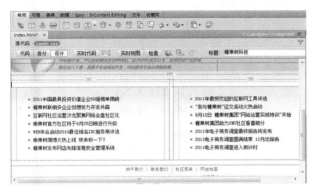

图 11.124　插入图像

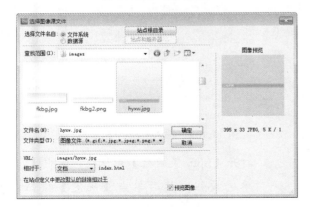

图 11.125　选择图像

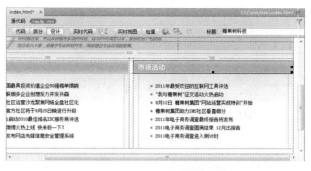

图 11.126　插入其他素材图像

11.2.3　制作网站导航条与下载按钮

本小节将接续前一小节的操作，通过"Spry 菜单栏"功能制作网站的导航条，同时添加一个可下载企业资料的文件下载链接的互动按钮，结果如图 11.127 所示。

图 11.127　使用 CSS 美化页面的结果

制作网站导航条与下载按钮的操作步骤如下。

 定位光标在企业业务宣传区右下单元格内，在【插入】面板中展开【图像】下拉菜单，选择【鼠标经过图像】命令，如图 11.128 所示。

Step 2 打开【插入鼠标经过图像】对话框，单击【原始图像】文本框后的【浏览】按钮，如

图 11.129 所示。

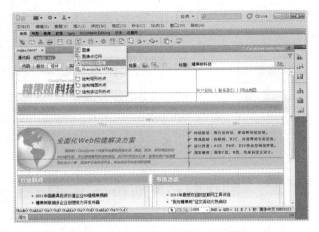

图 11.128　插入鼠标经过图像

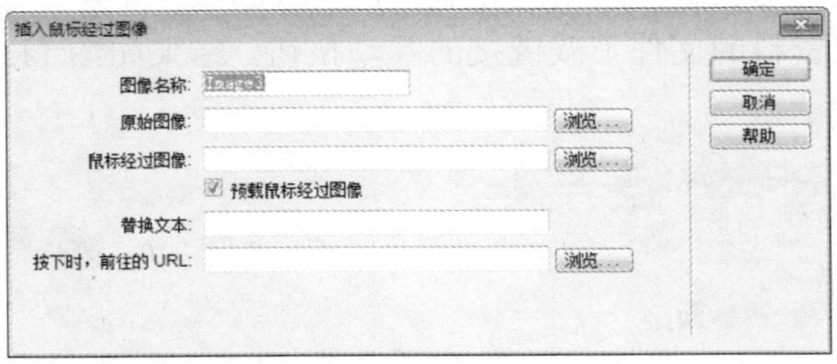

图 11.129　浏览原始图像

Step 3　打开【原始图像】对话框，选择素材图像 "images/djxz01.png"，然后单击【确定】按钮，如图 11.130 所示。接着再以相同操作指定【鼠标经过图像】为 "images/djxz02.png" 素材图像。

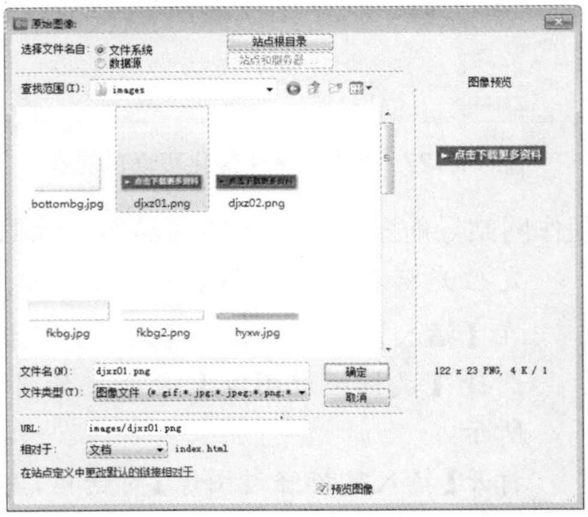

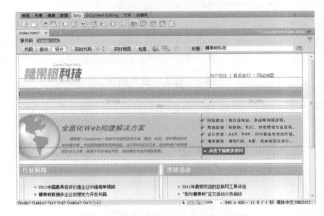

图 11.130　指定素材图像

Step 4　单击【按下时，前往的 URL】文本框后的【浏览】按钮，打开【单击后，转到 URL】对话框，选择 candytree.rar 文件，然后依次单击【确定】按钮，如图 11.131 所示。

图 11.131　设置文件链接

Step 5　定位光标在页首蓝色背景的空白单元格内，切换【插入】面板至 Spry 分类，单击【Spry 菜单栏】按钮，如图 11.132 所示。

图 11.132　插入 "Spry 菜单栏"

Step 6　打开【Spry 菜单栏】对话框，选中【水平】单选按钮，然后单击【确定】按钮，如图 11.133 所示。

Step 7　选择新插入的 Spry 菜单栏，在【属性】面板中选择【项目 1】，在其子项目栏中依次选择各子项目，然后单击上方的【删除菜单项】图示按钮 —，删除各子项目，如图 11.134 所示。

图 11.133　选择布局

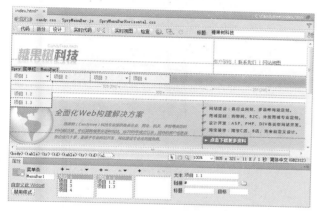

图 11.134　删除子菜单项目

 Step 8 在【属性】面板中选择【项目 3】，在其子项目栏中选择第一个子项目，再单击【删除菜单项】图示按钮 —，弹出提示框，询问是否连同子项目一起删除，单击【确定】按钮，如图 11.135 所示。接着再依次删除其他子项目。

图 11.135　删除其他子项目

Step 9 选择【项目 1】，在右边【文本】文本框中修改为"首页"，并在【链接】文本框中输入首页链接 index.html，如图 11.136 所示。

图 11.136　编辑项目文本

Step 10 依照步骤 9 的操作方法，依次修改其他菜单项目为"公司简介"、"案例展示"和"联系我们"，并分别设置链接为 about.html、product.html 和 contact.html，结果如图 11.137 所示。

图 11.137　编辑其他项目文本

Step 11 接着单击【添加菜单项】图示按钮 +，设置新增菜单文本为"社区公告"，并设置其链接为 candytree.asp，如图 11.138 所示。

图 11.138　修改样式背景颜色

Step 12 按 Shift+F11 快捷键打开【CSS 样式】面板，在面板中展开 SpryMenuBarHorizontal.css 样式表，再选择其中的 ul.MenuHorizontala 样式，在面板下方 background-color 栏展开色盘，选择无颜色项，如图 11.139 所示。

Step 13 接着在下一栏 color 展开色盘，选择深灰色 (#333)，如图 11.140 所示。

Step 14 选择样式文本中名称最长的样式项目，在面板下方的 background-color 栏展开色盘，选择蓝色 (#33C)，如图 11.141 所示。

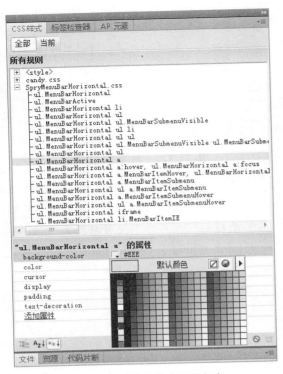

图 11.139　修改样式背景颜色

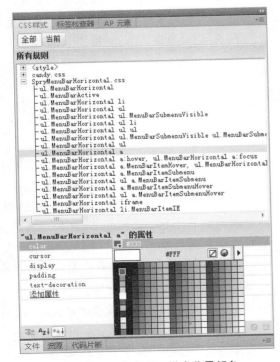

图 11.140　修改另一样式背景颜色

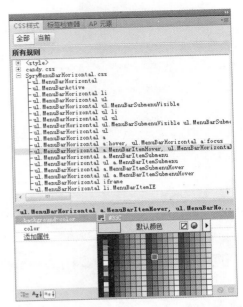

图 11.141　编辑 ul.MenuBarVertical a CSS 样式

Step 15　接着在下一栏 color 展开色盘，选择黑色（#000），如图 11.142 所示。

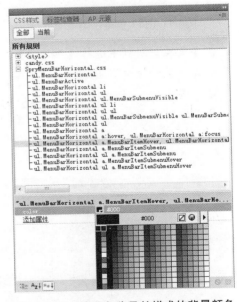

图 11.142　修改名称最长样式的背景颜色

Step 16　选择 ul.MenuBarHorizontal li 样式，在面板下方 text-align 栏选择 center 选项，如图 11.143 所示。

Step 17　选择 SpryMenuBarHorizontal.css 最下方的两

个样式，然后单击下方的【删除 CSS 样式】按钮 🗑，删除这两个样式，如图 11.144 所示。

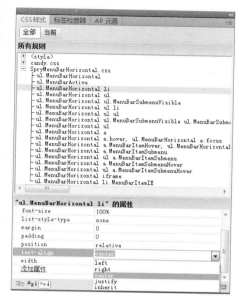

图 11.143　编辑 ul.MenuBarHorizontal li CSS 样式

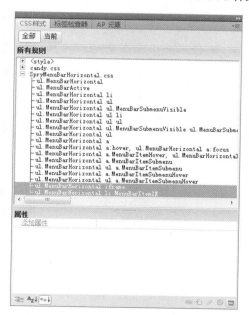

图 11.144　删除多余样式

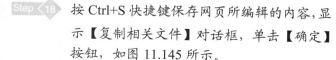
Step 18　按 Ctrl+S 快捷键保存网页所编辑的内容，显示【复制相关文件】对话框，单击【确定】按钮，如图 11.145 所示。

图 11.145　保存文件

11.2.4　制作产品主题选项卡

本小节接着利用"Spry 选项卡式面板"功能，为"糖果树科技"网首页添加一个可互动切换的产品主题选项卡，以便提供丰富的产品信息，同时也使网页呈现精彩的动态特效，如图 11.146 所示。

图 11.146　产品主题选项卡效果

制作 Spry 选项卡面板的操作如下。

Step 1　定位光标在网页页首下方表格的第二行单元格，在 Spry 分类的【插入】面板中单击【Spry 选项卡式面板】按钮，如图 11.147 所示。

图 11.147　插入"Spry 选项卡式面板"

Step 2　插入"Spry 选项卡式面板"对象后，在【属性】面板中的【面板】设置栏上方单击【添加面板】图示按钮，如图 11.148 所示。

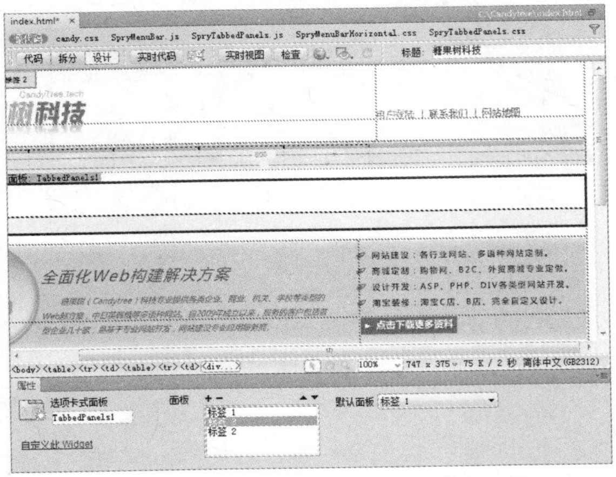

图 11.148　添加面板

Step 3　依照步骤 2 的操作方法，再新增两个面板，结果如图 11.149 所示。

图 11.149　添加其他面板

Step 4　移动光标至"Spry 选项卡式面板"第一个标签文本。单击 图示进入其编辑状态，然后修改标签为"汽车配件案例"，如图 11.150 所示。

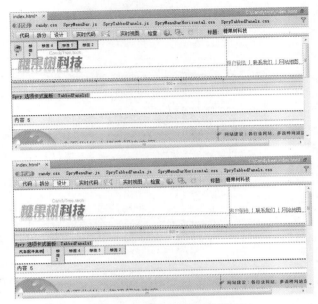

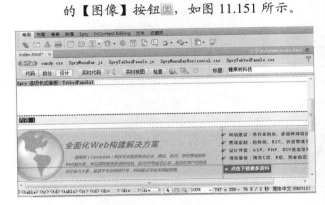

图 11.150　编辑标签项目文本

Step 5　选择第一个面板中的"内容 1"文本，按 Delete 键将其删除，再单击【插入】面板中的【图像】按钮，如图 11.151 所示。

图 11.151　插入图片

Step 6　打开【选择图像源文件】对话框，指定素材文件 show01.jpg，然后单击【确定】按钮，如图 11.152 所示。

Step 7　依照步骤 4 至步骤 6 的方法，分别编辑其他

标签文本，并指定 show02.jpg、show03.jpg、
show04.jpg、show05.jpg 为各标签面板内容，
结果如图 11.153 所示。

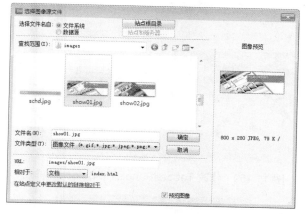

图 11.152 指定图像素材

图 11.153 指定标签面板内容

Step 8 按 Shift+F11 快捷键打开【CSS 样式】面板，
在面板中展开 SpryTabbedPanels.css 样式
表，选择其中的 TabbedPanelsTab 样式项目，
然后在面板下方单击【编辑样式表】按钮
，如图 11.154 所示。

Step 9 打开样式表编辑对话框，默认显示【类型】
分类设置，分别设置大小为 12px，颜色为
白色(#FFF)，如图 11.155 所示。

Step 10 在【分类】列表框中选择【背景】选项，在
Background-color 下拉列表框中设置颜色为
"#00567B"，如图 11.156 所示。

图 11.154 编辑 TabbedPanelsTab CSS 样式

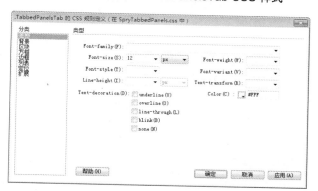

图 11.155 定义字体大小与颜色

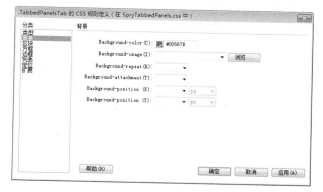

图 11.156 定义背景颜色

Step 11 在【分类】列表框中选择【边框】选项，在
Style 选项组中选中【全部相同】复选框，

再修改 TOP 选项为 none，然后单击【确定】按钮，如图 11.157 所示。

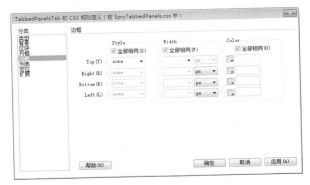

图 11.157　定义无边框

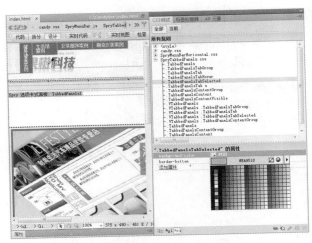

图 11.159　修改 TabbedPanelsTabSelected 样式

Step 12 返回 "CSS 样式" 面板，选择 TabbedPanels TabHover 样式，直接在下方修改 background-color 属性为橙色(#EA9518)，如图 11.158 所示。

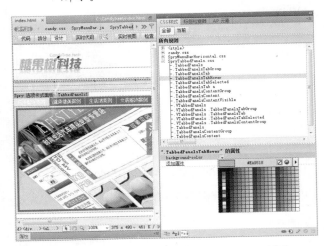

图 11.158　修改 TabbedPanelsTabHover 样式

Step 13 选择 TabbedPanelsTabSelected 样式，在下方修改 background-color 属性为橙色(#EA9518)，如图 11.159 所示。

Step 14 选择 TabbedPanelsContent 样式，在下方修改 padding 参数为 0px，如图 11.160 所示。

Step 15 选择其中的 TabbedPanelsContentGroup 样式项目，然后在面板下方单击【编辑样式表】按钮，如图 11.161 所示。

图 11.160　修改 TabbedPanelsContent 样式

Step 16 在【分类】列表框中选择【边框】选项，在 Style 选项组中选中【全部相同】复选框，再修改 TOP 选项为 none，然后单击【确定】按钮，如图 11.162 所示。

Step 17 按 Ctrl+S 快捷键保存网页所编辑的内容，显示【复制相关文件】对话框，单击【确定】按钮，如图 11.163 所示。

图 11.161　编辑 TabbedPanelsContentGroup 样式

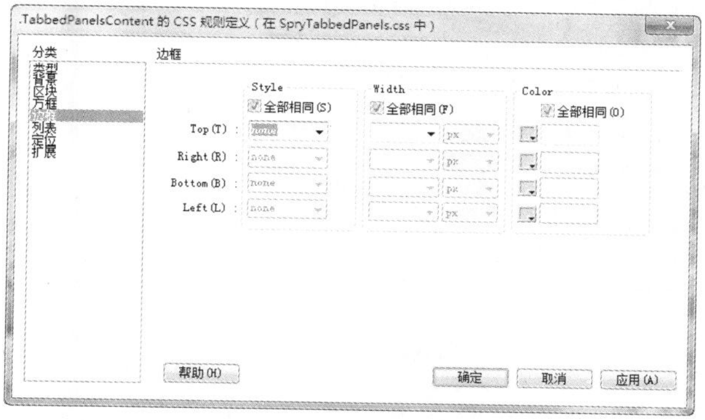

图 11.162　定义无边框

图 11.163　保存文件

11.2.5　制作"公司简介"页面

本小节将通过复制 index.html 文档，再打开进行修改编辑文档内容的方式，快速完成 about.html 公司

简介页面设计，设计结果如图 11.164 所示。

图 11.164　"公司简介"设计结果

制作"公司简介"页面的操作步骤如下。

Step 1　在【文件】面板中右击 index.html 文件，展开快捷菜单并选择【编辑】|【拷贝】命令，如图 11.165 所示。

图 11.165　复制网页

Step 2　右击网站名称展开快捷菜单，选择【编辑】|【粘贴】命令，如图 11.166 所示。

图 11.166　粘贴文件

其删除，如图 11.169 所示。

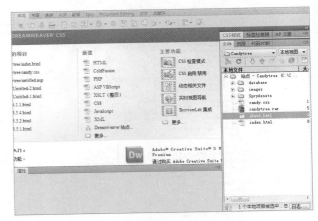

图 11.168　编辑文件

Step 3 粘贴的文件自动处于命名状态，输入名称为 about.html 再按 Enter 键，随之弹出【更新文件】对话框，单击【不更新】按钮，如图 11.167 所示。

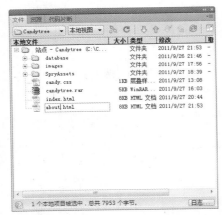

图 11.167　命名文件

Step 4 双击命名后的文件，准备编辑该文件，如图 11.168 所示。

Step 5 选择网页中间包括产品主题选项卡、主营业务宣传区和新闻活动的表格，按 Delete 键将

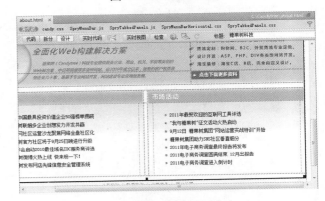

图 11.169　删除网页内容

Step 6 定位光标在删除网页内容后的空白单元格内，在【插入】面板中单击【表格】按钮，如图 11.170 所示。

图 11.170　插入表格

Step 7 打开【表格】对话框，设置【行数】和【列】为 3 和 1，再设置【表格宽度】为 800 像素，【边框粗细】、【单元格边距】和【单元格间距】参数都为 0，然后单击【确定】按钮，如图 11.171 所示。

图 11.171　设置表格

Step 8 定位光标在新插入表格的第二行单元格，在【属性】面板中设置【水平】为【居中对齐】，再设置【垂直】为【居中】，如图 11.172 所示。

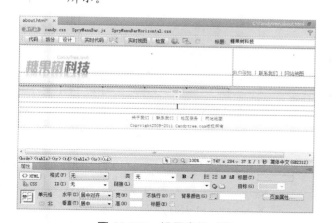

图 11.172　设置表格对齐

Step 9 再依照前面步骤的方法，在第二行单元格插入 2 行 1 列的表格，其设置如图 11.173 所示。

Step 10 定位光标在新插入表格的第一行单元格，在【属性】面板的【类】下拉列表框中选择 bg03，再设置【高】参数为 33，如图 11.174

所示。

图 11.173　插入 2 行 1 列表格

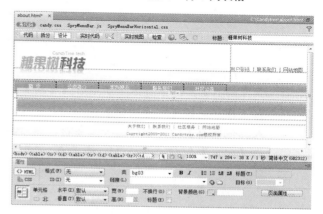

图 11.174　设置第一行单元格

Step 11 定位光标在新插入表格的第二行单元格，在【属性】面板的【类】下拉列表框中选择 bg02，再设置【高】参数为 300，如图 11.175 所示。

图 11.175　设置第二行单元格

Step 12 再次定位光标在第一行单元格,切换【插入】面板至【文本】分类,展开【字符】下拉菜单,选择【不换行空格】命令,如图 11.176 所示。

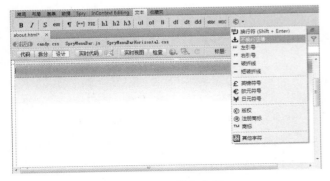

图 11.176 插入空格

Step 13 在【插入】面板中再次单击展开【字符】下拉菜单,选择【其他字符】命令,打开【插入其他字符】对话框。选择—字符,然后单击【确定】按钮,如图 11.117 所示。

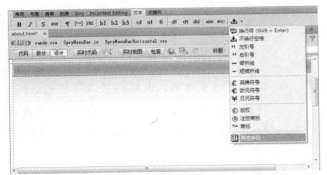

图 11.177 插入其他字符

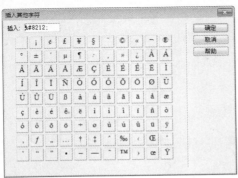

图 11.177 插入其他字符

Step 14 以相同操作再插入同一字符,然后在字符中

间输入文本"公司简介",再通过【属性】面板套用样式为 text04,如图 11.178 所示。

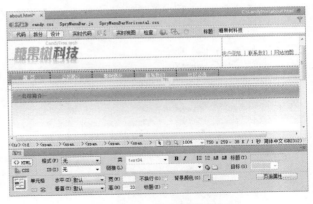

图 11.178 输入标题文本

Step 15 再依照前面步骤的方法,在第二行单元格插入 2 行 1 列的表格,其设置如图 11.179 所示。

图 11.179 插入 2 行 1 列表格

Step 16 打开素材文件"..\Example\Ex11\source\text.txt",选择公司简介文本内容,按 Ctrl+C 快捷键,复制如图 11.180 所示的文本内容。

Step 17 选择新插入表格第二行单元格,在【属性】面板中设置【目标规则】为 text01,再定位光标在该单元格中,按 Ctrl+V 快捷键,贴上文本,如图 11.181 所示。

Step 18 定位光标在所粘贴文本第 2 行左端,切换【插入】面板至【文本】选项卡,展开【字符】下拉菜单,选择【不换行空格】命令,如

图 11.182 所示。

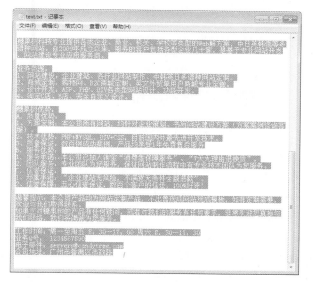

图 11.180　复制素材文本

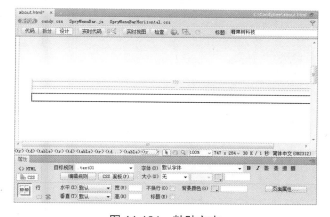

图 11.181　粘贴文本

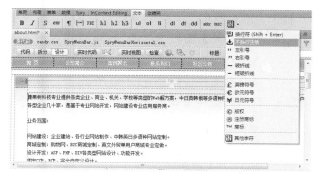

图 11.182　插入空格以产生段落

Step 19　定位光标在"业务范围"第二项内容前，按

退格键，再按 Enter 键执行换行，如图 11.183 所示。

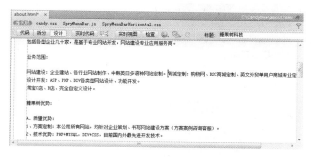

图 11.183　文本换行

Step 20　依照与步骤 19 相同的操作，再分别为其他文本进行换行，结果如图 11.184 所示。

图 11.184　执行其他文本换行

Step 21　拖动选取"业务范围"下四行文本，然后在【属性】面板中单击【项目列表】按钮 ，在【类】下拉列表框中选择 text01 规则，如图 11.185 所示。

Step 22　依照步骤 21 的操作，再为"糖果树优势"下方各行文本设置项目列表并套用 text01 规则，结果如图 11.186 所示。

Step 23　拖动选择"质量优势"下方三行文本，然后在【属性】面板中单击【内缩区块】按钮 ，如图 11.187 所示。

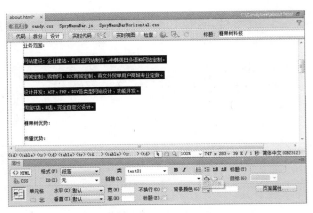

图 11.185　设置项目列表

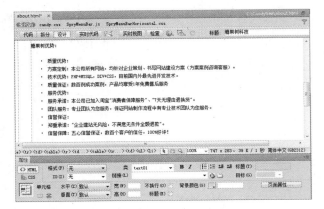

图 11.186　设置另一项目列表

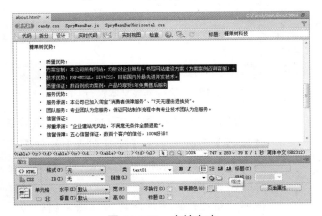

图 11.187　内缩文本

 依照与步骤 23 相同的方法，分别为"服务优势"和"信誉保证"两个标题下方的文本作内缩处理，结果如图 11.188 所示。

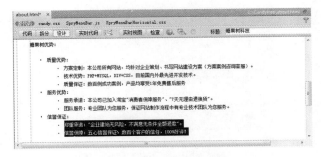

图 11.188　内缩其他文本

11.2.6　制作"联系我们"页面

本小节将通过复制 about.html 文档并重新命名，然后打开进行修改编辑，加入联系我们图文资料，完成 contact.html 页面设计，设计结果如图 11.189 所示。

图 11.189　"联系我们"设计结果

制作"联系我们"页面的操作步骤如下。

Step 1　在【文件】面板中选择 about.html 文件，按 Ctrl+C 快捷键复制文件，再按 Ctrl+V 快捷键粘贴文件，如图 11.190 所示。

Step 2　粘贴的文件自动处于命名状态，输入名称为 contact.html 再按 Enter 键，随之弹出【更新文件】对话框，单击【不更新】按钮，如图 11.191 所示。

图 11.190　复制文件

图 11.191　命名文件

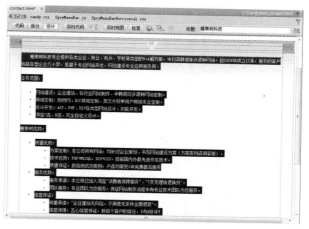

图 11.192　删除文本

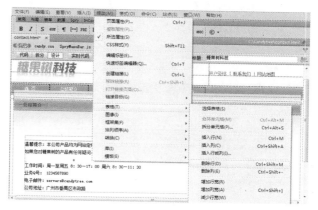

图 11.193　删除行

 Step 3　拖动选取网页中除最下方的联系内容的介绍文本，按 Delete 键将其删除，如图 11.192 所示。

Step 4　定位光标在"公司简介"单元格内，然后选择【修改】|【表格】|【删除行】命令，如图 11.193 所示。

Step 5　定位光标在联系资料文本上一行单元格内，然后选择【修改】|【表格】|【插入行】命令，如图 11.194 所示。

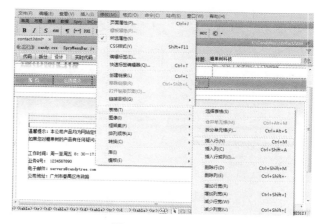

图 11.194　插入行

Step 6 拖动选取联系资料文本上方两个空白单元格，在【属性】面板中设置【水平】对齐为【左对齐】，再设置【高】参数为 50，如图 11.195 所示。

Step 7 定位光标在第一行空白单元格内，在【插入】面板的【常用】分类中单击【图像】按钮，如图 11.196 所示。

Step 8 打开【选择图像源文件】对话框，在网站中的 images 文件夹中选择 kf.jpg 素材文件，然后单击【确定】按钮，如图 11.197 所示。

Step 9 依照步骤 7 和步骤 8 的方法，在下一行空白单元格两次插入素材图像 QQ.gif，结果如图 11.198 所示。

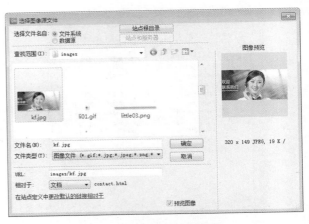

图 11.197　指定素材图像

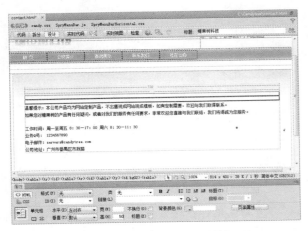

图 11.195　设置单元格属性

图 11.198　插入其他图像素材

Step 10 分别输入文本"客服 1"和"客服 2"，并在【属性】面板中为文本套用 text03 规则，结果如图 11.199 所示。

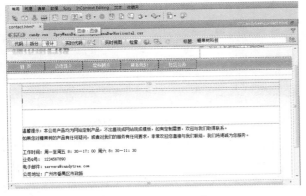

图 11.196　插入图像

图 11.199　输入文本并套用规则

Step 11　选择上方的标题图片，按 Shift+F4 快捷键打开【行为】面板，单击【添加行为】按钮 **+**，打开下拉菜单，选择【效果】|【晃动】命令，如图 11.200 所示。

图 11.200　添加行为

Step 12　打开【晃动】对话框，直接单击【确定】按钮，如图 11.201 所示。

图 11.201　设置行为

Step 13　在【行为】面板中展开事件下拉菜单，选择 onLoad 事件，如图 11.202 所示。

图 11.202　修改事件

Step 14　按 Ctrl+S 快捷键保存网页所编辑的内容，显示【复制相关文件】对话框，单击【确定】按钮，如图 11.203 所示。

图 11.203　保存文件

11.2.7　制作"案例展示"页面

本小节将通过复制 contact.html 文档，再重新命名文案，然后打开修改编辑其中内容，完成 product.html 案例产品展示页面的设计，设计结果如图 11.204 所示。

图 11.204　"案例展示"设计结果

制作"案例展示"页面的操作步骤如下。

Step 1　在【文件】面板中选择 contact.html 文件，按 Ctrl+C 快捷键复制文件，再按 Ctrl+V 快捷键粘贴文件，如图 11.205 所示。

Step 2 粘贴的文件自动处于命名状态，输入名称为 product.html 再按 Enter 键，随之弹出【更新文件】对话框，单击【不更新】按钮，如图 11.206 所示。

图 11.205　复制文件

图 11.206　命名文件

Step 3 选取网页中间的联系图片内容，按 Delete 键将其删除，如图 11.207 所示。

Step 4 定位光标在删除图文内容后的空白单元格内，在【插入】面板中单击【表格】按钮，如图 11.208 所示。

图 11.207　删除图文内容

图 11.208　插入表格

Step 5 打开【表格】对话框，设置【行数】和【列】为 7 和 4，再设置【表格宽度】为 750 像素，【边框粗细】、【单元格边距】和【单元格间距】参数都为 0，然后单击【确定】按钮，如图 11.209 所示。

图 11.209　设置表格

Step 6 拖动选取新插入表格的第一行单元格，在
【属性】面板中设置【水平】选项为【居中
对齐】，【垂直】选项为【居中】，再分别
设置【宽】和【高】参数为 187 和 120，如
图 11.210 所示。

图 11.210　设置第一行单元格

Step 7 再依照与前面步骤相同的方法，在新插入表
格的左上单元格插入 4 行 1 列的表格，其设
置如图 11.211 所示。

图 11.211　插入 4 行 1 列表格

Step 8 拖动选取新插入表格的所有单元格，在【属
性】面板中设置【水平】对齐为【左对齐】，
设置【高】参数为 28，设置【背景颜色】
为淡蓝(#D8F6F8)，如图 11.212 所示。

图 11.212　设置单元格属性

Step 9 定位光标在新插入表格的第一行单元格，在
【属性】面板中修改【背景颜色】为深蓝
(#5D98B8)，再输入标题文本，然后在【属
性】面板中设置【类】选项为 text06，如
图 11.213 所示。

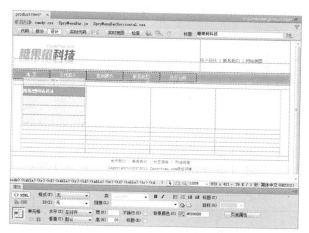

图 11.213　编辑标题文本

Step 10 在标题文本下面三行分别输入其他文本内
容，并分别套用 CSS 规则，结果如图 11.214
所示。

Step 11 依照步骤 6 和步骤 10 的操作，再为其他三
个单元格插入表格并根据素材文件
"..\Example\Ex11\source\text.txt" 最下方的
产品描述内容，编辑相应的文本资料，结果
如图 11.125 所示。

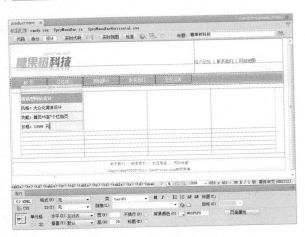

图 11.214 编辑其他文本

图 11.215 编辑文本资料

 拖动选取产品描述下一行空白单元格，在
【属性】面板中设置【水平】对齐为【居中
对齐】，再设置【高】参数为 430，然后单
击【合并所选单元格，使用跨度】按钮 □，
如图 11.216 所示。

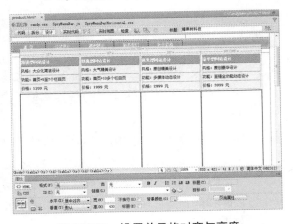

图 11.216 设置单元格对齐与高度

 定位光标在合并后的单元格内，在【插入】
面板的【常用】分类中单击【图像：图像】
按钮 □，如图 11.217 所示。

图 11.217 单击【图像：图像】按钮

 打开【选择图像源文件】对话框，在网站中
的 images 文件夹中选择 pro1.png 素材文件，
然后单击【确定】按钮，如图 11.218 所示。

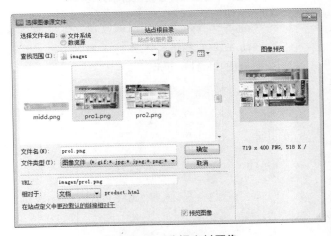

图 11.218 选择素材图像

 依照与步骤 12 至步骤 14 相同的操作方法，
分别合并下面各行单元格，并插入对应的图
片素材，结果如图 11.219 所示。

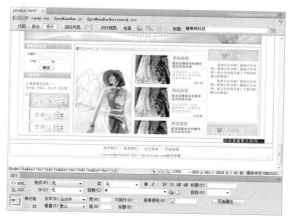

图 11.219　编辑其他图像

11.3　社区公告模块设计

本章整站设计实例同时包含一个社区公告动态模块设计，需要制作 candytree.asp、content.asp、login.asp、admin.asp、issue.asp、amend.asp、del.asp 和 lfail.asp 8 个动态页面，本节将详细介绍这些动态页面的内容编辑与设计，完成一个企业社区公告模块。

11.3.1　设计社区主页

社区主页将以分页的形式显示所有公告项目，并可通过公告标题链接以显示各公告详细内容，同时提供公告管理入口。下面将由另存 contact.html 为 candytree.asp 的操作开始制作社区主页，完成如图 11.220 所示的社区主页效果。

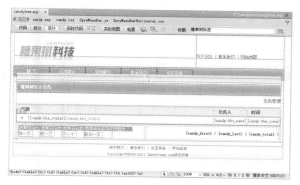

图 11.220　社区主页设计结果

设计社区主页的操作步骤如下。

Step 1　在【文件】面板中双击打开 contact.html 文件，按 Crtl+Shift+S 快捷键另存文件，如图 11.221 所示。

Step 2　打开【另存为】对话框，输入文件名为 candytree.asp，然后单击【保存】按钮，如图 11.222 所示。

图 11.221　打开并另存文件

图 11.222　命名文件

Step 3　单击选取网页中间的图文内容，按 Delete 键将其删除，如图 11.223 所示。

Step 4　定位光标在删除图文内容后的空白单元格内，在【插入】面板中单击【表格】按钮，如图 11.224 所示。

图 11.223　删除图文内容

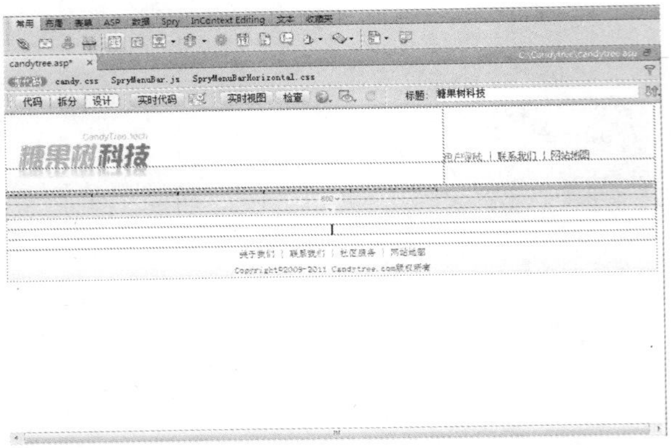

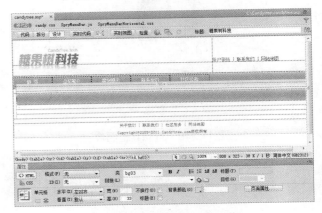

图 11.224　插入表格

Step 5　打开【表格】对话框，设置【行数】和【列】为 4 和 1，再设置【表格宽度】为 785 像素，【边框粗细】、【单元格边距】和【单元格间距】参数都为 0，然后单击【确定】按钮，如图 11.225 所示。

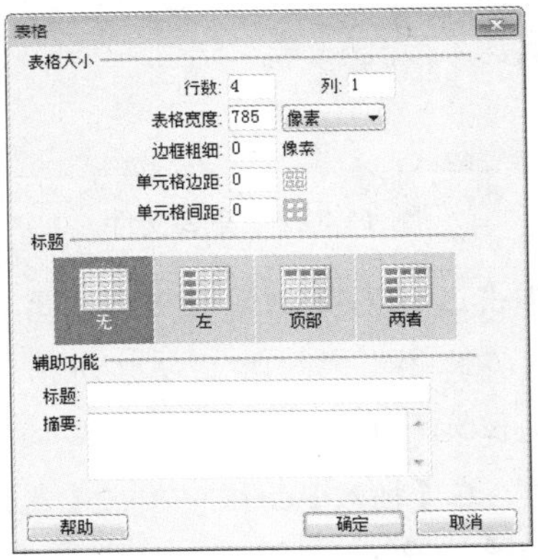

图 11.225　设置表格

Step 6　定位光标在新插入表格的第一行单元格，在【属性】面板中设置【类】选项为 bg03，设置【水平】对齐为【左对齐】，再设置【高】参数为 33，如图 11.226 所示。

图 11.226　设置第一行单元格

Step 7　在第一行单元格中输入标题文本"糖果树社区公告"，在【属性】面板中为文本套用 text06 规则，如图 11.227 所示。

图 11.227　编辑标题文本

Step 8　定位光标在标题下一行单元格，输入文本"公告管理"并将其选取，在【属性】面板中设置【类】选项为 text03，在【链接】文本框中输入 login.asp，再设置【水平】对齐为【右对齐】，【高】参数为 35，如图 11.228 所示。

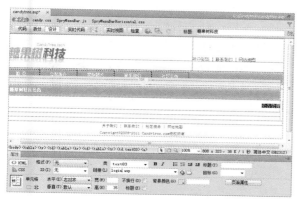

图 11.228　制作"公告管理"链接

Step 9 定位光标在下一行空白单元格，在【插入】面板中单击【表格】按钮，如图 11.229 所示。

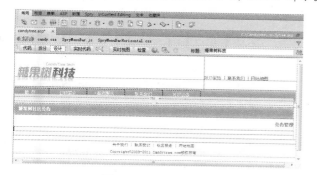

图 11.229　插入表格

Step 10 打开【表格】对话框，设置【行数】和【列】为 2 和 3，再设置【表格宽度】为 785 像素、【边框粗细】和【单元格边距】参数都为 0、【单元格间距】参数为 2，然后单击【确定】按钮，如图 11.230 所示。

图 11.230　设置表格

Step 11 依次选择新插入表格的第一、二、三列单元格，在【属性】面板中设置【宽】参数为 600、90、98，【高】参数都为 25，【水平】对齐都为【左对齐】，结果如图 11.231 所示。

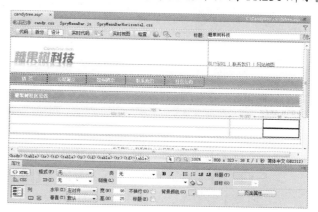

图 11.231　设置单元格宽和高

Step 12 拖动选取第一行单元格，通过【属性】面板套用 bg02 规则，再分别在第一行单元格中依次输入文本，并为文本套用 text03 规则，结果如图 11.232 所示。

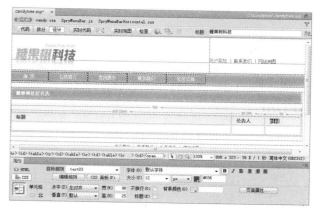

图 11.232　编辑表格标题行

Step 13 拖动选取第二行单元格，在【属性】面板中设置【类】选项为 text04，再设置【背景颜色】为淡青(#F0FEF4)，如图 11.233 所示。

图 11.233　设置第二行单元格

 定位光标在第二行的第一个单元格内，在
【插入】面板的【常用】分类中单击【图像:
图像】按钮，如图 11.234 所示。

图 11.234　插入图像

 打开【选择图像源文件】对话框，在网站中
的 images 文件夹中选择 li01.gif 素材文件，
然后单击【确定】按钮，如图 11.235 所示。

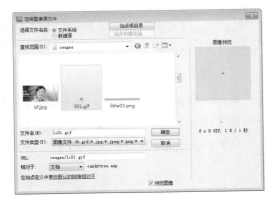

图 11.235　指定素材图像

Step 16 定位光标在新插入图像后面，切换【插入】
面板至【文本】分类，展开【字符】下拉菜
单，选择【不换行空格】命令，如图 11.236
所示。

图 11.236　插入空格

Step 17 选择【窗口】|【数据库】命令，打开【数据
库】面板，单击图示按钮，打开下拉菜单，
选择【数据源名称(DSN)】命令，如图 11.237
所示。

图 11.237　添加数据源名称

Step 18 打开【数据源名称(DSN)】对话框，在【连
接名称】文本框中输入名称 candy，在【数
据源名称】下拉列表中选择 candy，然后单
击【确定】按钮，如图 11.238 所示。

Step 19 切换至【绑定】面板，单击图示按钮打
开下拉菜单，选择【记录集(查询)】命令，
如图 11.239 所示。

图 11.238　指定数据源

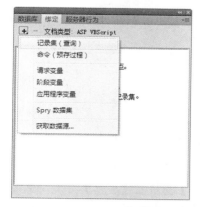

图 11.239　绑定记录集

打开【记录集】对话框，设置【名称】、【连接】和【表格】都为 candy，在【排序】下拉列表框中选择 bbs 选项，并设置其排序为【降序】，然后单击【确定】按钮，如图 11.240 所示。

图 11.240　设置绑定

在网页"标题"文本下方输入中括号，然后在【绑定】面板中展开记录集，拖动 bbs_title 字段到中括号中间，如图 11.241 所示。

依照步骤 21 的方法，再分别为表格中的"公

告人"和"时间"下方单元格添加字段 bbs_name 和 bbs_time，结果如图 11.242 所示。

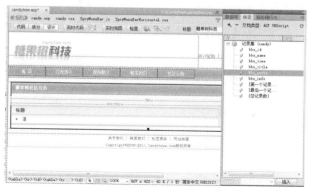

图 11.241　为网页添加字段

图 11.242　添加其他字段

选择 bbs_title 字段，然后切换至【服务器行为】面板，单击 ➕ 图示按钮，打开下拉菜单，选择【转到详细页面】命令，如图 11.243 所示。

图 11.243　添加服务器行为

24 打开【转到详细页面】对话框，在【详细信息页】文本框中输入 content.asp 文件，并在【记录集】下拉列表框中指定 bbs 选项，在【列】下拉列表中选择 bbs_id 选项，然后单击【确定】按钮，如图 11.244 所示。

图 11.244　设置转换到详细页面

 25 将光标移至添加字段的单元格左侧，单击选择整行单元格，在【服务器行为】面板中单击 ⊕ 图示按钮，打开下拉菜单，选择【重复区域】命令，如图 11.245 所示。

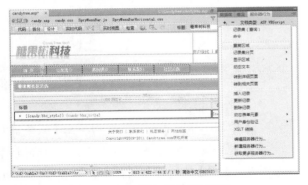

图 11.245　插入重复区域行为

 26 打开【重复区域】对话框，选择【记录集】为 candy，设置显示 8 条记录，然后单击【确定】按钮，如图 11.246 所示。

图 11.246　设置重复区域

 27 依照前面步骤的方法，在添加字段的下一行单元格内插入 1 行 2 列的表格，其设置如图 11.247 所示。

图 11.247　插入 1 行 2 列表格

 28 定位光标在新插入表格左单元格，切换【插入】面板至【数据】分类，单击【记录集分页】按钮打开下拉菜单，选择【记录集导航条】命令，如图 11.248 所示。

图 11.248　插入记录集导航条

 29 打开【记录集导航条】对话框，设置【记录集】为 candy，再选择【显示方式】为【文本】，然后单击【确定】按钮，如图 11.249 所示。

30 插入记录集导航条后，其上方自动空出一行，拖动选取该行再按 Delete 键将其删除，接着向右拖动导航条表格，增加导航链接之间的间隔，如图 11.250 所示。

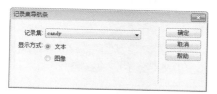

图 11.249 设置记录集导航条

图 11.250 编排记录集导航条

Step 31 定位光标在记录导航条右边单元格，在【插入】面板中单击【记录集导航状态】按钮，如图 11.251 所示。

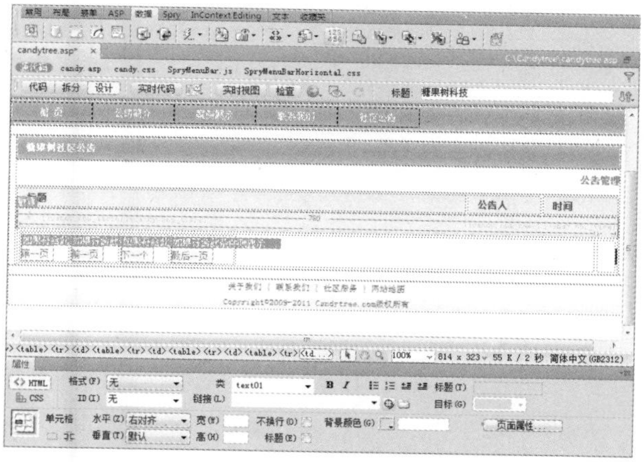

图 11.251 插入记录集导航状态

Step 32 打开【记录集导航状态】对话框，选择 candy 选项，然后单击【确定】按钮，如图 11.252 所示。

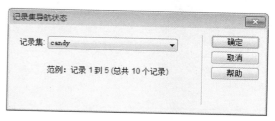

图 11.252 设置记录集导航条状态

Step 33 插入记录集导航状态后，将原本的状态内容修改为中文"字段/字段(字段)"，如图 11.253 所示，完成 candytree.asp 页面的制作。

图 11.253 修改记录集导航状态文本

11.3.2 制作公告详情页面

接续上一小节的操作，另存 candytree.asp 文件为 content.asp 公告详情页面，然后删除其中不需要的内容，插入表格再添加记录集段，完成如图 11.254 所示的公告详情页的制作。

制作公告详情页面的操作步骤如下。

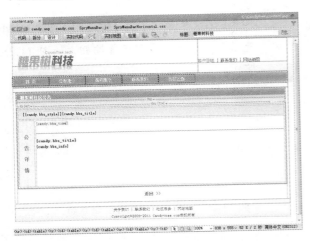

图 11.254 公告详情页编辑结果

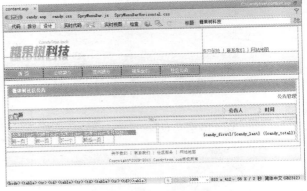

图 11.256 删除内容

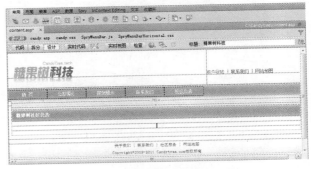

图 11.257 插入表格

 打开 candytree.asp 文件或在未关闭该文件的情况下，直接按 Crtl+Shift+S 快捷键，打开【另存为】对话框，输入文件名称为 content.asp，然后单击【保存】按钮，如图 11.255 所示。

图 11.255 另存文件

 选取网页中间的公告内容，按 Delete 键将其删除，如图 11.256 所示。

 定位光标在删除图文内容后的空白单元格内，【插入】面板中单击【表格】按钮，如图 11.257 所示。

打开【表格】对话框，设置【行数】和【列】为 1 和 1，再设置【表格宽度】为 780 像素，设置【边框粗细】参数为 1，设置【单元格边距】和【单元格间距】参数都为 0，然后单击【确定】按钮，如图 11.258 所示。

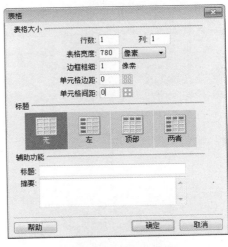

图 11.258 设置表格

Step 5 定位光标在新插入的表格内，在【插入】面板中单击【表格】按钮🔲，打开【表格】对话框。设置【行数】和【列】为 2 和 2，再设置【表格宽度】为 780 像素，【边框粗细】和【单元格边距】参数都为 0，【单元格间距】参数为 3，然后单击【确定】按钮，如图 11.259 所示。

图 11.259　插入另一表格

Step 6 拖动选择新插入表格的第一行单元格，在【属性】面板中设置【类】选项为 bg02，【高】参数为 30，如图 11.260 所示。

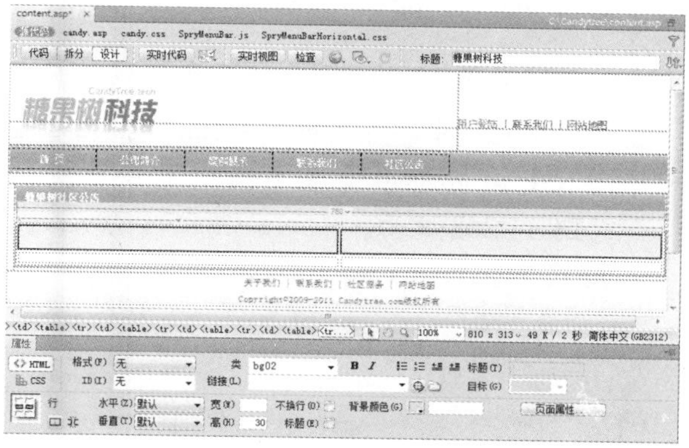

图 11.261　设置另一单元格

Step 8 在同一单元格中分四行输入"公告详情"文本，在【属性】面板中设置【类】选项为 text05，如图 11.262 所示。

图 11.262　输入文本

Step 9 在页尾区上一行单元格内输入文本"返回 >>"，在【属性】面板中设置【类】选项为 text05，在【链接】文本框中输入链接文件 candytree.asp，再设置【高】参数为 45，如图 11.263 所示。

Step 10 按 Ctrl+F9 快捷键打开【服务器行为】面板，双击【记录集 candy】】项目，准备修改已添加的记录集，如图 11.264 所示。

Step 11 打开【记录集】对话框，在【筛选】下拉列表框中选择 bbs_id 选项，并在下一栏中选择【URL 参数】选项，再输入 bbs_id 内容，同时修改【排序】选项为【无】，然后单击【确定】按钮，如图 11.265 所示。

图 11.260　设置第一行单元格

Step 7 定位光标在左下单元格，在【属性】面板中设置【水平】对齐为【居中对齐】、【垂直】对齐为【居中】，再设置宽、高参数为 45 和 200，【背景颜色】为浅蓝(#F1F6F9)，如图 11.261 所示。

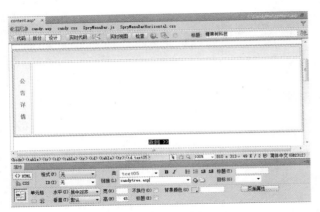

图 11.263 设置返回链接

图 11.266 添加字段

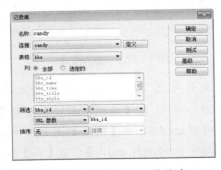

图 11.264 打开【服务器行为】面板

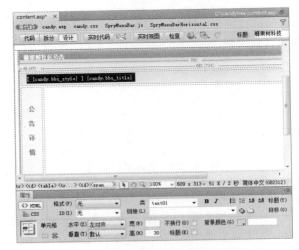

图 11.267 添加另一记录集字段并套用规则

Step 14 依照步骤 12 的操作，在添加字段的右下空白单元格中添加字段 bbs_time，然后在【插入】面板中单击【水平线】按钮 ，如图 11.268 所示。

图 11.265 修改记录集绑定

Step 12 在第一行浅蓝色单元格中输入中括号，然后展开记录集，拖动 bbs_style 字段到中括号中间，如图 11.266 所示。

Step 13 依照步骤 12 的操作，在刚添加的字段后面添加 bbs_title，再选择两个字段，在【属性】面板中设置【类】选项为 text01，如图 11.267 所示。

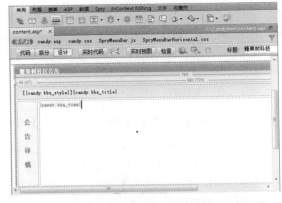

图 11.268 添加另一记录集字段并插入水平线

Step 15 接着依照步骤 12 的操作，在水平线下方分两行添加 bbs_title 和 bbs_info 字段，结果如图 11.269 所示。

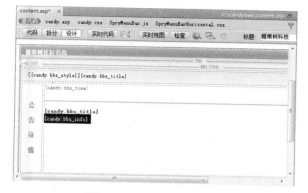

图 11.269 添加其他字段

11.3.3 制作发布公告页面

本小节通过复制 content.asp 文档，快速建立 issue.asp 公告发布页面，接着打开该文档，删除原来的内容，再插入表单并添加"插入记录"服务器行为，完成如图 11.270 所示的发布公告页面。

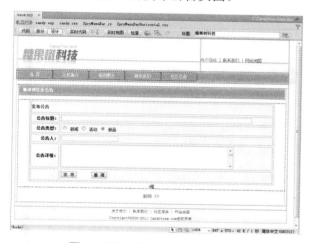

图 11.270 发布公告页编辑结果

制作发布公告页面的操作步骤如下。

 Step 1 在【文件】面板中选择 content.asp 文件，按下 Ctrl+C 快捷键复制文件，再按 Ctrl+V 快捷键粘贴文件，如图 11.1271 所示。

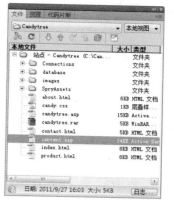

图 11.271 复制文件

Step 2 粘贴的文件自动处于命名状态，输入名称为 issue.html 再按 Enter 键，随之弹出【更新文件】对话框，单击【不更新】按钮，如图 11.272 所示。

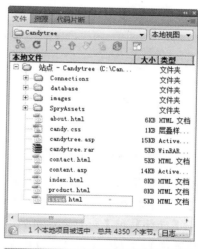

图 11.272 命名文件

 Step 3 选取网页中间的表格及字段内容，按 Delete 键将其删除，如图 11.273 所示。

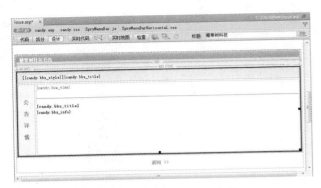

图 11.273　删除表格及字段

图 11.275　插入表格

Step 4　定位光标在删除内容的单元格内，切换【插入】面板至【表单】选项卡，单击【表单】按钮，如图 11.274 所示。

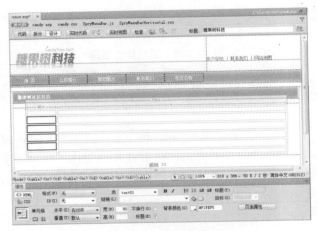

图 11.276　设置单元格属性

图 11.274　插入表单

Step 5　定位光标在表单中，在【插入】面板中单击【表格】按钮，打开【表格】对话框。设置【行数】和【列】为 6 和 2，再设置【表格宽度】为 720 像素，【边框粗细】和【单元格边距】参数都为 0，【单元格间距】参数为 4，然后单击【确定】按钮，如图 11.275 所示。

Step 6　拖动选取新插入表格的第一列第二至第五行单元格，在【属性】面板中设置【类】选项为 text01，【水平】对齐为【右对齐】，【宽】参数为 80，【背景颜色】为淡青(#F1FEF5)，如图 11.276 所示。

Setp 7　在前一步骤所设置的单元格中分别输入文本内容，结果如图 11.277 所示。

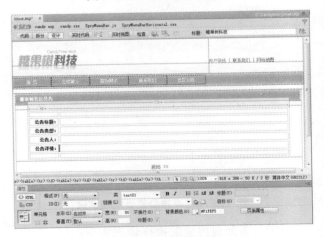

图 11.277　输入文本

Step 8　拖动选取第一行单元格，在【属性】面板中设置【水平】对齐为【左对齐】，再设置【高】参数为 35，然后单击【合并所选单元格，使用跨度】按钮 ▣，如图 11.278 所示。

Step 9 在合并后的单元格中输入标题文本"发布公告"，在【属性】面板中设置【类】选项为 text03，如图 11.279 所示。

图 11.282 所示。

图 11.280　插入文本字段

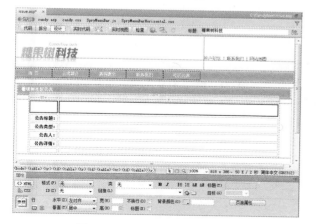

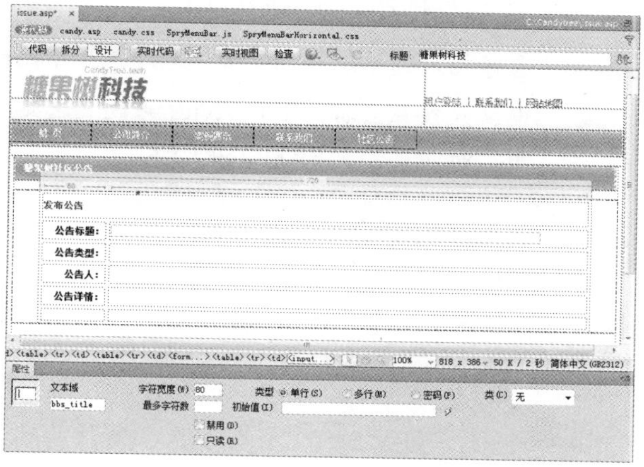

图 11.278　设置第一行单元格

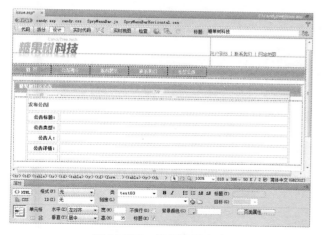

图 11.279　编辑标题文本

Step 10 定位光标在"公告标题"右边单元格内，在【插入】面板中单击【文本字段】按钮 ▯，如图 11.280 所示。

Step 11 选择插入的文本字段，在【属性】面板中设置 ID 为 bbs_title、字符宽度为 80，如图 11.281 所示。

Step 12 依照步骤 10 和步骤 11 的方法，在"公告人"右边单元格中插入另一文本字段，并通过【属性】面板设置其 ID 为 bbs_name，如

图 11.281　设置文本字段属性

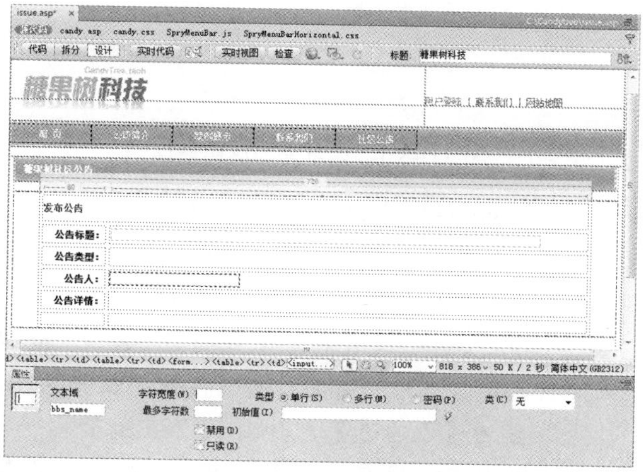

图 11.282　插入并设置另一文本字段

Step 13 将光标定位在"公告类型"右边单元格，先输入文本"新闻"，再定位光标在文本前面，

在【插入】面板中单击【单选按钮】按钮，如图 11.283 所示。

图 11.283　插入单选按钮

 选择插入的单选按钮对象，在【属性】面板中设置按钮名称为 bbs_style，再设置选定值为"新闻"，如图 11.284 所示。

图 11.284　设置单选按钮属性

 使用步骤 13 和 14 的方法，接着输入文本"活动"和"新品"，然后分别在文本前面插入两个单选按钮，再设置按钮名称都为 bbs_style，设置选定值分别为"活动"和"新品"，其中"新品"选项按钮的初始状态设置为【已勾选】，如图 11.285 所示。

 将光标定位在"公告详情"右边的单元格，在【插入】面板中单击【文本域】按钮，如图 11.286 所示。

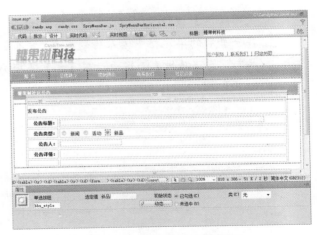

图 11.285　插入其他单选按钮

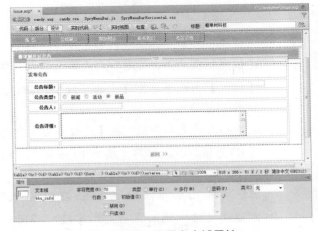

图 11.286　插入文本域

 在【属性】面板设置文本域元件的名称为 bbs_info，设置字符宽度为 70，行数为 5，如图 11.287 所示。

图 11.287　设置文本域属性

定位光标在文本域下方单元格，在【属性】面板中设置【高】参数为 35，然后在【插入】面板中单击【按钮】按钮 □，如图 11.288 所示。

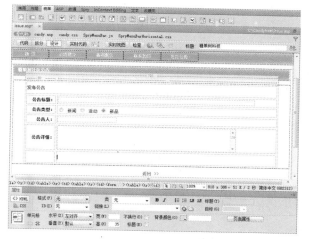

图 11.288　插入按钮

 通过【属性】面板为新插入的按钮元件设置值为"发布"，动作为【提交表单】，如图 11.289 所示。

图 11.289　设置按钮属性

 依照步骤 18 和步骤 19 的方法，在右边插入另一个按钮元件，通过【属性】面板为按钮元件设置值为"重填"，选择动作为【重设表单】，结果如图 11.290 所示。

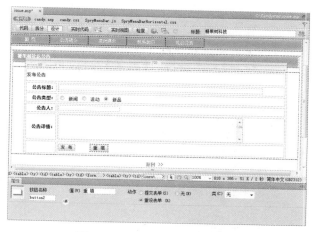

图 11.290　插入另一按钮元件

 按 Ctrl+F9 快捷键打开【服务器行为】面板，选择【记录集(candy)】项目，单击面板上方的 ━ 按钮，删除绑定的记录集，如图 11.291 所示。

图 11.291　打开【服务器行为】面板

 再单击【服务器行为】面板上的 ➕ 图示按钮打开下拉菜单，选择【插入记录】命令，如图 11.292 所示。

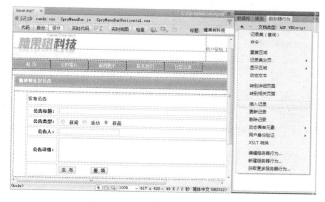

图 11.292　添加服务器行为

307

打开【插入记录】对话框,设置【连接】和【插入到表格】都为 bbs,单击【插入后,转到】文本框后的【浏览】按钮,如图 11.293 所示。

图 11.293 设置指定插入记录

 打开【选择文件】对话框,指定 candytree.asp 素材文件,然后依次单击【确定】按钮,如图 11.294 所示。

图 11.294 指定链接文件

 选择表单下方的"返回>>"文本,在【属性】面板中修改【链接】为 admin.asp,如图 11.295 所示。

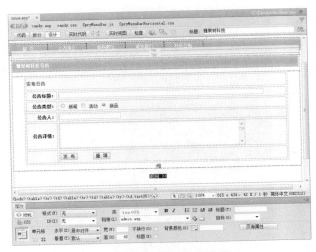

图 11.295 修改文本链接

11.3.4 制作公告管理页面

本小节通过复制 candytree.asp 文档,快速建立 admin.asp 公告管理页面。接着打开该文档,在原有的公告列表基础内容上调整字段位置然后分别添加修改和删除两个转到详细页面行为,完成如图 11.296 所示的公告管理页面。

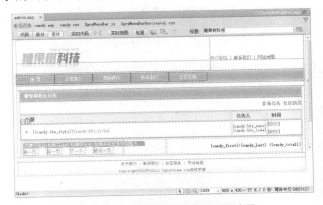

图 11.296 公告管理页面编辑结果

制作公告管理页面的操作步骤如下。

 在【文件】面板中选择 candytree.asp 文件,按 Ctrl+C 快捷键复制文件,再按 Ctrl+V 快捷键粘贴文件,如图 11.297 所示。

 粘贴的文件自动处于命名状态,输入名称为 admin.asp,再按 Enter 键,随之弹出【更新文件】对话框，单击【不更新】按钮，如图 11.298 所示。

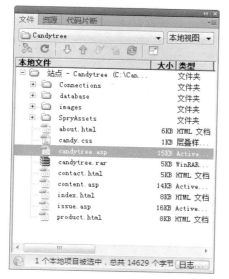

图 11.297　复制文件

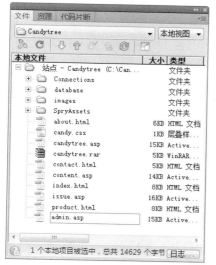

图 11.298　命名文件

 修改表格右上角的"公告管理"为"发布公告"，在【属性】面板的【链接】文本框中修改链接为 issue.asp，然后在状态栏中单击"<a>"代码，再按"→"键，如图 11.299 所示。

图 11.299　修改链接

 接着再按空格键，然后输入文本"社区首页"，在【属性】面板中设置【链接】为 candytree.asp，如图 11.300 所示。

图 11.300　添加链接文本

 选择"时间"标题下面的 bbs_time 字段，按 Ctrl+X 快捷键剪切该字段，然后定位光标在"公告人"标题下面的 bbs_name 字段，按 Shift+Enter 快捷键执行断行，再按 Ctrl+V 快捷键，粘贴字段，如图 11.301 所示。

 在"时间"标题下面的单元格中输入"修改"文本，再选择"修改"两字，然后按 Ctrl+F9

快捷键打开【服务器行为】面板，单击面板上的 ➕ 图示按钮打开下拉菜单，选择【转到详细页面】命令，如图 11.302 所示。

所示。

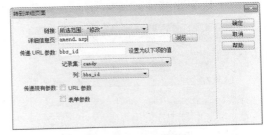

图 11.303　指定详细信息页

图 11.301　剪切粘贴字段

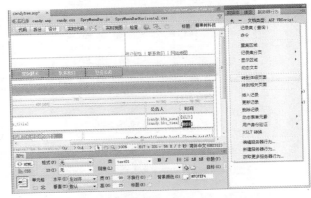

图 11.304　转到另一详细页面

Step 9　打开【转到详细页面】对话框，在【详细信息页】文本框中输入 del.asp，然后单击【确定】按钮，如图 11.305 所示。

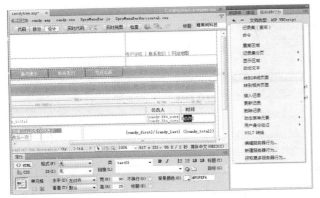

图 11.302　转到详细页面

Step 7　打开【转到详细页面】对话框，在【详细信息页】文本框中输入 amend.asp，然后单击【确定】按钮，如图 11.303 所示。

Step 8　定位光标在"修改"文本后面，再按 Shift+Enter 快捷键执行断行，输入文本"删除"，再选择"删除"两字，再单击【服务器行为】面板上的 ➕ 图示按钮打开下拉菜单，选择【转到详细页面】命令，如图 11.304

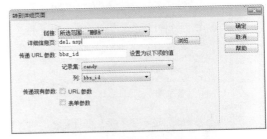

图 11.305　指定另一详细信息页

11.3.5　制作修改与删除公告页面

本小节分别复制 issue.asp 作为 amend.asp 公告修改页面，复制 content.asp 文件作为 del.asp 公告删除页面，然后分别打开这两个文件进行修改编辑，结果如图 11.306 所示。

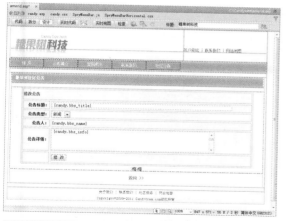

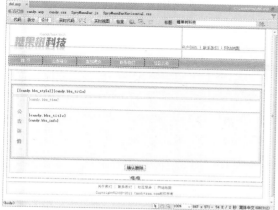

图 11.306　修改与删除公告页面的编辑结果

制作修改与删除公告页面的操作步骤如下。

Step 1　在【文件】面板中选择 issue.asp 文件，按 Ctrl+C 快捷键复制文件，再按 Ctrl+V 快捷键粘贴文件，如图 11.307 所示。

图 11.307　复制文件

Step 2　粘贴的文件自动处于命名状态，输入名称为 amend.asp 再按 Enter 键，随之弹出【更新文件】对话框，单击【不更新】按钮，如图 11.308 所示。

图 11.308　命名文件

Step 3　在【文件】面板中选择 content.asp 文件，按 Ctrl+C 快捷键复制文件，再按 Ctrl+V 快捷键粘贴文件，如图 11.309 所示。

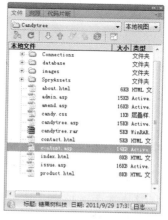

图 11.309　复制另一文件

Step 4　粘贴的文件自动处于命名状态，输入名称为

del.asp 再按 Enter 键，随之弹出【更新文件】对话框，单击【不更新】按钮，如图 11.310 所示。

图 11.310　命名另一文件

Step 5　双击打开 del.asp 文件，选取网页中间整个公告详情表格，按 Ctrl+X 快捷键剪切该表格，如图 11.311 所示。

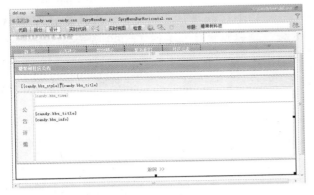

图 11.311　剪切公告详情表格

Step 6　定位光标在中间空白单元格内，切换【插入】面板至【表单】选项卡，单击【表单】按钮，如图 11.312 所示。

Step 7　定位光标在表单中，按 Ctrl+V 快捷键粘贴公告详情表格，如图 11.313 所示。

图 11.312　插入表单

图 11.313　粘贴公告详情表格

Step 8　拖动选取公告详情表格下方的"返回>>"文本，按 Delete 键将其删除，然后在【插入】面板中单击【按钮】按钮，如图 11.314 所示。

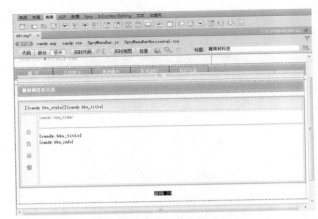

图 11.314　插入按钮元件

通过【属性】面板为新插入的按钮元件设置值为"确认删除"，动作为【提交表单】，如图 11.315 所示。

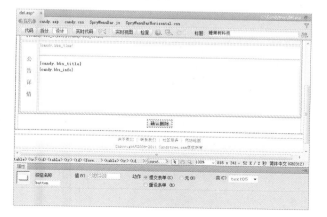

图 11.315　设置按钮

 按 Ctrl+F9 快捷键打开【服务器行为】面板，单击⊞按钮打开下拉菜单，选择【删除记录】命令，如图 11.316 所示。

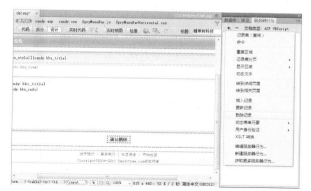

图 11.316　添加删除记录行为

 打开【删除记录】对话框，设置【连接】选项为 candy，设置【从表格中删除】选项为 bbs，再设置【选取记录自】选项为 candy，选择【唯一键列】为 bbs_id，然后在【删除后，转到】文本框中输入 admin.asp 文本链接，如图 11.317 所示。

 在【文件】面板中双击打开 amend.asp 文件，首先修改"发布公告"为"修改公告"，如图 11.318 所示。

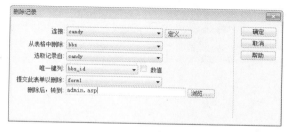

图 11.317　设置删除记录

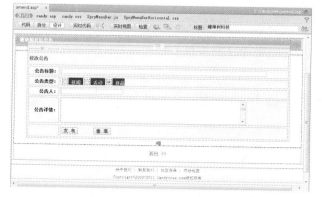

图 11.318　修改文本

 拖动选取三个单选按钮项目，按 Delete 键将其删除，如图 11.319 所示。

图 11.319　删除单选项目

 定位光标在删除单选按钮的单元格中，在【插入】面板中单击【列表/菜单】按钮，如图 11.320 所示。

选择新插入的元件，在【属性】面板中设置 ID 为 bbs_style，再单击【列表值】按钮，如图 11.321 所示。

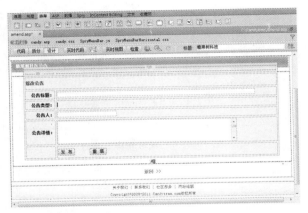

图 11.320 插入列表/菜单元件

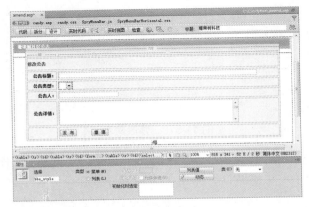

图 11.321 设置元件属性

Step 16 打开【列表值】对话框，设置第一个项目为"新闻"，如图 11.322 所示。

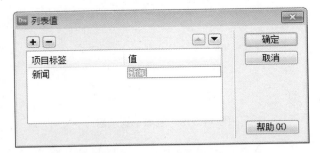

图 11.322 设置列表值标签

Step 17 单击对话框左上方的 ➕ 按钮，分别添加值为"活动"和"新品"的项目标签，然后单击【确定】按钮，如图 11.323 所示。

图 11.323 添加其他列表值标签

Step 18 选择表单下面的"发布"按钮，在【属性】面板中修改【值】为"修改"，如图 11.324 所示。

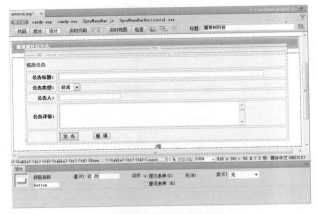

图 11.324 修改按钮文字

Step 19 在【服务器行为】面板中选择【插入记录(表单 "form1"）】项目，然后单击面板上方的 ➖ 按钮，如图 11.325 所示。

图 11.325 删除原有服务器行为

Step 20 在【服务器行为】面板上单击 ➕ 按钮，打开下拉菜单，选择【记录集(查询)】命令，如图 11.326 所示。

Step 21 打开【记录集】对话框，设置【名称】和【连接】都为 candy，【表格】为 bbs，在【筛选】下拉列表框中选择 bbs_id 选项，在下一栏中选择【URL 参数】选项，并输入 bbs_id，单击【确定】按钮，如图 11.327 所示。

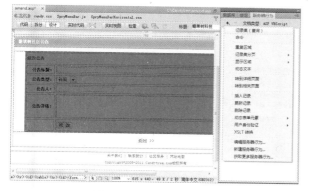

图 11.326　添加记录集

图 11.327　设置记录集

Step 22 切换至【绑定】面板展开记录集，拖动 bbs_title 字段到表格"公告标题"文本右边的"文本字段"元件，如图 11.328 所示。

Step 23 以相同的方法，再为"文本域"元件添加 bbs_nifo 字段，以及在"公告人"文本右边添加 bbs_name 字段，结果如图 11.329 所示。

Step 24 选择列表元件，切换至【服务器行为】面板，单击 按钮打开下拉菜单，选择【动态表单元素】|【动态列表/菜单】命令，如图 11.330 所示。

图 11.328　为元件添加字段

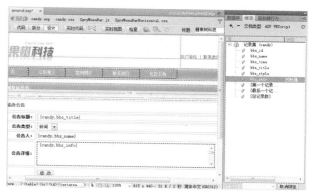

图 11.329　添加其他字段的结果

图 11.330　添加动态表单元素行为

Step 25 打开【动态列表/菜单】对话框，选择【来自记录集的选项】为 candy，设置【值】和【标签】都为 bbs_style，然后单击【选取值等于】文本框右边的按钮，如图 11.331 所示。

Step 26 在打开的【动态数据】对话框的【域】列表框中选择 bbs_style 字段，然后依次单击【确定】按钮，如图 11.332 所示。

图 11.331 设置动态列表

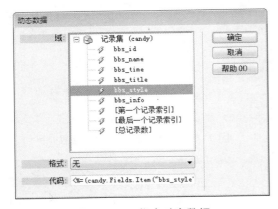

图 11.332 指定动态数据

Step 27 在【服务器行为】面板上单击 ⊞ 按钮，打开下拉菜单，选择【更新记录】命令，如图 11.333 所示。

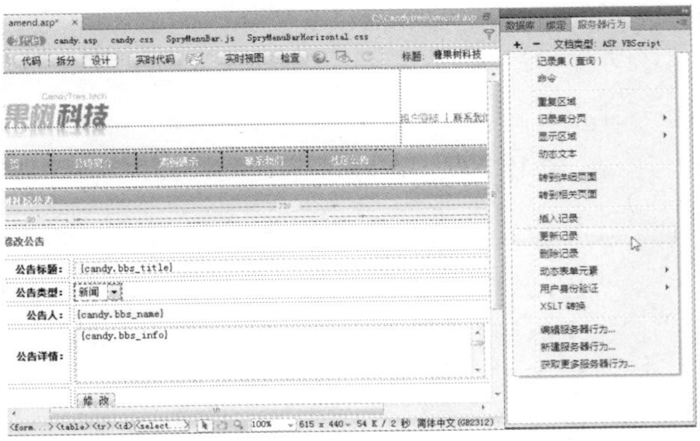

图 11.333 添加更新记录功能

Step 28 打开【更新记录】对话框，设置【连接】和【选取记录自】都为 candy，【要更新的表格】选项为 bbs，在【在更新后，转到】文本框中输入 admin.asp 链接文件，然后单击【确定】按钮，如图 11.334 所示。

图 11.334 设置更新记录选项

11.3.6 制作用户登录页面

本小节通过复制 amend.asp 文档，快速建立 login.asp 用户登录页面，接着开打该文档，删除原来的表单内容，重新建立用户登录表单，完成如图 11.335 所示的用户登录页面。最后再复制 content.asp，快速建立 lfail.asp 登录失败提示页面，输入提示文本并设置返回登录链接，从而完成整个实例设计。

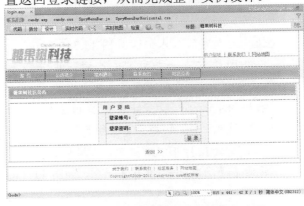

图 11.335 用户登录页面的编辑结果

制作用户登录页面的操作步骤如下。

Step 1 在【文件】面板中选择 amend.asp 文件，按 Ctrl+C 快捷键复制文件，再按 Ctrl+V 快捷键粘贴文件，如图 11.336 所示。

粘贴的文件自动处于命名状态，输入名称为 login.asp，再按 Enter 键，随之弹出【更新文件】对话框，单击【不更新】按钮，如图 11.337 所示。

图 11.336　复制文件

图 11.337　命名文件

 双击打开 login.asp 文件，选择网页中间的表单元件，按 Delete 键将其删除，如图 11.338 所示。

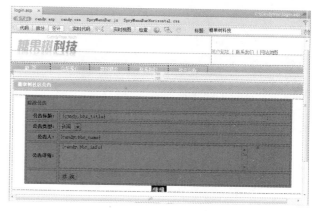

图 11.338　删除表单元件

 在【服务器行为】面板中选择两个行为项目，单击面板上方的 **—** 按钮，如图 11.339 所示。

图 11.339　删除服务器行为

 在文档工具栏中单击【代码】按钮，切换至"代码"模式，拖动选取第 2 至 323 行所有 ASP 代码，按 Delete 键将其删除，如图 11.340 所示。

 返回"设计"模式，定位光标在表单中，在【插入】面板中单击【表格】按钮，打开【表格】对话框，设置【行数】和【列】都为 2，再设置【表格宽度】为 390 像素，【边框粗细】、【单元格边距】和【单元格间距】参数都为 0，然后单击【确定】按钮，如图 11.341 所示。

图 11.340 删除多余 ASP 代码

图 11.341 插入 2 行 2 列表格

Step 7 选择新插入的表格，在【属性】面板中设置【类】选项为 bg02，如图 11.342 所示。

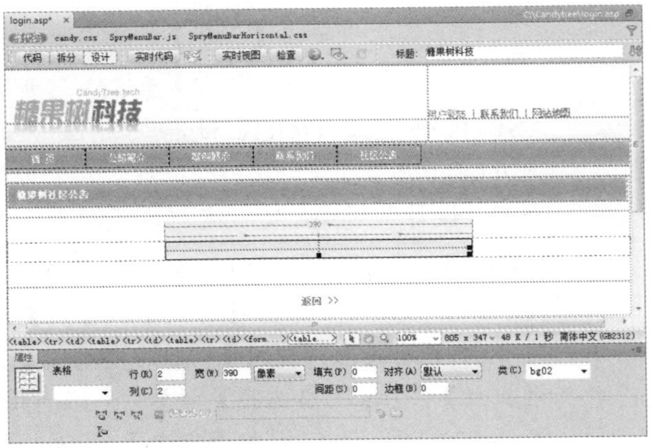

图 11.342 套用 CSS 规则

Step 8 在左上单元格内输入文本"用户登陆"并将其选取，在【属性】面板的【类】下拉列表框中选择 text03 选项，如图 11.343 所示。

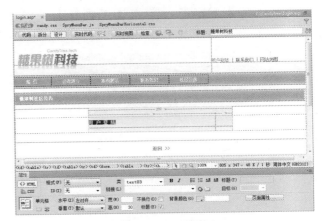

图 11.343 输入标题文本

Step 9 拖动选取第二行单元格，在【属性】面板中单击【合并所选单元格，使用跨度】按钮 ，如图 11.344 所示。

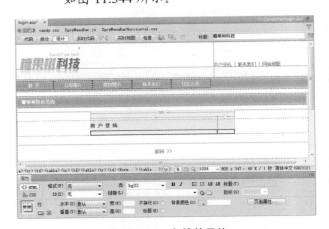

图 11.344 合并单元格

Step 10 定位光标在合并后的单元格中，在【插入】面板中单击【表格】按钮 ，打开【表格】对话框。设置【行数】和【列】为 3 和 1，再设置【表格宽度】为 260 像素，【边框粗细】、【单元格边距】和【单元格间距】参数都为 0，然后单击【确定】按钮，如图 11.345 所示。

图 11.345　插入 3 行 1 列表格

Step 11　拖动选取新插入表格的三行单元格，在【属性】面板中设置【高】参数为 30，如图 11.346 所示。

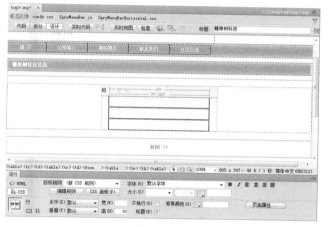

图 11.346　设置行高

Step 12　分别在第一行和第二行单元格中输入文本"登录账号："和"登录密码："，并通过【属性】面板套用 text01 规则，结果如图 11.347 所示。

Step 13　定位光标在"登录帐号："右边，切换【插入】面板至【表单】分类，单击【文本字段】按钮，如图 11.348 所示。

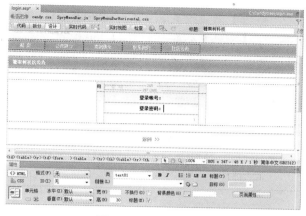

图 11.347　输入文本

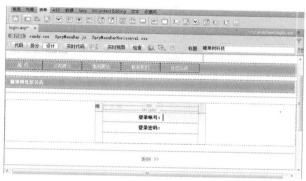

图 11.348　插入文本字段元件

Step 14　选择插入的文本字段，在【属性】面板中设置 ID 为 admin_id，如图 11.349 所示。

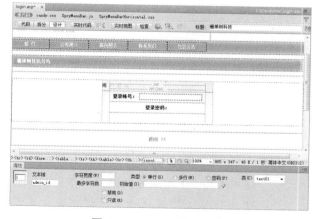

图 11.349　设置文本字段

Step 15　依照步骤 13 和步骤 14 的方法，在"登录密码："右边插入另一文本字段，并通过【属

性】面板设置其 ID 为 admin_pw，再选择
【密码】类型，如图 11.350 所示。

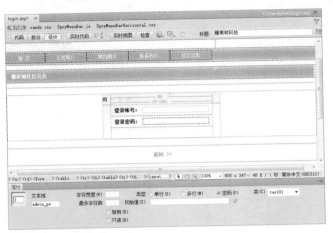

图 11.350　插入并设置另一文本字段

Step 16　定位光标在下一行单元格，在【属性】面板
中设置【水平】对齐为【右对齐】，然后在
【插入】面板中单击【按钮】按钮 ，如
图 11.351 所示。

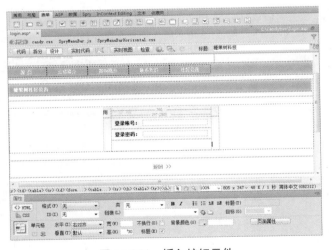

图 11.351　插入按钮元件

Step 17　通过【属性】面板为新插入的按钮元件设置
值为"登录"，动作为【提交表单】，如
图 11.352 所示。

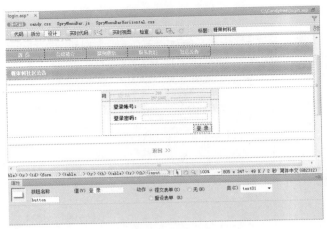

图 11.352　设置按钮元件

Step 18　在【服务器行为】面板中，单击 按钮打开
下拉菜单，选择【用户身份验证】|【登录
用户】命令，如图 11.353 所示。

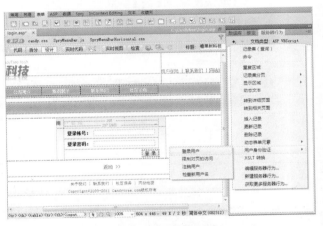

图 11.353　添加登录用户行为

Step 19　打开【登录用户】对话框，设置【使用连接
验证】选项和【表格】分别为 candy 和 admin，
再分别设置【用户名列】和【密码列】为
admin_id 和 admin_pw，然后在【如果登录
成功，转到】文本框中输入 admin.asp 链接
文件，在【如果登录失败，转到】文本框中
输入 lfail.asp，最后单击【确定】按钮，如
图 11.354 所示。

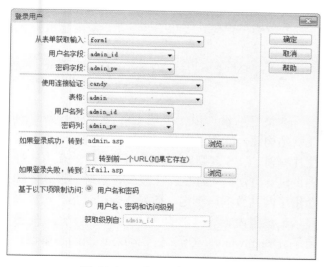

图 11.354　设置登录用户行为

在【文件】面板中选择 content.asp 文件，按 Ctrl+C 快捷键复制文件，再按 Ctrl+V 快捷键粘贴文件，如图 11.355 所示。

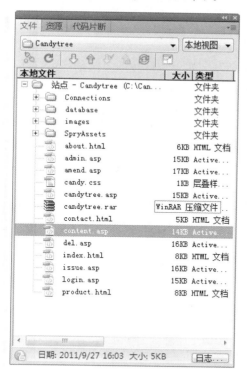

图 11.355　复制文件

粘贴的文件自动处于命名状态，输入名称为 lfail.asp 再按 Enter 键，随之弹出【更新文件】对话框，单击【不更新】按钮，如图 11.356 所示。

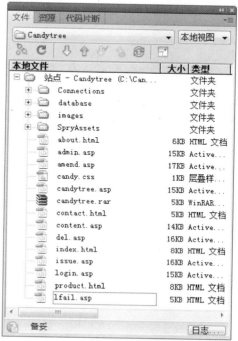

图 11.356　命名文件

双击打开 lfail.asp 文件，选取网页中间整个公告详情表格，按 Delete 键将其删除，如图 11.357 所示。

在删除表格的单元格内输入提示文本"登录账号或密码有误！请重新登录！ < 返回登录>"，并通过【属性】面板设置【类】选项为 text03，如图 11.358 所示。

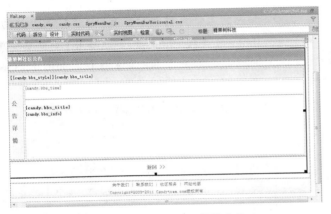

图 11.357 删除公告详情表格

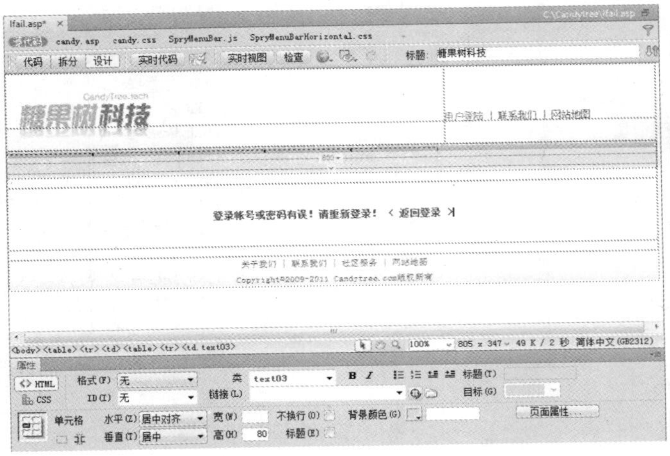

图 11.358 输入提示文本

Step 24 拖动选取"返回登录"文本，在【属性】面板中的【链接】下拉列表框中输入 login.asp 链接文件，如图 11.359 所示。

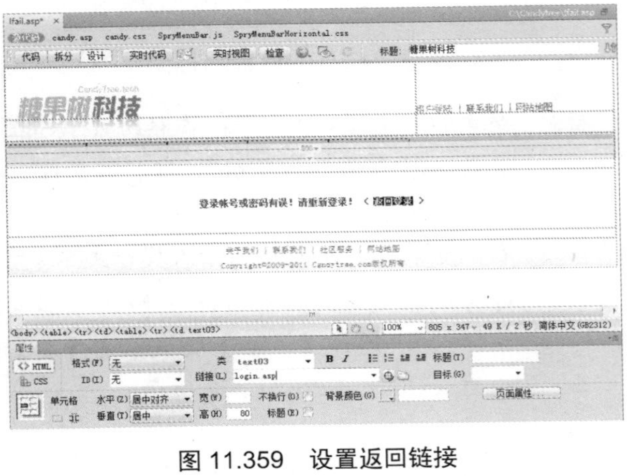

图 11.359 设置返回链接

本实例整站设计至此完成！

11.4 章 后 总 结

本章整站设计以一个包含静态和动态页面的企业网站构建，介绍了包括文本段落编排、表格编排、图片编辑、CSS 规则应用和添加互动特效在内的静态网页设计方法，同时企业社区公告系统的设计则综合介绍了网站数据库绑定、插入数据记录集、在页面上显示记录集内容等基础的 ASP 动态设计方法，完整学习了 Dreamweaver CS5 包含动态页面的整站设计各项技巧。

11.5 章 后 实 训

本章实训题要求为公司简介页面下方联系方式插入图片，并对图片进行裁剪，再移动联系资料文本的位置。

操作方法如下：打开练习文档，定位光标在公司简介文本后面，选择【插入】|【表格对象】|【在下面插入行】命令，然后在新插入的行中插入 1 行 2 列的表格，接着在表格左边单元格插入素材图像"..\Example\Ex11\11.5\images\kf.jpg"；选取图像后在【属性】面板中单击【剪裁】按钮 🔲，选择图像上除文本之外的裁剪范围，双击完成裁剪，最后选取公司简介中的联系方式资料，移至表格右单元格。

整个操作流程如图 11.360 所示。

图 11.360　本章实训题操作流程

第 12 章

案例设计——"缘海社区"网站

因为社区网站能够提供多人对多人的互动，而且可以模拟真实社区角色的服务，在互联网中受到大多数网民的欢迎。本章将以一个名为"缘海社区"的网站为例，介绍社区网站会员申请、登录和管理会员资料相关功能的开发。

本章学习要点

- ➢ 网站环境的配置
- ➢ 网页的编辑
- ➢ 会员表单的制作
- ➢ 会员系统功能模块的制作

图 12.2　"会员中心"页面

12.1　网站说明与设计准备

本章以一个名为"缘海社区"的社区网站作为教学示范，该网站是一个集游戏、活动、聊天、阅读、博客、教育于一体的综合性社区网站。网站采用了鲜明的色彩设计，并配合简洁的布局设计。因为社区网站侧重于服务的开发，所以本章简要地说明网页模板的设计，然后重点介绍通过 Dreamweaver 为社区网站开发会员登录与注销系统的方法，其中包括加入会员申请模块、会员中心管理模块、会员查询和注销模块。

12.1.1　设计网站的说明

1. 设计说明

本例先通过 Photoshop 设计好主要的网页模板，其中包括加入会员模板、会员管理中心模板等，再通过 Photoshop 对网页模板进行切割并导出为网页文件。然后通过 Dreamweaver 设计加入会员的表单页面，并使用 CSS 进行美化和添加检查行为，接着制作具有查看登录系统、会员目录、修改会员资料、删除会员资料、注销登录功能的会员系统。其中，网站的"加入会员"和"会员中心"的效果如图 12.1 和图 12.2 所示。

图 12.1　"加入会员"页面

2. 设计流程

本例设计流程为：规划基本结构→创建数据库→配置 IIS 网站环境→设置 ODBC 数据源→指定数据源名称→提交表单数据→编辑提示和确认密码→验证会员身份→制作登录功能→制作查看目录功能→制作修改资料功能→制作删除资料功能→制作注销登录功能。

12.1.2　设计网页模板

在布局的设计上，为了提供较大的区域显示加入会员、会员留言等信息，网站使用了右向半包围的布局，页首和页脚以明显的区域分隔放置在网页上下方，而垂直导航区和其他服务栏目则放置在网页左侧，主内容区放置在网页右侧，如图 12.3 所示。

除了配色和布局的设计外，"缘海社区"网站还有一个特色之处，就是应用了很多设计出色的图标作为网页装饰。在设计简洁的网页中，这些图标的作用不可小视，它们是提升网页美观性的重要元素。为了方便读者设计网页模板，本章将网站所应用的网页图标放置在一个图像文件内(随书光盘中的 Example\Ex12\12.1\网页图标.psd 文件)，需要时可打开使用。图标效果如图 12.4 所示。

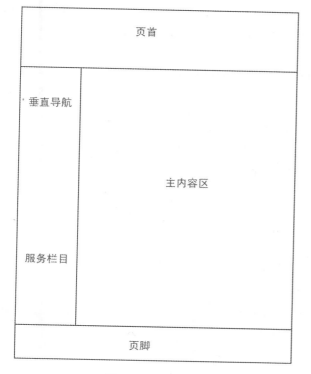

图 12.3　页面布局

图 12.4　页面设计的图标素材

12.1.3　设计加入会员网页

社区类网站最大的特色在于能够方便用户之间的交流和沟通，让用户可以与网站进行各种交互行为。为了便于网站用户的管理，社区网站可以设计一个会员系统，当用户成为会员后，管理员就可以分配会员的权限，或者提供仅限于会员的服务，而且可以记录会员的行为并方便管理会员资料。

1. 设计网页图像模板

在设计网站前，先使用 Photoshop 设计基本的模板。因为会员网页需要制作加入会员的表单内容，所以在设计模板时需要为表单预留足够的位置。加入会员页面模板设计的结果如图 12.5 所示。

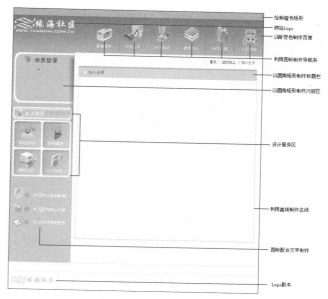

图 12.5　加入会员页面

> **说　明**
>
> 加入会员页面的资料放置在光盘里，具体如下。
>
> 模板文件：
>
> Example\Ex12\12.1\PSD\member.psd。
>
> 素材文件：
>
> Example\Ex12\12.1\PSD\网页图标.psd。
>
> 网页文件：
>
> Example\Ex12\12.1\HTML\member\member.html

2. 切割并存储为网页

设计"加入会员"页面模板图像后，即可进行切割的操作，切割结果如图 12.6 所示。切割图像后，选择【文件】|【存储为 Web 所用格式】命令，并通过【存储为 Web 所用格式】对话框将所有切片以

PNG-24 设置优化，最后存储成 member.html 网页。

> **说 明**
>
> 上述只简单说明了网页模板图像的切割和优化处理。关于切割图像和优化图像切片的详细介绍，请读者翻阅 Photoshop 的相关书籍查阅，在此不再详说。

图 12.6　将网页图像进行切割并存储为网页

12.1.4　设计会员中心网页

除了"加入会员"网页外，会员系统有另外一个非常重要的组成部分，就是"会员中心"。因为所有普通浏览者只要注册成为会员后，都可以使用获得的账号和密码进入到社区的会员中心，以享受各种会员专有的服务。

1. 设计网页图像模板

同样，在开发网站的会员系统前，先使用 Photoshop 设计后续应用于会员中心的网页模板，结果如图 12.7 所示。

2. 切割并存储为网页

设计"会员中心"模板图像后，即可进行切割的操作。切割图像后，选择【文件】|【存储为 Web 所用格式】命令，并通过【存储为 Web 所用格式】对话框将所有切片以 PNG-24 设置优化，最后存储成 forum.html 网页。切割模板图像的结果如图 12.8 所示。

> **说 明**
>
> 会员中心页面的资料放置在光盘里，具体如下。
>
> 模板文件：
>
> Example\Ex12\12.1\PSD\membercenter.psd。
>
> 成果文件：
>
> Example\Ex12\12.1\HTML\membercenter\member _center.html。

图 12.7　会员中心页面

图 12.8　将网页图像进行切割并存储为网页

12.2　定义与配置网站环境

完成模板以及其他相关素材的处理后，接下来就可以使用 Dreamweaver 编辑网页了。因为在"缘海社区"网站后续会应用动态网页 ASP 技术和数据库，制作会员系统和社区论坛功能，所以必须先定义好本地站点，然后才可以在网站环境下进行各种编辑操作。

本例先通过 Dreamweaver 定义网页所在的文件夹为本地根目录，然后指定网站主页，结果如图 12.9 所示。

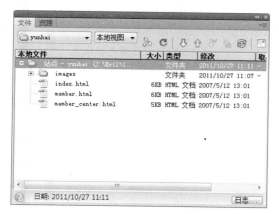

图 12.9　定义站点的结果

定义本地站点的操作步骤如下。

Step 1　打开 Dreamweaver CS5 程序，然后在欢迎窗口中单击【Dreamweaver 站点】项目，如图 12.10 所示。

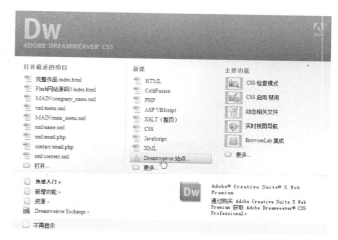

图 12.10　新建站点

Step 2　打开网站定义窗口，在【站点】设置项中先输入站点名称，再单击【本地站点文件夹】文本框后的浏览按钮 📁，如图 12.11 所示。

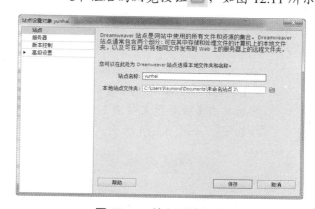

图 12.11　输入网站名称

Step 3　打开【选择根文件夹】对话框，指定网页文件所在的文件夹，然后单击【选择】按钮，如图 12.12 所示。

Step 4　返回网站定义窗口，在左栏选择【服务器】项目，单击添加按钮 ，如图 12.13 所示。

图 12.12　选择放置网页的文件夹

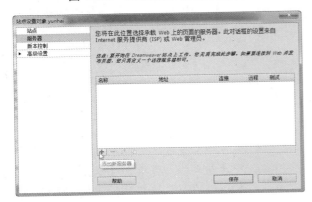

图 12.13　添加新服务器

 Step 5　显示服务器设置对话框，在【基本】选项卡中输入服务器名称，选择连接方法为【本地/网络】，再输入 Web URL 为"http://localhost:8081/"，然后单击【服务器文件夹】文本框后的浏览按钮，如图 12.14 所示。

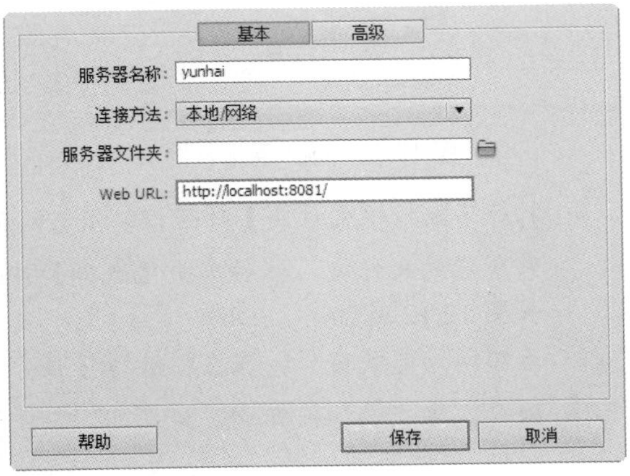

图 12.14　设置服务器名称和 URL

Step 6　打开【选择文件夹】对话框，指定网站文件夹(即放置网页文件的文件夹)，然后单击【选择】按钮，如图 12.15 所示。

图 12.15　选择文件夹

Step 7　在服务器设置对话框中切换到【高级】选项卡，选择服务器类型为 ASP VBScript，然后单击【保存】按钮，如图 12.16 所示。

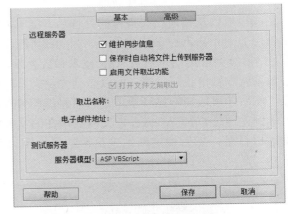

图 12.16　设置服务器模型

Step 8　新增服务器项目后，在列表中选择新增的服务器，再选中【测试】复选框，然后单击【保存】按钮，如图 12.17 所示。

Step 9　此时打开【文件】面板，可看到新增的网站，如图 12.18 所示。至此，完成定义站点。

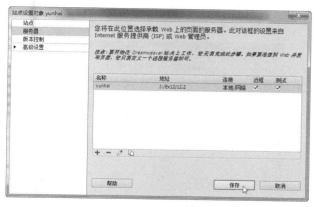

图 12.17 保存设置

图 12.18 查看新建的站点

12.3 初步编辑网页

定义本地站点后，可以通过 Dreamweaver 将网页打开，然后进行简单而必要的编辑，如设置网页标题、添加网页内容、设置页面文本的格式等。经过这些编辑后，一般网页的效果就基本完成，如图 12.19 所示。

图 12.19 添加与编辑网页内容

添加基本的网页内容后，还需要将网页另存为动态网页，以便后续能够为网页制作加入会员、论坛等动态服务功能。本例将 HTML 格式的网页另存为 ASP 格式的动态网页，首先选择【文件】|【另存为】命令，打开【另存为】对话框后，选择保存类型为 Action Server Pages，然后单击【保存】按钮即可，如图 12.20

所示。

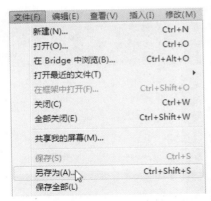

图 12.20　将 HTML 网页另存为 ASP 网页

　　除需将 HTML 网页另存为动态网页外，还需要进行一些必要的工作，即设置网页间的链接，如此才可以让浏览者在网页间进出。因为本章设计出网页的元素大多为图片，所以建议使用热点工具在对应图片上创建热区并设置链接。

　　下面通过实例介绍将 index.asp 网页的【会员注册】按钮图像利用热区设置与 member.asp 的链接，具体操作如下。

Step 1　打开【文件】面板，然后在定义的站点中双击 index.asp 文件，打开此网页，如图 12.21 所示。

Step 2　打开【属性】面板，然后在面板上单击【矩形热点工具】按钮，接着在【会员注册】按钮图像上拖动鼠标绘制一个矩形热区，如

图 12.22 所示。

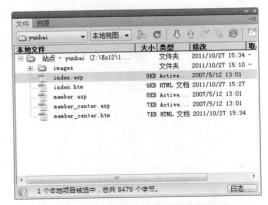

图 12.21　打开 index.asp 网页

图 12.22　绘制一个矩形热区

Step 3　此时 Dreamweaver 弹出一个提示信息框，用户只需单击【确定】按钮即可，如图 12.23 所示。

图 12.23　信息提示框

Step 4　在【属性】面板中单击【链接】选项后面的【浏览文件】按钮，如图 12.24 所示。

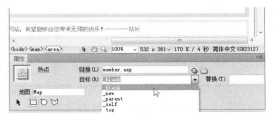

图 12.26 选择链接目标选项

图 12.24 单击【浏览文件】按钮

打开【选择文件】对话框后,选择 member.asp 文件,然后单击【确定】按钮,如图 12.25 所示。

12.4 设计加入会员表单

表单能实现站点与浏览者之间的互动,使网站不再仅仅只作为信息展示之用,而是可以进行信息收集、互动交流等处理。

12.4.1 添加表单与插入对象

本例将在"加入会员"页面上插入表单,然后输入表单项目内容,再插入对应的表单对象,并设置对应的属性,设置出加入会员的表单,如图 12.27 所示。

图 12.25 选择链接目标文件

返回编辑窗口,然后在【属性】面板中打开【目标】下拉列表,再选择目标选项即可,如图 12.26 所示。

图 12.27 设计表单的结果

说 明

本例站点的所有练习文件都在光盘的 "..\Example\ Ex12\12.4\12.4.1" 文件夹内。

添加表单与插入表单对象的操作步骤如下。

Step 1 通过 Dreamweaver 将练习文件所在的文件夹定义为本地站点, 然后打开 member.asp 文件。

Step 2 打开【插入】面板, 再打开面板的列表框, 选择【表单】选项, 如图 12.28 所示。

图 12.28　打开【插入】面板的【表单】选项卡

Step 3 将光标定位在页面中央的空白单元格内, 然后单击【表单】按钮, 在单元格内插入表单, 如图 12.29 所示。

图 12.29　插入表单

Step 4 打开【属性】面板, 设置表单名称为 join, 如图 12.30 所示。

说 明

当编辑窗口使用"设计"视图模式时, 插入的表单将以红色虚轮廓线表示; 若没有显示, 可选择【查看】|【可视化助理】|【不可见元素】命令, 显示不可见元素。

图 12.30　设置表单的名称

Step 5 将光标定位在表单内, 然后单击【字段集】按钮, 在表单内插入字段集, 如图 12.31 所示。

图 12.31　插入字段集

Step 6 打开【字段集】对话框后，设置标签为"会员资料"，最后单击【确定】按钮，如图 12.32 所示。

图 12.32 设置字段集标签

Step 7 选择字段集对象标签，然后打开【属性】面板，单击面板中的 CSS 按钮 ，设置大小为 13 像素、颜色为"#333"、样式为粗体，如图 12.33 所示。

图 12.33 设置对象标签文本的属性

Step 8 此时在字段集对象内输入必须填写的会员资料项目和提示信息，然后设置文字的大小为 12 像素、颜色为#333，结果如图 12.34 所示。

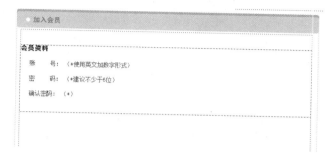

图 12.34 添加会员资料文本

Step 9 依照步骤 5 到步骤 8 的方法，再次在表单内插入字段集对象，然后输入需要填写的个人资料项目，结果如图 12.35 所示。

图 12.35 插入字段集对象并输入项目

Step 10 将光标定位在"账号："内容后，然后单击【文本字段】按钮 ，插入文本字段对象，弹出【输入标签辅助功能属性】对话框后，单击【取消】按钮即可，如图 12.36 所示。

Step 11 选择插入的文本字段对象，然后打开【属性】面板，设置文本字段的字符宽度为 20、文本域为 id，如图 12.37 所示。

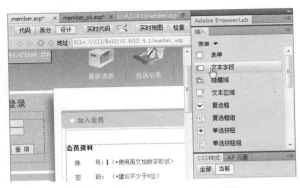

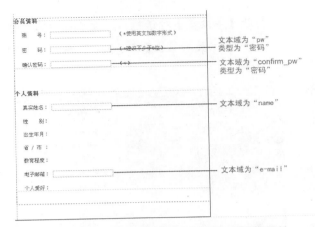

图 12.38　插入其他文本字段对象并设置属性

图 12.36　取消设置标签

Step 12　依照步骤 10 和步骤 12 的方法，分别在【密码】、【确认密码】、【真实姓名】、【电子邮箱】项目后插入文本字段对象，并设置对应的属性。其中【密码】和【确认密码】两个项目的表单对象类型为【密码】，如图 12.38 所示。

Step 13　将光标定位在"出生年月："项目后，然后单击【选择(列表/菜单)】按钮，插入选择对象，如图 12.39 所示。

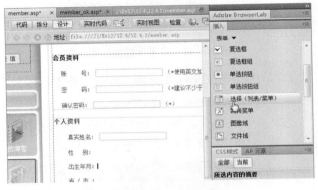

图 12.39　插入菜单对象

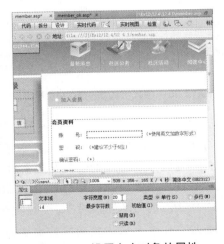

图 12.37　设置文本对象的属性

Step 14　弹出【输入标签辅助功能属性】对话框后，单击【取消】按钮即可，如图 12.40 所示。

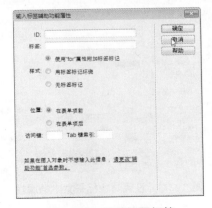

图 12.40　取消设置标签

选择插入的选择对象，然后打开【属性】面板，设置名称为 year、类型为【菜单】，接着单击【列表值】按钮，如图 12.41 所示。

图 12.41　设置选择对象的属性

 打开【列表值】对话框后，输入年份的项目标签，最后单击【确定】按钮，如图 12.42 所示。

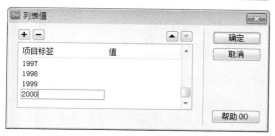

图 12.42　输入年份项目标签

 使用相同的方法，再次插入月份的选择对象，并设置名称为 month、类型为【菜单】、

列表值项目标签为 "1～12"，如图 12.43 所示。

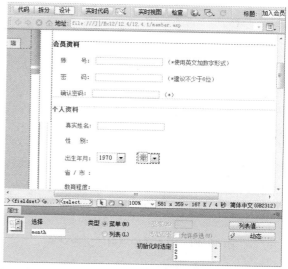

图 12.43　插入月份选择对象并设置属性

 在年月选项对象之间输入 "年" 和 "月" 二字，结果如图 12.44 所示。

个人资料

真实姓名：

性　别：

出生年月：1970　年 10　月

省 / 市：

图 12.44　输入 "年" 和 "月" 二字

 使用相同的方法，分别在【性别】、【省/市】和【教育程度】项目后插入菜单对象，并分别设置对象名称为 sex、area 和 edu，类型均为【菜单】，并对应地区和教育程度设置列表值，结果如图 12.45 所示。

图 12.45　插入其他项目的选择对象

图 12.47　输入对象标签

Step 20 将光标定位在"个人爱好："项目后，然后单击【复选框】按钮，插入复选框对象，如图 12.46 所示。

Step 22 使用步骤 20 和步骤 21 的方法，再插入标签分别为数码、音乐、游戏、阅读、休闲活动的复选框对象，接着通过【属性】面板，分别设置复选框对象名称为电脑、数码、音乐、游戏、阅读和休闲活动，结果如图 12.48 所示。

图 12.46　插入复选框对象

图 12.48　插入其他复选框对象的结果

Step 21 弹出【输入标签辅助功能属性】对话框后，设置标签文字为"电脑"、位置为【在表单项后】，最后单击【确定】按钮即可，如图 12.47 所示。

Step 23 将光标定位在字段集外，然后单击【按钮】按钮，插入按钮对象，如图 12.49 所示。

Step 24 弹出【输入标签辅助功能属性】对话框后，单击【取消】按钮即可，如图 12.50 所示。

图 12.49　插入对象

图 12.51　设置按钮的值

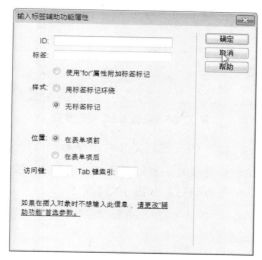

图 12.50　取消设置标签

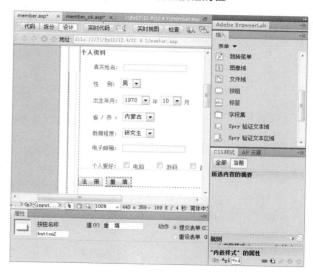

图 12.52　插入另外一个按钮并设置值

Step 25　选择插入的按钮对象，然后设置值为"注册"，如图 12.51 所示。

Step 26　使用相同的方法，插入另一按钮对象，并设置值为"重填"，如图 12.52 所示。

Step 27　将光标定位在按钮对象所在的行中，然后单击【属性】面板中的【居中对齐】按钮 ，接着使用空格分开，最终结果如图 12.53 所示。

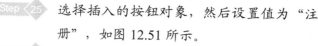

图 12.53　居中对齐按钮并分开的结果

12.4.2 使用 CSS 美化表单

上例设计的表单效果还比较粗糙，与页面文字的大小配合不是那么合适。此时，可以使用 CSS 样式定义某些规则，然后套用到表单对象上，如此即可让表单对象产生 CSS 规则属性设置的效果，如背景、边框等，借此就可以达到美化表单的目的了。

本例将通过【CSS 样式】面板定义两个 CSS 规则，并针对类型、背景、边框等项目设置相关的属性，然后套用到表单对象上，借此美化表单，结果如图 12.54 所示（本例练习文件： " ..\Example\Ex12\12.4\12.4.2\member.asp"）。

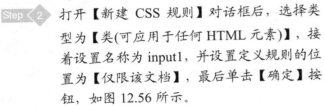

图 12.54　美化表单的结果

使用 CSS 美化表单的步骤如下。

Step 1　将练习文件所在的文件夹定义为本地站点，打开练习文件，选择【窗口】|【CSS 样式】命令，打开【CSS 样式】面板，然后单击【新建 CSS 规则】按钮，如图 12.55 所示。

Step 2　打开【新建 CSS 规则】对话框后，选择类型为【类(可应用于任何 HTML 元素)】，接着设置名称为 input1，并设置定义规则的位置为【仅限该文档】，最后单击【确定】按钮，如图 12.56 所示。

图 12.55　新建 CSS 规则

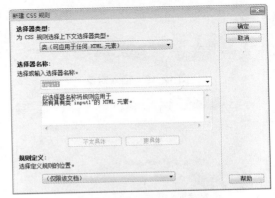

图 12.56　设置 CSS 规则参数

Step 3　打开 CSS 规则定义对话框后，选择【类型】分类项目，然后设置文本大小为 12px、颜色为#333，如图 12.57 所示。

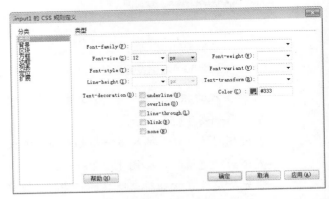

图 12.57　设置类型属性

Step 4　选择【背景】分类项目，并设置背景颜色为 #D7F2FF，如图 12.58 所示。

图 12.58 设置背景属性

Step 5 选择【边框】分类项目，并设置如图 12.59 所示的属性，最后单击【确定】按钮，退出设置并关闭对话框。

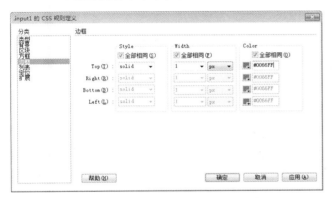

图 12.59 设置边框属性

Step 6 使用步骤 1 和步骤 2 的方法，新增一个名为 input2 的 CSS 规则，如图 12.60 所示。

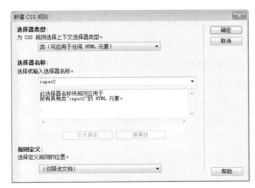

图 12.60 新建 input2 CSS 规则

Step 7 打开 CSS 规则定义对话框后，选择【类型】

分类项目，然后设置字体大小为 12px、颜色为#003399，如图 12.61 所示。

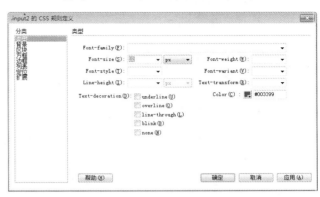

图 12.61 设置类型属性

Step 8 选择【背景】分类项目，并设置背景颜色为 #AAE3FF，如图 12.62 所示。

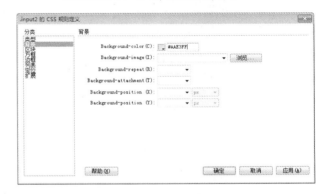

图 12.62 设置背景属性

Step 9 选择【边框】分类项目，并设置如图 12.63 所示的属性，最后单击【确定】按钮，退出设置并关闭对话框。

图 12.63 设置边框属性

选择页面上的其中一个文本字段对象，然后打开【属性】对话框，再打开【类】下拉列表框，选择 input1 样式，以将此样式套用到对象上，如图 12.64 所示。

 使用步骤 10 的方法，分别为其他表单对象套用 CSS 样式，其中两个按钮对象套用 input2 样式，其他对象套用 input1 样式，结果如图 12.66 所示。

图 12.64　选中一个文本字段并应用 CSS 样式

 使用步骤 10 的方法，为页面上的其他文本字段对象应用 input1 CSS 样式，如图 12.65 所示。

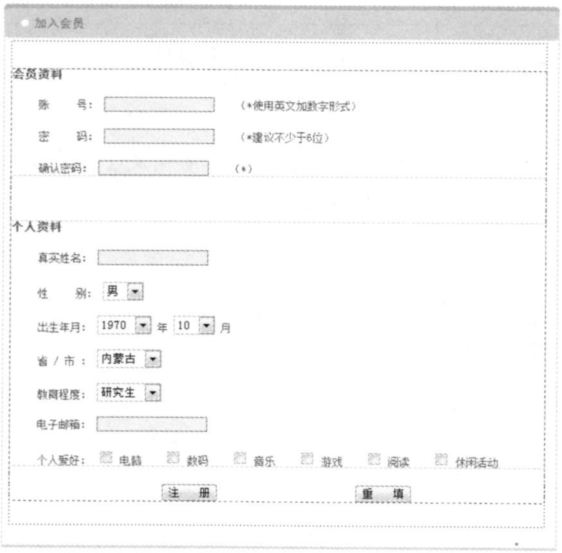

图 12.66　为其他表单对象应用 CSS 样式

12.4.3　检查表单

表单用于网站的信息收集和显示，所以为了确保所传送的信息都是正确的，需要对表单添加检查的功能，使之能够检查浏览者输入的数据是否符合条件，或者提醒浏览者需要填写必填的信息。经过检查并确保信息符合条件后，表单才会允许浏览者提交表单信息。

在 Dreamweaver 中，用户可以通过【行为】面板为网页添加【检查表单】的行为，以便设置表单对象设置的检查条件，借此有效地避免浏览者在表单对象中输入错误信息，或者漏填信息。

图 12.65　为其他文本字段对象应用 CSS 样式

> **说　明**
>
> 本例练习文件为 "..\Example\Ex12\12.4\12.4.3\member.asp"，在操作前将练习文件所在的文件夹定义为本地站点。

检查表单的操作步骤如下。

选择【窗口】|【行为】命令，打开【行为】
面板，此时选择页面表单上的【注册】按钮
对象，然后单击【添加行为】按钮 **+**，并
选择【检查表单】命令，如图 12.67 所示。

图 12.67 添加【检查表单】行为

打开【检查表单】对话框后，选择 input "id"
项目，并设置值是【必需的】且可接受为【任
何东西】的条件，如图 12.68 所示。

图 12.68 设置 id 文本字段检查条件

继续在【检查表单】对话框中分别选择 input
"pw"和 input "confirm-pw"项目，再设置值
是【必需的】且可接受为【任何东西】的条
件，如图 12.69 所示。

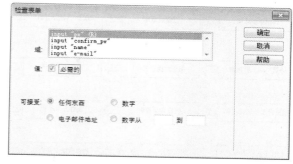

图 12.69 设置 pw 和 confirm 文本字段检查条件

此时选择 input "e-mail"项目，然后设置可接
受为【电子邮件地址】，最后单击【确定】
按钮，如图 12.70 所示。

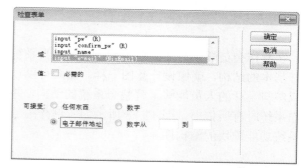

图 12.70 设置 e-mail 文本字段检查条件

添加【检查表单】行为后，当浏览者填写的信息
不符合检查条件时，网页就会跳出提示对话框，以提
示浏览者填写错误。

12.5 制作会员系统功能模块

目前很多社区网站都具有会员制经营方式，通过
让浏览者加入会员，并将会员数据建立成数据库，即
可方便管理会员的数据，并可追踪会员在网站上的行
为，为会员提供更多的服务，增加网站的价值。制作
会员系统功能模块的流程如图 12.71 所示。

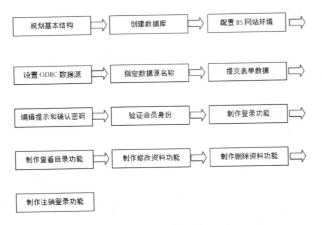

图 12.71　会员系统功能模块制作流程

12.5.1　规划基本结构

在制作会员登录与注销系统前，首先要为系统规划好基本的结构，就像设计蓝图一样。如此可以让自己或参与设计的人员能够了解整个系统的结构，并在制作系统时有所依循。图 12.72 所示为本例介绍的会员系统功能模块的结构图。

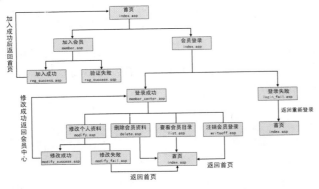

图 12.72　会员系统功能模块结构图

12.5.2　创建会员数据库

为了让浏览者可以通过网站注册成为会员，首先创建用于保存会员资料的数据库。在数据库中，需要针对加入会员的表单设计对应的数据表，以便让数据表的字段与加入会员表单对象对应。如此，当浏览者提交表单后，即可将表单填写的数据提交到数据表。

在创建数据库时，必须依照表单的项目和对象建立数据表，并在数据表中创建放置表单对象所填写数据的字段，并设定正确的数据类型。这样可以避免表单数据因为字段类型不合而无法提交到数据表的问题。图 12.73 所示为利用 Access 软件为会员系统所创建的数据表。

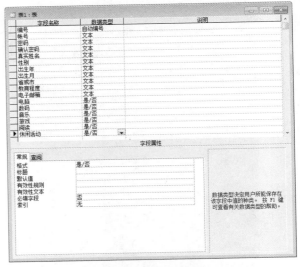

图 12.73　创建会员数据表的结果

创建会员数据库的操作步骤如下。

Step 1　单击【开始】按钮，从【开始】菜单中选择【所有程序】| Microsoft Office | Microsoft Office Access 2003 命令，打开 Access 程序，如图 12.74 所示。

图 12.74　启动 Access 2003 程序

Step 2 打开 Microsoft Access 窗口后，选择【文件】|【新建】命令，打开【新建文件】窗格后，单击【空数据库】链接，如图 12.75 所示。

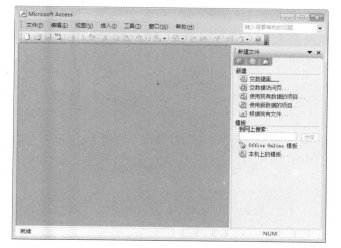

图 12.75　新建空数据库

Step 3 打开【文件新建数据库】对话框，指定数据库文件保存的位置并设置数据库文件名称，然后单击【创建】按钮即可，如图 12.76 所示。

图 12.76　保存数据库文件

Step 4 返回 Microsoft Access 窗口，可看到数据库编辑与管理工作区。在数据库窗口中单击【新建】按钮，如图 12.77 所示。

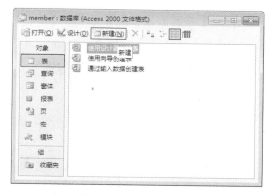

图 12.77　新建数据表

Step 5 在打开的【新建表】对话框中选择【设计视图】选项，并单击【确定】按钮，以便通过表设计视图创建数据表，如图 12.78 所示。

图 12.78　使用设计视图新建表

Step 6 打开表设计窗口后，输入字段名称并设置对应的数据类型，如图 12.79 所示。

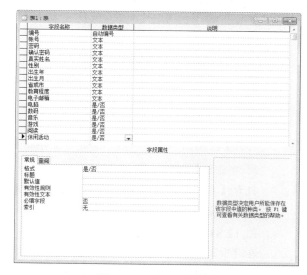

图 12.79　设计数据表

Step 7 单击【关闭】按钮 ，弹出对话框后，单击【是】按钮保存数据表，如图 12.80 所示。

图 12.80 保存表的设计

Step 8 弹出【另存为】对话框后输入数据表名称为"会员表"，最后单击【确定】按钮，如图 12.81 所示。

图 12.81 输入表的名称

12.5.3 配置 IIS 网站环境

若要开发和测试动态网页，就需要一个能够支持动态网页正常工作的 Web 服务器。在 Windows 7 系统中，就是使用 IIS 作为动态站点的服务器，以测试与开发动态网页。

当安装 IIS 系统组件后，即可将网页文件所在的文件夹配置在 IIS 环境下，例如本例将会员系统所使用到的网页所在的"12.5"文件夹(可从光盘中取得)配置成 IIS 网站。

配置 IIS 网站环境的操作步骤如下。

Step 1 单击桌面左下角的【开始】按钮，从【开始】菜单中选择【控制面板】命令，如图 12.82 所示。

Step 2 打开【控制面板】窗口后，在窗口上单击【系统和安全】链接，如图 12.83 所示。

Step 3 打开【系统和安全】窗口后，单击【管理工具】链接，打开【管理工具】窗口，如图 12.84 所示。

Step 4 在【管理工具】窗口中双击【Internet 信息服务(IIS)管理器】项目，打开 IIS 管理器，如图 12.85 所示。

图 12.82 打开【控制面板】窗口

图 12.83 单击【系统和安全】链接

图 12.84 单击【管理工具】链接

图 12.85　打开 IIS 管理器

 在窗口左侧展开选择 Default Web Site 项目，在右边的操作区中单击【基本设置】项目，如图 12.86 所示。

图 12.86　打开【基本设置】项目

 打开【编辑网站】对话框，单击【物理路径】文本框后的浏览按钮 ，如图 12.87 所示。

图 12.87　设置默认文件

 打开【浏览文件夹】对话框，选择网站练习文件 12.5，再单击【确定】按钮，如图 12.88 所示。

图 12.88　指定网站文件夹

12.5.4　设置 ODBC 数据源

要使用 ASP 应用程序设计动态网页，就必须通过开放式数据库连接(ODBC)驱动程序和嵌入式数据库(OLE DB)提供程序连接到数据库。开放式数据库连接(ODBC)在动态网页设计中较为常用，所以本例即通过开放式数据库连接(ODBC)驱动程序，设置用于会员系统的数据源。

设置 ODBC 数据源的操作步骤如下。

打开【系统和安全】窗口，然后单击【管理工具】链接，打开【管理工具】窗口，如图 12.89 所示。

图 12.89　打开【管理工具】窗口

Step 2 打开【管理工具】窗口后，双击【数据源 (ODBC)】项目，如图 12.90 所示。

图 12.90 双击【数据源(ODBC)】项目

Step 3 打开【ODBC 数据源管理器】对话框，切换到【系统 DSN】选项卡，单击【添加】按钮，如图 12.91 所示。

图 12.91 选择数据源的驱动程序

Step 4 打开【创建新数据源】对话框，在列表框中选择 Microsoft Access Driver(*.mdb)项目，单击【完成】按钮，如图 12.92 所示。

Step 5 打开【ODBC Microsoft Access 安装】对话框后，输入数据源名称，然后单击【选择】

按钮，如图 12.93 所示。

图 12.92 设置数据源名称

图 12.93 选择数据库

Step 6 打开【选择数据库】对话框后，选择数据库文件(..\database\member.mdb)，然后单击【确定】按钮关闭所有对话框，如图 12.94 所示。

> **说 明**
>
> 数据库文件的选择需要根据读者自己将数据库文件放置在哪里而定。读者可以从书中的光盘中获取数据库文件。

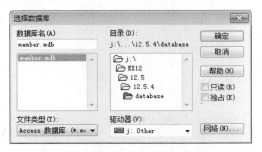

图 12.94 选择数据库文件

12.5.5 指定数据源名称(DSN)

对于本地操作而言，动态网页需要在支持动态网页程序的服务器环境中运行，并可以访问数据库，要达到这一点，必须满足四个条件，如图 12.95 所示。

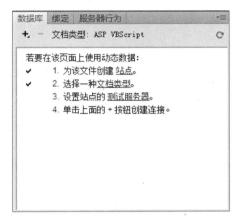

图 12.95　访问数据库要达到的条件

至此，已经满足了第一、二两个条件，本例将设置网站的测试服务器并指定数据源名称，以满足开发动态网页的四个条件。为网站指定数据源名称的结果如图 12.96 所示。

图 12.96　指定数据源名称的结果

Step 1 打开 Dreamweaver 软件，然后选择【站点】|【管理站点】命令，打开【管理站点】对话框后，选择 yunhai 站点并单击【编辑】按钮，如图 12.97 所示。

图 12.97　编辑站点

Step 2 打开站点设置对象对话框后，选择【服务器】分类项目，并双击 yunhai 服务器项目，如图 12.98 所示。

图 12.98　打开服务器

Step 3 此时重新指定服务器文件夹，然后单击【保存】按钮，如图 12.99 所示。

Step 4 返回【管理站点】对话框后，单击【完成】按钮，关闭对话框，如图 12.100 所示。

Step 5 通过【文件】面板打开 member.asp 网页，选择【窗口】|【数据库】命令，打开【数据库】面板，如图 12.101 所示。

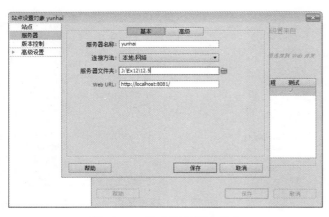

图 12.99　指定服务器文件夹

图 12.100　完成站点编辑　图 12.101　打开【数据库】面板

Step 6　单击【添加】按钮 ✚，并选择【数据源名称(DSN)】命令，如图 12.102 所示。

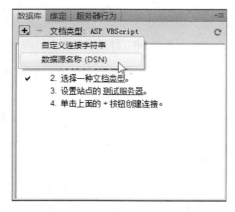

图 12.102　添加数据源名称

Step 7　打开【数据源名称(DSN)】对话框后，设置连接名称并选择数据源名称，最后单击【确定】按钮即可，如图 12.103 所示。

图 12.103　设置数据源名称

注　意

为了方便读者跟随本书学习会员系统的制作，从现在开始的每个小节，随书光盘将针对每个小节提供对应的范例文件。当您学习到某个小节时，则需要使用该小节的范例，所以在使用这些范例文件前，必须重新定义网站的本地根文件夹和服务器信息，以便让该小节的网页能够在动态网站环境下操作。

另外，12.5.4 小节介绍了设置 ODBC 数据源的方法，在后续各个小节的操作前，必须将数据源的位置更新为该节数据库文件所在的位置，例如 12.5.5 小节指定 "..\Ex12\12.5.5\database\member.mdb" 数据库为数据源，到 12.5.6 小节后，则需要重新指定 "..\Ex12\12.5.6\database\member.mdb" 数据库为数据源，否则由表单所提交的数据就无法提交到对应小节的数据库内。

12.5.6　将表单数据提交到数据库

当浏览者在表单上填写资料后，就可以提交到网站的数据库中。但是，网站服务器是怎样接受这些数据并保存到数据库内的呢？其实原理很简单，因为网页已经指定数据源名称(DSN)，即可与数据库之间建立关联，然后为表单添加【插入记录】的服务器行为，让表单对象与数据库的数据表字段对应。当提交表单数据时，服务器将找出被指定的数据源，并通过服务器行为将数据一一对应地插入到字段内，即可完成保存数据的工作。

下面将介绍为表单添加【插入记录】的服务器行为，并设置表单对象与数据表字段的对应关系。图 12.104 所示是为表单填写资料并提交的结果。

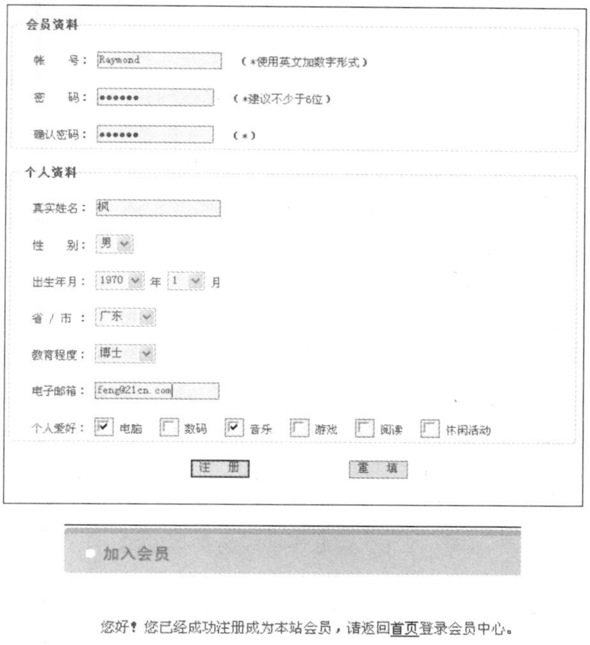

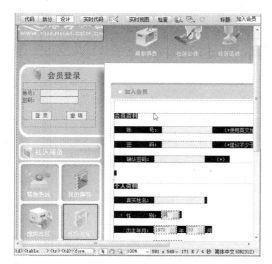

图 12.104　填写并提交表单的结果

将表单数据提交到数据库的操作步骤如下。

Step 1　打开 members.asp 网页，在表单的红色虚线上单击，以选择加入会员表单，如图 12.105 所示。

图 12.105　选择表单

Step 2　打开【服务器行为】面板，并单击【添加】按钮 ，接着在打开的菜单中选择【插入记录】命令，如图 12.106 所示。

图 12.106　添加【插入记录】行为

Step 3　打开【插入记录】对话框后，选择 member 连接，如图 12.107 所示。

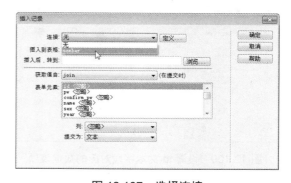

图 12.107　选择连接

Step 4　单击【插入后，转到】文本框后的【浏览】按钮，然后在【选择文件】对话框中选择 12.5.6 文件夹的 reg_success.asp 文件，如图 12.108 所示。

Step 5　设置获取值来自 join 表单，然后选择 id 选项，在对话框下方的【列】下拉列表框中选择 id 文本字段对应的数据表列为【账号】，接着设置【提交为】文本，如图 12.109 所示。

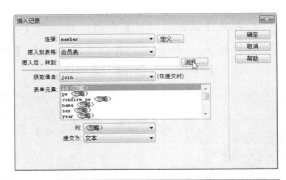

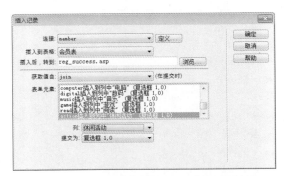

图 12.110　设置其他表单元素对应的数据表项

图 12.108　选择插入记录后转到的目标网页

图 12.109　设置 id 文本字段对应的数据表项

 按照步骤 5 的方法，分别为各个表单元素设置对应的数据表的字段和提交数据的类型，最后单击【确定】按钮，如图 12.110 所示。

说　明

关于表单元素与数据表字段和提交数据的类型的设置如表 12.1 所示。

表 12.1　数据表字段与类型说明

表单元素标签	数据表字段	提交数据类型
id	账号	文本
pw	密码	文本
confirm_pw	确认密码	文本
name	真实姓名	文本
sex	性别	文本
year	出生年	文本
month	出生月	文本
area	省或市	文本
edu	教育程度	文本
e-mail	电子邮箱	文本
computer	电脑	复选框　1,0
digital	数码	复选框　1,0
music	音乐	复选框　1,0
game	游戏	复选框　1,0
read	阅读	复选框　1,0
action	休闲活动	复选框　1,0

12.5.7　设置表单提示信息和确认密码

在本章 12.4.4 小节中曾介绍，当浏览者输入错误资料或漏填资料时，表单将弹出对话框，提示填写错误。不过在默认的情况下，提示对话框的内容以英文显示，为了适合国内的用户查看，可将提示信息修改成中文显示。另外，为了确保加入会员时浏览者输入正确的密码，表单一般会提供"确认密码"的功能，让浏览者输入两次相同的密码。

本例将变更表单提示信息为中文内容，并通过代码设置确认密码的功能。图 12.111 所示为没有填写资料即提交表单的中文提示信息。图 12.112 所示为确认密码错误时弹出的信息。

图 12.111　没有填写资料即提交表单的中文提示信息

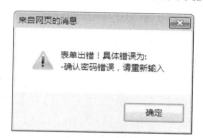

图 12.112　确认密码错误时弹出的信息

设置提示信息和确认密码的操作步骤如下。

Step 1 打开 member.asp 网页，然后单击【代码】按钮，切换到代码视图，此时拖动窗口的滚动条，找到 "function MM_validateForm()" 代码所有的范围，如图 12.113 所示。

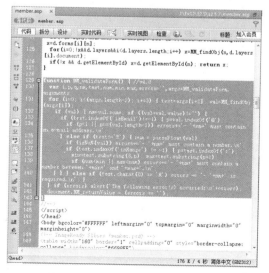

图 12.113　选择服务器行为代码

Step 2 选择代码范围内的 The following error(s) occurred 代码(本例显示此代码在第 141 行)，此时将此文本修改成中文提示信息，例如 "表单出错！具体错误为"，如图 12.114 所示。

图 12.114　修改表单错误提示信息

Step 3 选择第 140 行的 "is required." 代码，然后修改成 "必需填写！" 内容，如图 12.115 所示。

图 12.115　修改必须填写的错误提示信息

Step 4 选择第 134 行的 "must contain an e-mail

address." 代码，然后修改成"必须是电子邮件！"内容，如图 12.116 所示。

图 12.116　修改必须是邮件的错误提示

Step 5　将光标定位在 141 行的"if"代码前，然后按 Enter 键换行，接着在换行的位置上输入"if(join.pw.value!=join.confirm_pw.value){errors+='-确认密码错误，请重新输入\n';}"代码，以便让确认密码功能生效，如图 12.117 所示。

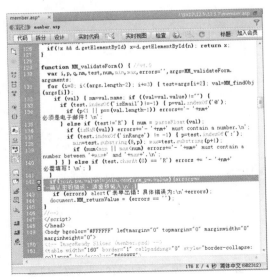

图 12.117　添加确认密码的判断代码

说　明

步骤 5 添加的代码意义是设置表单的密码对象与确认密码对象的值相同，如果不同，则出现"确认密码错误，请重新输入"信息。此程序的语法格式为：if(表单名称.表单对象名称.value!=表单名称.表单对象名称.value){errors+='-提示信息\n';}。其中语法中的!=表示不等于(即该密码与确认密码项目的数据不同)；\n 表示换行。

12.5.8　验证会员身份

在会员登录会员中心时，是使用会员账号来辨别身份，所以会员账号必须具有唯一性，即每个会员的账号都不应该出现相同的情况，否则会员的数据可能会重复。

如何避免会员使用相同的账号呢？这就需要在会员提交表单时来判断账号是否已经被使用了。在 Dreamweaver 中，用户可以为表单添加"检查新用户名"服务器行为，以验证提交的账号数据中，是否在数据库中已经存在。若存在，则不能提交表单数据；若不存在，则可以提交数据，这样就可以避免会员账号重复了。

图 12.118 所示为浏览者使用已被注册的账号后，即转到提示账号已被注册的网页。

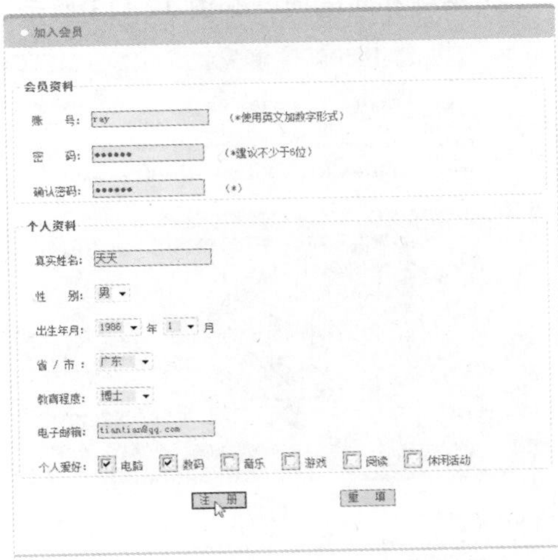

图 12.118　账号被注册后转到提示信息的页面

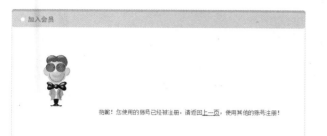

图 12.118　账号被注册后转到提示信息的页面(续)

验证会员身份的操作步骤如下。

Step 1 打开 member.asp 网页，然后打开【服务器行为】面板，并单击【添加】按钮 **+**，接着选择【用户身份验证】|【检查新用户名】命令，如图 12.119 所示。

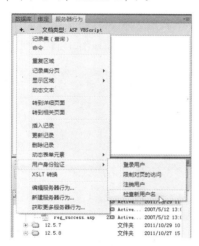

图 12.119　添加【检查新用户名】服务器行为

Step 2 打开【检查新用户名】对话框后，选择用户名字段为 id，如图 12.120 所示。

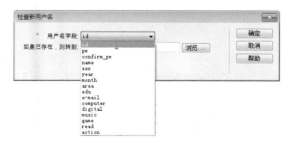

图 12.120　设置用户名字段

Step 3 接着单击【浏览】按钮，并从【选择文件】对话框中选择 reg_fail.asp 文件，最后单击【确定】按钮，如图 12.121 所示。

说　明

经过上述设置后，当浏览者输入的账号与数据库的账号字段数据重复时，则转到 reg_fail.asp 网页，提示账号重复的信息。

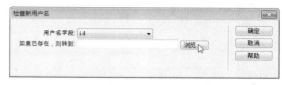

图 12.121　选择账号存在时转到的网页

12.5.9　制作会员登录功能

当用户注册成为会员后，即可使用获得的账号和密码登录会员中心。那服务器怎样才能判断账号和密码是合法的呢？这就需要在会员输入账号和密码并提交后，系统将提交的数据与数据库数据进行比对，如果数据符合，则可以登录会员中心；如果数据不符合，则无法登录。当登录会员中心后，系统还可以记录该会员的信息，并显示在网页上，例如将会员姓名显示在网页上。

下例将通过为登录表单添加【登录用户】服务器行为，为表单添加与数据库数据进行比对的功能，接着将成功登录会员中心的会员名字显示在网页上，如图 12.122 所示。

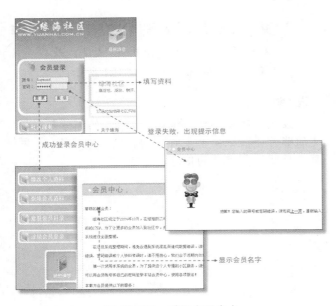

图 12.122　登录会员中心

制作会员登录功能的操作步骤如下。

Step 1　打开 index.asp 网页，并选择【账号】项目后的文本字段对象，然后打开【属性】面板，设置文本域为 id，如图 12.123 所示。

图 12.123　设置账号文本字段的文本域

Step 2　使用相同的方法，设置【密码】项目后的文字字段对象的文本域为 pw、类型为【密码】，如图 12.124 所示。

图 12.124　设置密码文本字段的属性

Step 3　选择表单，然后打开【属性】面板，设置表单 ID 为 login，如图 12.125 所示。

图 12.125　设置表单 ID

Step 4　按 Ctrl+F9 快捷键打开【服务器行为】面板，然后单击【添加】按钮，并选择【用户身份验证】|【登录用户】命令，如图 12.126 所示。

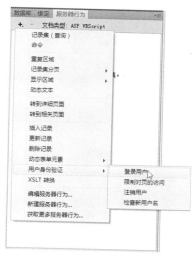

图 12.126　添加【登录用户】行为

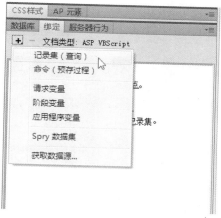

图 12.128　添加绑定记录集(查询)

Step 5 打开【登录用户】对话框后，设置如图 12.127 所示的各个选项，完成后单击【确定】按钮即可。

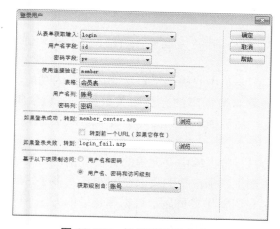

图 12.127　设置登录用户选项

Step 6 打开 member_center.asp 网页，然后单击【绑定】面板的【添加】按钮 ，选择【记录集(查询)】命令，如图 12.128 所示。

Step 7 打开【记录集】对话框后，设置名称和连接，接着选中【选定的】单选按钮，并选择【账号】和【真实姓名】字段，最后设置筛选条件，其中设置阶段变量的参数为 MM_Username，单击【确定】按钮应用设置，如图 12.129 所示。

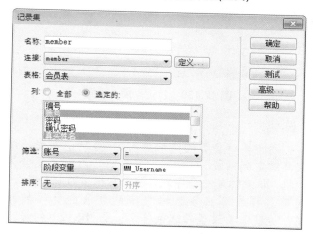

图 12.129　设置记录集选项

说　明

添加【登录用户】服务器行为后，如果表单对象 id 和 pw 上填写的数据与数据库的【账号】和【密码】数据一致，则转到 member_center.asp 网页；如果不一致，则转到 login_fail.asp 网页。

另外需要注意：在设置登录用户时，必须设置获取级别来自【账号】，因为后续将使用此限制满足筛选记录的条件。

Step 8 返回【绑定】面板后，选择【真实姓名】记录，然后拖到"尊敬的会员"的"的"和"会"字之间，以插入数据库的【真实姓名】记录，如图 12.130 所示。

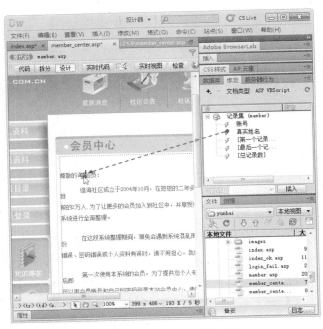

图 12.130 将记录插入页面

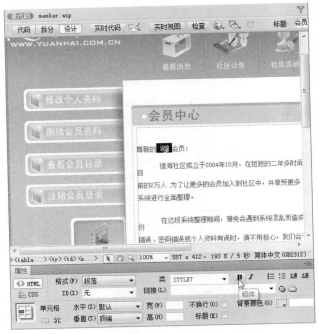

图 12.131 设置记录样式为粗体

说 明

因为要将会员的记录插入网页，所以需要将记录集绑定到网页。但是网站的数据库存有大量会员数据，即使绑定一个字段，也会有很多数据。那么，网页怎样在那么多数据中找到登录会员的数据呢？这就需要设置筛选条件了。图 12.129 的筛选条件意义就是以【账号】字段为筛选范围。因为在步骤 5 中设置了限制为【账号】，所以表单提交时会将账号的数据记录为阶段变量，并与数据表中的阶段变量 MM_Username 作比对，即与数据表的【账号】字段的数据作比对。

对比后就会记录登录会员的数据，即记录集只取当前登录会员的数据。如此，当记录插入到网页，就会显示当前登录到会员中心的会员的名字，而不是出现其他会员的名字。

Step 9 选择插入的记录，然后在记录左右分别插入一个空格，再打开【属性】面板，并单击【粗体】按钮 ，如图 12.131 所示。

12.5.10 制作查看会员目录功能

网站会员中心提供了查看会员目录的功能，所以本例需要将数据库的会员相关数据作为记录集与网页绑定，然后插入到页面并重复显示，以制作出会员目录。

但是，数据库中有大量的会员数据，如果全部显示在页面上，那浪费的页面空间实在太多了，所以本例同时介绍制作多页显示数据库记录的方法，即只限制一页显示部分数据，并通过导航条查看其他未显示的数据。如此，只需少量的页面空间，就可以显示大量的数据了。

本例制作的会员目录页面效果如图 12.132 所示。制作查看会员目录功能的操作步骤如下。

Step 1 打开 list.asp 网页，然后单击【绑定】面板中的【添加】按钮 ，并选择【记录集(查询)】命令，打开【记录集】对话框后，设置如图 12.133 所示的参数，最后单击【确定】按钮。

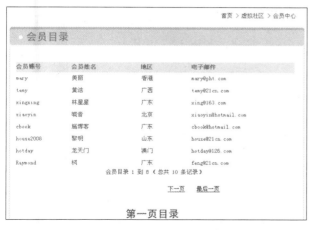

图 12.132　制作多页导航式的会员目录

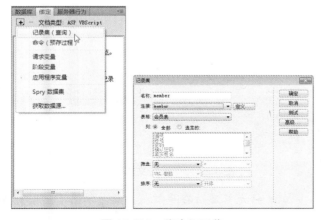

图 12.133　绑定记录集

Step 2 打开记录集，分别将【账号】、【真实姓名】、【省或市】、【电子邮箱】记录插入到页面的表格中，结果如图 12.134 所示。

Step 3 选择所有插入的记录，然后打开【属性】面板，设置大小为 12px、颜色为 "#333333"，如图 12.135 所示。

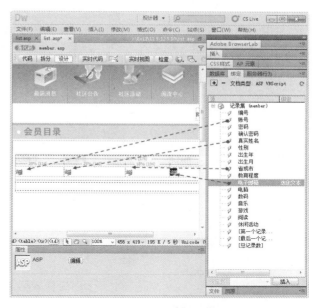

图 12.134　插入记录到页面

图 12.135　设置记录的大小和颜色

Step 4 选择插入记录的表格，然后打开【服务器行为】面板，并单击【添加】按钮，再选择【重复区域】命令，如图 12.136 所示。

Step 5 打开【重复区域】对话框后，选择记录集，并设置显示 8 条记录，最后单击【确定】按钮，如图 12.137 所示。

图 12.136　选择表格并添加【重复区域】行为

图 12.137　设置重复区域

Step 6　将光标定位在最后一行空白单元格内，然后选择【插入】面板的【数据】选项卡，接着单击【记录集导航状态】按钮，如图 12.138 所示。

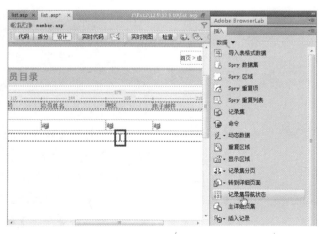

图 12.138　插入记录集导航状态

Step 7　打开对话框后，选择记录集，并单击【确定】按钮，如图 12.139 所示。

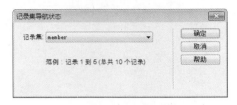

图 12.139　设置记录集

Step 8　插入导航状态后，适当修改文字内容，然后打开【属性】面板，设置文本大小为 12px、颜色为"#333333"，如图 12.140 所示。

图 12.140　设置文本的属性

Step 9　将光标定位在导航状态后，单击【插入】面板的【数据】选项上的【记录集分页】按钮右侧的下三角按钮，弹出下拉菜单后选择【记录集导航条】命令，如图 12.141 所示。

Step 10　打开【记录集导航条】对话框后，选择记录集并设置显示方式，最后单击【确定】按钮，如图 12.142 所示。

Step 11　制作会员目录页面后，还需要为会员中心网页设置转到会员目录页面的链接。首先打开

member_center.asp 网页，然后选择页面上的【查看会员目录】图标，并单击【服务器行为】面板中的【添加】按钮，接着选择【转到相关页面】命令，如图 12.143 所示。

图 12.141　插入记录集导航条

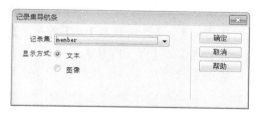

图 12.142　设置记录集导航条

图 12.143　添加【转到相关页面】行为

Step 12　打开【转到相关页面】对话框后，设置相关页面和传递参数，最后单击【确定】按钮，如图 12.144 所示。

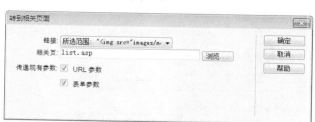

图 12.144　设置相关页面和传递参数

说　明

当为【查看会员目录】图像添加【转到相关页面】服务器行为后，会员只需单击该图像，即可转到 list.asp 网页，查看会员目录。

12.5.11　制作修改会员资料功能

会员进入会员中心后，可以获得一些特殊的服务，如查看会员目录，或者修改会员的资料等。这样会员就可以随时可因需要而修改个人资料和用户登录会员中心的账号和密码。

本例将介绍提供会员修改资料的功能的制作方法，首先需要准备一个显示会员资料的页面，以便会员进入此页面时即显示对应的资料，然后为页面制作更新数据库的功能，当会员修改资料后，即可更新到数据库，以取代原来的旧数据。

另外，为了保密，系统需要对访问页面进行必要的限制，以便只有当前会员才能修改自己的资料，其他会员将不能修改。

制作修改会员资料功能的页面操作的结果如图 12.145 所示。

制作修改会员资料功能的操作步骤如下。

Step 1　打开 modify.asp 网页，再打开【绑定】面板，并单击【添加】按钮 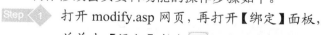，然后选择【记录集(查询)】命令。打开【记录集】对话框后，设置连接名称、筛选条件等参数，最后单击【确定】按钮，如图 12.146 所示。

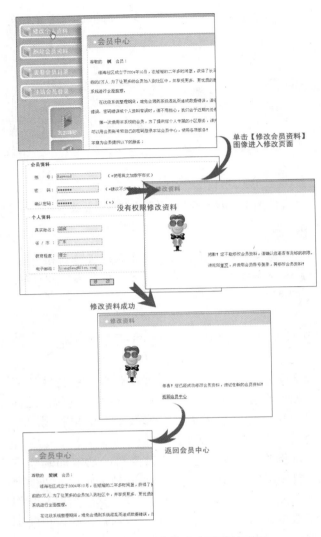

单击【修改会员资料】
图像进入修改页面

没有权限修改资料

修改资料成功

返回会员中心

图 12.145　制作修改会员资料功能

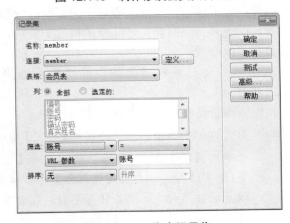

图 12.146　绑定记录集

Step 2 绑定记录集后，选择【账号】记录，然后将
该记录拖到【账号】项目后的文本字段对象
上，最后放开鼠标即可将此记录插入到页面
上，如图 12.147 所示。

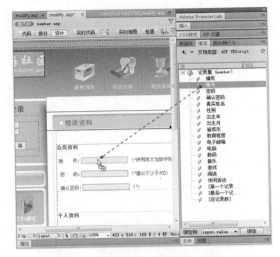

图 12.147　插入【账号】记录

Step 3 使用步骤 2 的方法，分别将【密码】、【确
认密码】、【真实姓名】、【省或市】、【教
育程度】、【电子邮箱】记录插入到对应的
文本字段对象上，结果如图 12.148 所示。

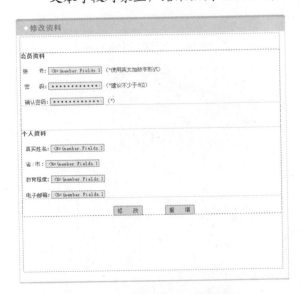

图 12.148　插入其他记录的结果

Step 4 切换到【服务器行为】面板，并单击【添加】

按钮 ，然后选择【更新记录】命令，如
图 12.149 所示。

图 12.149 　添加【更新记录】行为

Step 5 打开【更新记录】对话框后，设置更新记录
的各项参数，并指定表单元素与数据列的对
应关系和数据提交类型，最后单击【确定】
按钮即可，如图 12.150 所示。

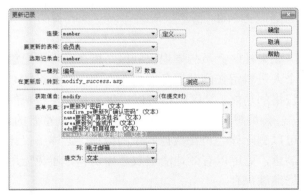

图 12.150 　设置更新记录项目

Step 6 此时打开 member_center.asp 网页，然后选
择【修改个人资料】图标，然后单击【服务
器行为】面板中的【添加】按钮 ，并选
择【转到详细页面】命令，如图 12.151 所示。

图 12.151 　选择图标并添加【转到详细页面】行为

Step 7 打开【转到详细页面】对话框后，设置各项
参数，最后单击【确定】按钮即可，如图 12.152
所示。

图 12.152 　设置转到详细页面的参数

Step 8 打开 modify_success.asp 网页，然后选择"返
回会员中心"文字，并单击【服务器行为】
面板中的【添加】按钮 ，并选择【转到
相关页面】命令，如图 12.153 所示。

Step 9 打开【转到相关页面】对话框后，设置各项
参数，最后单击【确定】按钮，如图 12.154
所示。

Step 10 此时再打开 modify.asp 网页，然后单击【服
务器行为】面板中的【添加】按钮 ，并
选择【用户身份验证】|【限制对页的访问】
命令，如图 12.155 所示。

图 12.153　选择文本并添加【转到相关页面】行为

图 12.154　设置转到相关页面参数

图 12.155　添加【限制对页的访问】行为

Step 11 打开【限制对页的访问】对话框后，选中【用户名和密码】单选按钮，并设置如果拒绝访问则转到 modify_fail.asp 网页，最后单击【确定】按钮，如图 12.156 所示。

图 12.156　设置限制对页访问的参数

至此，提供会员修改资料的功能就完成了。读者可通过 index.asp 网页使用账号登录会员中心，并单击【修改会员资料】图标进入【修改资料】页面。当修改资料后，单击【修改】按钮即可将资料提交到数据库。注意：必须通过 index.asp 网页使用账号登录才可以顺利测试出效果，如果直接打开 member.asp 或 modify.asp 网页是不能正常预览的，因为这些网页需要提供筛选条件所需要的变量才可以浏览，而这个变量是在登录时才会被记录。

12.5.12　制作删除会员资料功能

如果社区会员想要退出社区，那么通常不愿意再将个人资料留在网站服务器内。为了提供会员放弃会员资格的功能，社区网站可以提供删除会员资料的功能，若会员想要放弃会员资格，成为普通浏览者的话，则可以删除该会员在数据库中的数据。这样不仅让会员满意，更可以有效地清理数据库资料，避免无用的数据继续保存。

本例将为会员中心删除会员资料的功能，首先让会员进入查看资料的页面，然后决定是否删除资料，如图 12.157 所示。若删除则取消会员资料，若不删除则可以返回会员中心。图 12.158 所示为删除会员资料后的结果。

单击【删除会员资料】
图标进入详细页

单击【删除】按钮即可
删除会员资料

图 12.157　删除会员资料

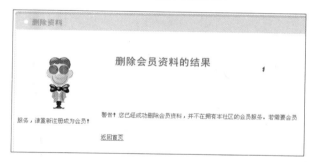

图 12.158　删除会员资料后显示的页面

制作删除会员资料功能的操作步骤如下。

Step 1　打开 member_center.asp 网页，然后选择【删除会员资料】图标，单击【服务器行为】面板中的【添加】按钮 ⊞，并选择【转到详细页面】命令，如图 12.159 所示。

Step 2　打开【转到详细页面】对话框后，设置各项参数，最后单击【确定】按钮即可，如图 12.160 所示。

Step 3　此时打开 delete.asp 网页，然后单击【服务器行为】面板中的【添加】按钮 ⊞，并选择【删除记录】命令，如图 12.161 所示。

图 12.159　选择图标并添加【转到详细页面】行为

图 12.160　设置转到详细页面参数

图 12.161　添加【删除记录】行为

Step 4　打开【删除记录】对话框后，设置删除记录的各项参数，最后单击【确定】按钮，如图 12.162

所示。

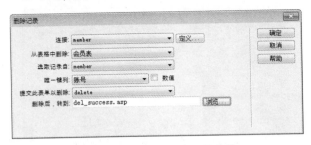

图 12.162　设置删除记录参数

Step 5　选择表单上的【返回】按钮，然后单击【服
务器行为】面板中的【添加】按钮 ✚，并
选择【转到相关页面】命令，如图 12.163
所示。

图 12.163　选择图标并添加【转到相关页面】行为

Step 6　打开【转到相关页面】对话框后，设置转到
【会员中心】的网页和参数，最后单击【确
定】按钮，如图 12.164 所示。

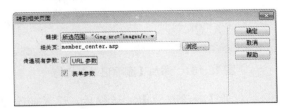

图 12.164　设置转到相关页面的参数

12.5.13　制作注销登录功能

会员在登录系统后，其账号就被暂时记录(作为阶段变量或 URL 参数)，作为辨认会员身份的数据。

如果会员要注销系统，即暂时退出会员中心，则可以取消会员账号的记录，使会员恢复普通浏览者的身份。这样可以对会员资料进行有效的保护，避免记录为参数的账号资料被窃取。

本例将为会员中心网页的【注销会员登录】图标添加【注销用户】服务器行为，以清除被记录的账号数据，让会员暂时恢复普通浏览者的身份，如图 12.165所示。

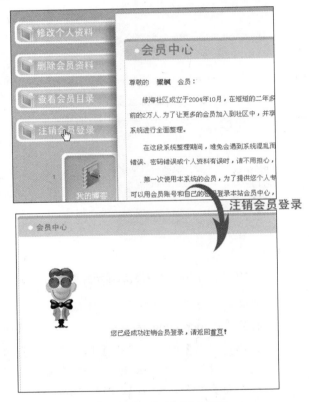

图 12.165　注销会员登录

制作注销登录功能的操作步骤如下。

Step 1　打开 member_center.asp 网页，然后选择【注
销会员登录】图标，单击【服务器行为】面
板中的【添加】按钮 ✚，并选择【用户身
份验证】|【注销用户】命令，如图 12.166

所示。

图 12.166　选择图标并添加【注销用户】行为

 打开【注销用户】对话框后，设置各项参数，最后单击【确定】按钮即可，如图 12.167 所示。

图 12.167　设置注销用户参数

 打开 writeoff.asp 网页，然后选择页面上的"首页"二字，接着打开【属性】面板，设置返回首页的链接，如图 12.168 所示。

至此，社区网站的会员系统就完成了，读者可从首页开始测试效果。首先单击首页的【会员注册】按钮，进入【加入会员】页面。注册成功后，即可返回首页并使用账号和密码登录到会员中心。在会员中心内，网站为会员提供修改资料、查看会员目录、删除会员资料以及注销登录的服务。

图 12.168　为文本设置链接

12.6　章后总结

本章以一个社区网站作为教学范例，其中简单介绍了使用 Photoshop 设计网页模板的一些基本方法和过程，继而重点介绍了通过 Dreamweaver 开发社区网站的会员登录与注销系统的制作。

在整个会员系统的开发过程中，表单的设置、数据创建与服务器行为应用都非常重要，因为系统的基本原理在于利用表单供浏览者填写资料，并通过服务器行为将数据提交到数据库。同样，系统也需要通过服务器行为或绑定记录集的使用，让数据在页面与数据库之间传递，从而达到人站交互的目的。

12.7　章后实训

本章实训题要求为 member_center.asp 网页的 Logo 图像创建一个矩形热区，然后设置到网站主页 index.asp 网页的链接。

本章实训题操作流程如图 12.169 所示。

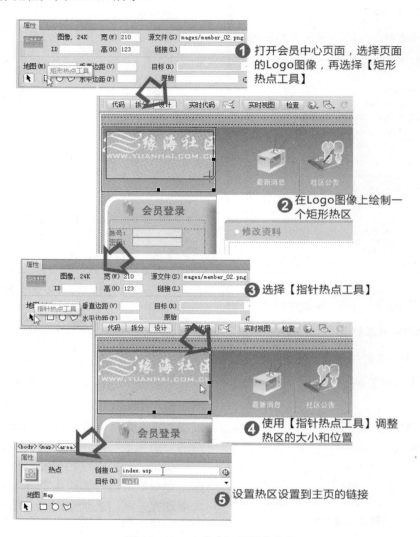

图 12.169　本章实训题操作流程

第 13 章

案例设计——"数码天堂"网站

对于具有大量产品数据的网站，仅仅依靠有限的页面难以将产品全部展示出来，所以最好提供一个途径给浏览者，让他们可以快速找到相关的产品信息。目前常用的在线搜索系统，就是为浏览者依照具体条件在网站上查找产品提供了一种有效途径。本章将以"数码天堂"网站为例，介绍网站在线产品搜索功能模块的开发。

本章学习要点

➢ 在线产品搜索系统分析

➢ 制作关键字搜索功能模块

➢ 多条件搜索功能模块的设计

13.1 在线产品搜索系统分析

在线产品搜索系统，是专门为浏览者提供的通过网站搜索指定产品的交互功能模块，它将产品数据库与搜索页面建立关联，允许浏览者设置产品搜索的条件，以准确获得产品的信息。

13.1.1 系统设计的注意事项

要建立在线产品搜索系统，需要注意以下几点。

- 要为产品建立数据库，而且这个数据库必须是详细的，以方便浏览者在数据库中找到所需的产品。
- 由于产品数据庞大，如果浏览者仅仅依靠一个关键字去搜索，可能得到很多相关的产品信息。为此，系统应提供多个搜索设置，让浏览者可以设置多个搜索条件，以便更准确地找到所需的产品。
- 搜索系统的功能设置必须与数据库字段对应，务求让浏览者搜索的结果是正确的。
- 数据库管理是一项重要的工作，产品数据需要及时更新，如产品的价格升高或降低，必须及时更改数据库的数据，为浏览者提供最新、最准确的信息。

13.1.2 "数码天堂"网站搜索功能模块简介

对于在线产品搜索系统，可以实现搜索的方法有很多，而"数码天堂"网站就以两个比较典型的搜索功能模块作为教学内容，其中一个搜索功能模块比较简单，它以关键字形式搜索网站资料；另一个搜索功能模块相对比较复杂，允许浏览者设置多个搜索条件，以便更准确地找到所需的产品。

1. 关键字搜索功能模块

网站的内容十分丰富，如果通过打开一层层的链接网页来寻找产品信息，显得非常麻烦，而且需要花费较多的时间。因此，有必要为网站设置一个搜索功能，使关键字与网站数据库的记录进行比较，当出现相符的记录时，立即将记录显示在网页上。若关键字与记录没有对应，则显示没有搜索结果的信息，重新设置关键字进行搜索。

这个关键字搜索功能模块的逻辑结构如图 13.1 所示。

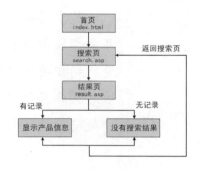

图 13.1 关键字搜索功能模块

2. 多条件搜索功能模块

"数码天堂"网站使用的多条件搜索功能模块，以多数据表的数据库为搜索目标，并提供"品牌"、"年份"、"型号"三项条件设置，让浏览者可以设置多个条件的关键字，有效地排除不合适的数据，获得更准确的数据。图 13.2 所示为"数码天堂"网站多条件搜索功能模块的逻辑结构图。

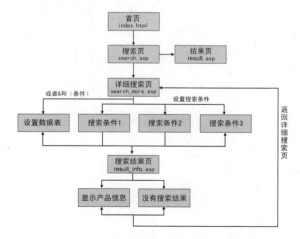

图 13.2 多条件搜索功能模块

关键字搜索功能仅适用于简单的搜索，因为它只能依靠一个关键字进行搜索，所以，搜索的结果并不是很准确。对于数据庞大的网站，可以使用多条件搜索功能模块，为浏览者提供搜索产品信息的功能。

13.2　制作关键字搜索功能模块

关键字搜索功能模块主要有两个页面，包括用于设置关键字的搜索页(search.asp)和用于显示结果的搜索结果页(result.asp)。此外，功能模块需要数据库支持，创建数据库是一项必不可少的工作。

关键字搜索功能的制作流程如图 13.3 所示。

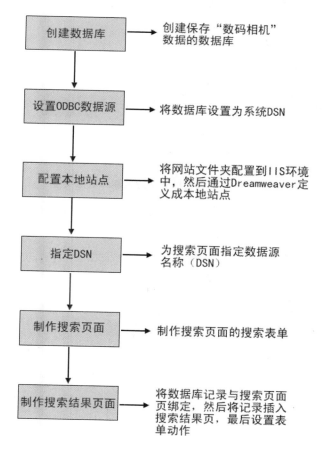

图 13.3　关键字搜索功能模块制作流程

13.2.1　创建数据库

要让浏览者搜索到产品信息，则必须创建数据库，然后将产品数据输入数据表中，以字段编排数据，接着将网页与数据库的数据表绑定，通过关键字获取数据。

本例将介绍使用 Access 应用程序创建用于保存【数码相机】产品信息的数据库文件，结果如图 13.4 所示。

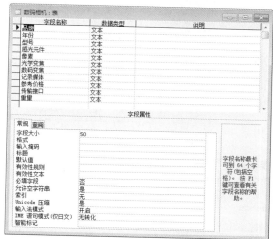

图 13.4　创建数据库的结果

创建数据库的操作步骤如下。

Step 1　打开 Access 2003 应用程序，然后选择【文件】|【新建】命令，打开【新建文件】窗格后，单击窗格上的【空数据库】链接文字，如图 13.5 所示。

Step 2　打开【文件新建数据库】对话框后，设置保存位置和数据库文件的名称，最后单击【创建】按钮，如图 13.6 所示。

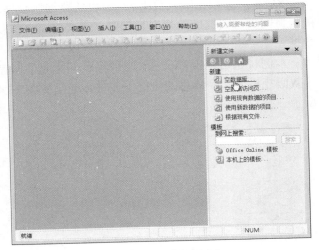

图 13.5　创建空数据库

图 13.6　保存数据库文件

Step 3　创建数据库文件后，在数据库窗口选择【表】对象，然后单击【设计】按钮 设计(D)，如图 13.7 所示。

Step 4　在【字段名称】列输入字段"品牌"，并在【数据类型】列设置数据类型为【文本】，如图 13.8 所示。

Step 5　使用步骤 4 的方法，分别设置其他字段名称和数据类型，结果如图 13.9 所示。

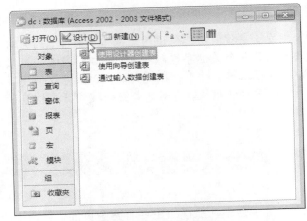

图 13.7　设计数据表

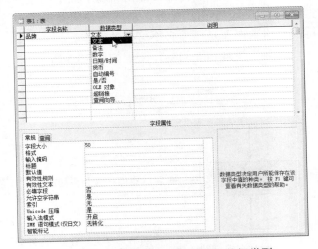

图 13.8　输入数据表字段名称和数据类型

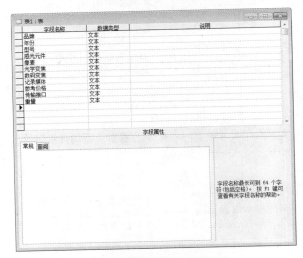

图 13.9　设计数据表的结果

Step 6 设置字段名称和数据类型后，单击【表】对话框中的【关闭】按钮 ，打开 Access 的提示对话框后，单击【是】按钮，关闭并保存数据表，如图 13.10 所示。

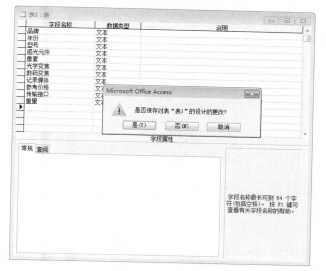

图 13.10　关闭并保存数据表

Step 7 打开【另存为】对话框后，设置数据表的名称为"数码相机"，然后单击【确定】按钮，如图 13.11 所示。

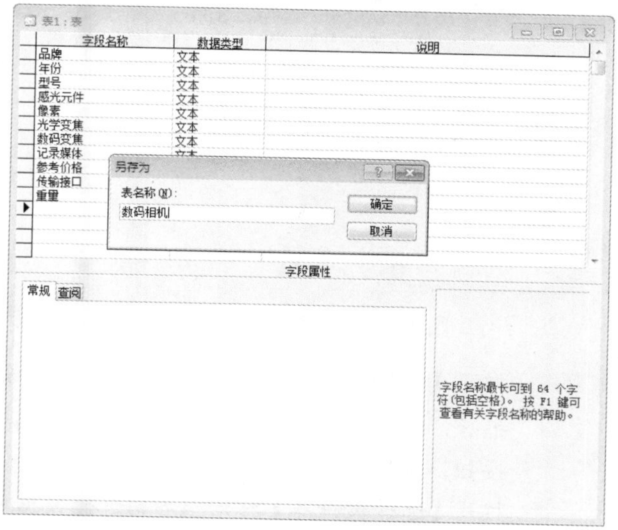

图 13.11　设置数据表的名称并保存

Step 8 Access 弹出提示对话框，提示用户是否定义主键，在这里不需要定义主键，所以单击

【否】按钮，如图 13.12 所示。

图 13.12　取消定义主键

说　明

数据表主键的定义并非必需的，它的作用是在创建表与表的关系时作为连接的唯一标识。

Step 9 返回数据库窗口后，双击新建的数据表项目，打开数据表文件，如图 13.13 所示。

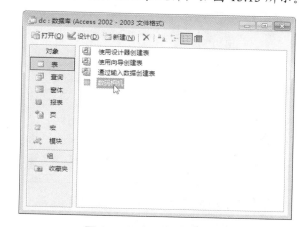

图 13.13　打开数据表文件

Step 10 在对应字段的文本框中输入产品信息，完成后单击【关闭】按钮 ，结果如图 13.14 所示。

图 13.14　输入数据的结果

13.2.2　设置 ODBC 数据源

创建数据库后，接下来需要通过开放式数据库连

接(ODBC)驱动程序设置数据源，以便可以通过数据源指定 DSN，并与网页建立关联。

下面将以上小节创建的 dc.mdb 数据库文件为例，介绍为搜索功能模块设置 ODBC 数据源的方法。

设置 ODBC 数据源的操作步骤如下。

Step 1　打开【系统和安全】窗口，然后单击【管理工具】链接，打开【管理工具】窗口，如图 13.15 所示。

图 13.15　打开【管理工具】窗口

Step 2　打开管理工具窗口后，双击【数据源(ODBC)】选项，如图 13.16 所示。

图 13.16　双击【数据源(ODBC)】选项

Step 3　打开【ODBC 数据源管理器】对话框，切换到【系统 DSN】选项卡，单击【添加】按钮，如图 13.17 所示。

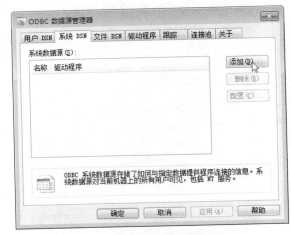

图 13.17　选择数据源的驱动程序

Step 4　打开【创建新数据源】对话框，在列表框中选择 Microsoft Access Driver(*.mdb)选项，单击【完成】按钮，如图 13.18 所示。

图 13.18　设置数据源名称

Step 5　打开【ODBC Microsoft Access 安装】对话框后，输入数据源名称，然后单击【选择】按钮，如图 13.19 所示。

Setp 6　打开【选择数据库】对话框后，选择数据库文件(..\database\dc.mdb)，然后单击【确定】按钮关闭所有对话框，如图 13.20 所示。

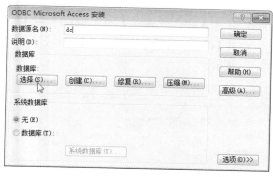

图 13.19　选择数据库

说明

数据库文件的选择需要根据读者自己将数据库文件放置在哪里而定。读者可以从书中的光盘中获取数据库文件。

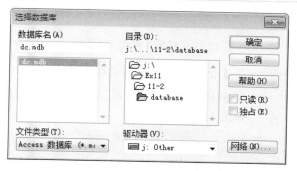

图 13.20　选择数据库文件

 返回【ODBC Microsoft Access 安装】对话框后，单击【确定】按钮，如图 13.21 所示。

图 13.21　确定安装 Access 的数据源

 返回【ODBC 数据源管理器】对话框后，可以查看已添加的数据源，确认无误后，单击

【确定】按钮，如图 13.22 所示。

图 13.22　确定添加数据源并关闭对话框

说明

如果要更改数据源的设置(如名称、数据库文件路径等)，可以在【ODBC 数据源管理器】对话框中选择数据源，然后单击【配置】按钮，最后更改设置即可，如图 13.23 所示。如果要删除目前创建的系统数据源，先选择数据源，然后单击【删除】按钮即可。

图 13.23　配置数据源

13.2.3　配置 IIS 和定义本地站点

创建数据库并指定为 ODBC 数据源后，可以将网站的网页文件夹配置到 IIS 服务器内，使动态网页可

以在 IIS 服务器环境下工作。

此外，还需通过 Dreamweaver 将文件夹定义成本地站点，并设置本地的测试服务器，如此才能使动态网页通过 Dreamweaver 预览和调试。

下面将以随书光盘的 "..\Example\Ex13\13.2\" 文件夹为例，介绍将网站文件所在的文件夹配置到 IIS 中并通过 Dreamweaver 定义成本地站点的方法，结果如图 13.24 所示。

图 13.24　定义本地站点的结果

配置 IIS 和定义本地站点的操作步骤如下。

Step 1　单击桌面左下角的【开始】按钮，从【开始】菜单中选择【控制面板】选项。

Step 2　打开【控制面板】窗口后，单击【系统和安全】链接，如图 13.25 所示。

图 13.25　单击【系统和安全】链接

Step 3　打开【系统和安全】窗口后，单击【管理工具】链接，打开【管理工具】窗口，如图 13.26 所示。

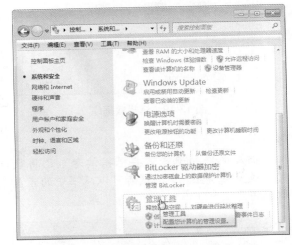

图 13.26　打开【管理工具】窗口

Step 4　在【管理工具】窗口中双击【Internet 信息服务(IIS)管理器】选项，打开 IIS 管理器，如图 13.27 所示。

图 13.27　打开 IIS 管理器

Step 5　在窗口左侧展开选择 Default Web Site 选项，在右边的操作区中单击【基本设置】选项，如图 13.28 所示。

Step 6　打开【编辑网站】对话框，单击【物理路径】文本框后的【浏览】按钮，如图 13.29 所示。

图 13.28　打开基本设置

图 13.29　设置默认文件

 打开【浏览文件夹】对话框，选择网站练习文件 13.2，再单击【确定】按钮，如图 13.30 所示。

图 13.30　指定网站文件夹

 返回 IIS 管理器窗口，再选择 Default Web Site 选项，接着单击右侧的【编辑权限】链接，准备设置本机用户对网站文件夹的完全控制权限，如图 13.31 所示。

图 13.31　编辑权限

 打开属性对话框后，切换到【安全】选项卡，选择本机的用户后单击【编辑】按钮，如图 13.32 所示。

 打开权限对话框后，在下方的权限列表框中选中【完全控制】复选框，然后单击【确定】按钮，如图 13.33 所示。

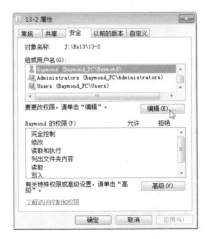

图 13.32　选择本机用户后编辑该用户的权限

图 13.33　设置本机用户对网站文件夹的完全控制权限

Step 11　返回属性对话框后，此时可以看到本机用户的权限是完全控制，接着单击【确定】按钮即可，如图 13.34 所示。

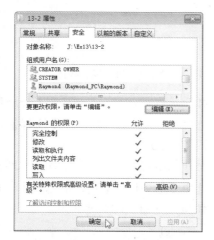

图 13.34　确定权限的设置

Step 12　返回 IIS 管理窗口，再选择 Default Web Site 选项，接着单击右侧的【浏览*8081(http)】链接，预览网站首页，如图 13.35 所示。

Step 13　此时 IIS 服务器将自动寻找网站文件夹的首页文件，然后将其打开，结果如图 13.36 所示。

Step 14　打开 Dreamweaver CS5 程序，然后选择【站点】|【新建站点】命令，如图 13.37 所示。

图 13.35　浏览网站

图 13.36　网站显示的结果

图 13.37　选择【新建站点】命令

打开网站定义窗口，在【站点】设置项中先输入站点名称，再单击【本地站点文件夹】文本框后的浏览按钮 📁，如图 13.38 所示。

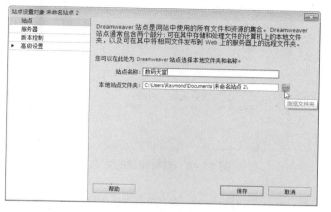

图 13.38 输入网站名称

 打开【选择根文件夹】对话框，指定网页文件所在的文件夹，然后单击【选择】按钮，如图 13.39 所示。

图 13.39 选择放置网页的文件夹

 返回网站定义窗口，在左侧列表框选择【服务器】选项，单击添加按钮 ➕，如图 13.40 所示。

 显示服务器设置对话框后，在【基本】设置中输入服务器名称、选择连接方法为【本地/网络】，再输入 Web URL 为 "http://localhost:8081/"，然后单击【服务器文件夹】文本框后的浏览按钮 📁，如图 13.41 所示。

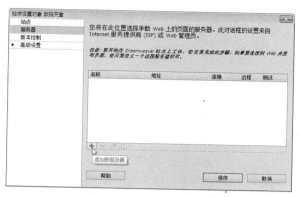

图 13.40 添加新服务器

图 13.41 设置服务器名称和 URL

 打开【选择文件夹】对话框，指定网站文件夹(即放置网页文件的文件夹)，然后单击【选择】按钮，如图 13.42 所示。

图 13.42 选择文件夹

在服务器设置对话框中切换到【高级】选项卡，选择服务器类型为 ASP VBScript，然后单击【保存】按钮，如图 13.43 所示。

图 13.43 设置服务器模型

 新增服务器项目后，在列表中选择新增的服务器，再选中【测试】复选框，如图 13.44 所示。

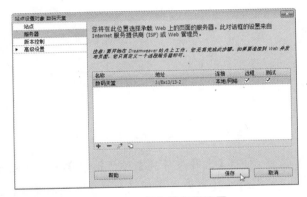

图 13.44 保存服务器设置

Step 22 选择【高级设置】选项，在打开的列表中选择【本地信息】选项，然后指定默认的图像文件夹，最后单击【保存】按钮，如图 13.45 所示。

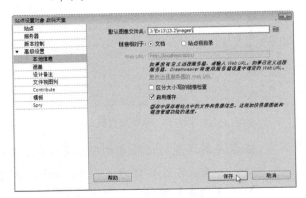

图 13.45 指定默认的图像文件夹

 此时 Dreamweaver 会自动打开【文件】面板，用户可看到新增的网站，如图 13.46 所示。

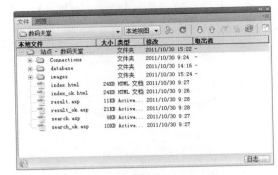

图 13.46 查看新建的站点

13.2.4 指定数据源名称(DSN)

动态网页的最大特点，就是可以与后台数据进行交互工作，即网页可以与数据库建立关联，从而进行数据之间的传输。这个过程中最重要的环节就是指定数据源名称(DSN)。在未指定数据源名称前，网页与数据库都只是独立，没有联系的。当为网页指定数据源名称后，就可以通过动态程序与数据库建立关联，为数据传输提供了一个通道。

下面将以随书光盘的 "..\Example\Ex13\13.2\search.asp" 文件为例，讲解为网页指定数据源，结果如图 13.47 所示。

图 13.47 指定数据源的结果

指定数据源名称(DSN)的操作步骤如下。

Step 1　打开 Dreamweaver 应用程序，通过【文件】面板打开 search.asp 文件，接着选择【窗口】|【数据库】命令，打开【数据库】面板，如图 13.48 所示。

Step 2　打开【数据库】面板后，单击【文档类型】链接，如图 13.49 所示。

Step 5　打开【数据源名称(DSN)】对话框后，设置连接名称为 dc，接着选择数据源名称(DSN)为 dc，如图 13.52 所示。

图 13.52　设置连接名称和数据源名称

Step 6　指定数据源名称后，单击【测试】按钮，测试连接是否成功，如图 13.53 所示。完成测试后，最后单击【确定】按钮。

图 13.53　测试数据源名称

图 13.48　选择【数据库】命令　　图 13.49　更改文件类型

Step 3　打开【选择文档类型】对话框后，选择文本类型为 ASP VBScript，接着单击【确定】按钮，如图 13.50 所示。

图 13.50　选择文档类型

Step 4　在【数据库】面板上单击【添加】按钮，并从打开的菜单中选择【数据源名称(DSN)】命令，如图 13.51 所示。

图 13.51　添加数据源名称(DSN)

Step 7　返回【数据库】面板后，可以查看被连接数据库的数据表和记录，如图 13.54 所示。

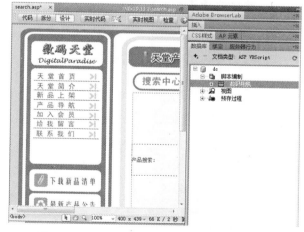

图 13.54　成功添加数据源(DSN)名称的结果

13.2.5 制作搜索页面

要实现关键字搜索功能，就需要允许浏览者输入关键字，并可以将关键字提交到数据库进行数据比较。因此，必须依照这个需求插入一个表单，然后插入文本字段对象(用于提供浏览者输入关键字)和按钮对象(用于提交表单数据)，用于制作搜索页面。

下面将以网站的 search.asp 文件为例，介绍搜索页面的制作方法，结果如图 13.55 所示。

图 13.55　制作搜索页面的结果

制作搜索页面的操作步骤如下。

Step 1　打开 Dreamweaver 应用程序，通过【文件】面板打开 search.asp 文件。

Step 2　打开【插入】面板，再打开面板的列表框，然后选择【表单】选项，如图 13.56 所示。

图 13.56　打开【插入】面板的【表单】选项卡

Step 3　将光标定位在"产品搜索"文字的后面，然后单击【文本字段】按钮，在页面中插入文本字段对象，如图 13.57 所示。

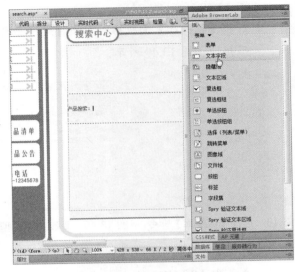

图 13.57　插入文本字段对象

说　明

文本字段对象可以接受任何类型的字母、数字、文本内容，也可设置为密码之用(在这种情况下，输入的文本以星号或项目符号代替，避免他人发现并盗取数据)。

Step 4　打开【输入标签辅助功能属性】对话框后，单击【取消】按钮，取消设置标签，如图 13.58 所示。

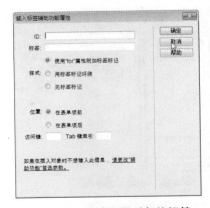

图 13.58　取消设置对象的标签

Step 5　选择插入的文本字段对象，然后打开【属性】

面板，设置字符宽度为 18、文本域为 key_word，如图 13.59 所示。

图 13.59　设置文本字段属性

　说　明

步骤 5 对文本字段对象设置的文本域名称非常重要，它是用来与数据表记录进行筛选的关键字，即数据库依照文本字段的内容进行筛选。

Step 6 将光标定位在文本字段对象的后面，然后在【插入】面板的【表单】选项卡上单击【按钮】按钮□，如图 13.60 所示。

图 13.60　插入按钮对象

Step 7 打开【输入标签辅助功能属性】对话框后，单击【取消】按钮，取消设置标签，如图 13.61 所示。

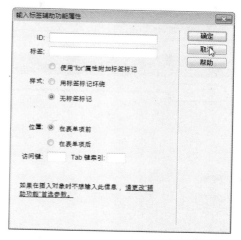

图 13.61　取消设置按钮的标签

Step 8 选择插入的按钮对象，然后打开【属性】面板，设置值为"搜索"、按钮名称为 Submit，如图 13.62 所示。

图 13.62　设置按钮对象的属性

Step 9 选择文本字段对象，然后打开【属性】面板的【类】下拉列表框，为对象套用 input 样式，如图 13.63 所示。

Step 10 使用步骤 9 的方法，为按钮对象套用 input 样式，结果如图 13.64 所示。

Step 11 完成上述操作后，将网页另存为 search_ok.asp 文件，如图 13.65 所示。

图 13.65 另存为新文件

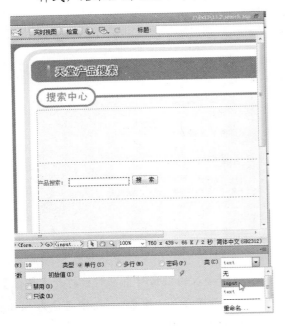

图 13.63 为文本对象套用 input 样式

Step 12 打开 index.html 网页，然后选择页面左下方的【产品搜索】图标，接着打开【属性】面板，设置链接为 search_ok.asp、目标为 _blank，让网站首页链接搜索页面，如图 13.66 所示。

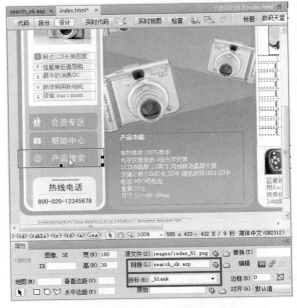

图 13.66 设置首页与搜索页的链接

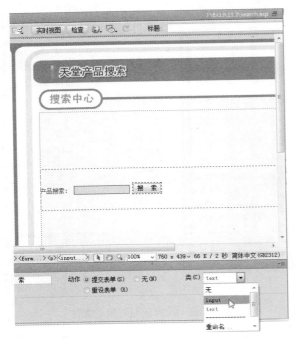

图 13.64 为按钮对象套用 input 样式

13.2.6　制作搜索结果页面

搜索结果页面是显示符合关键字的数据页面，当浏览者提交关键字后，ASP 应用程序将关键字依照连接数据库时设置的筛选条件与记录进行比较。若有记录与关键字一致，则将符合条件的记录显示在页面上；若没有符合筛选条件的记录，则显示没有记录的提示。

此外，为了显示全部符合条件的记录，可以添加"重复区域"服务器行为，并制作记录导航条，让浏览者可以通过翻页查看记录。

下面将以网站中的 result.asp 文件为例，介绍在页面中插入记录并记录导航条的方法，结果如图 13.67 所示。

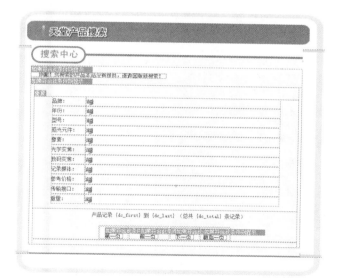

图 13.67　制作搜索结果页面

制作搜索结果页面的操作方法如下。

Step 1 通过【文件】面板打开 result.asp 文件，然后选择【窗口】|【绑定】命令，打开【绑定】面板。

Step 2 单击面板上的【添加】按钮 ，并选择【记录集(查询)】命令，为网页添加记录集，如图 13.68 所示。

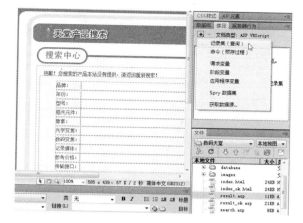

图 13.68　添加记录集

Step 3 打开【记录集】对话框后，设置名称和连接均为 dc，然后选择表格为【数码相机】，接着设置【品牌】字段的 URL 参数筛选条件为 key_word，如图 13.69 所示。

图 13.69　设置记录集

Step 4 在【记录集】对话框中单击【高级】按钮，打开【高级】设置模式，然后复制"[品牌]＝MMColParam"代码，如图 13.70 所示。

Step 5 在复制的代码后面输入 or，然后粘贴刚才复制的代码，如图 13.71 所示。

Step 6 将上步粘贴代码上的"品牌"文字更改为"年份"，如图 13.72 所示。

Step 7 使用步骤 4 到步骤 6 的方法，继续复制和粘贴筛选代码，并分别修改记录为"型号"和"感光元件"，如图 13.73 所示。

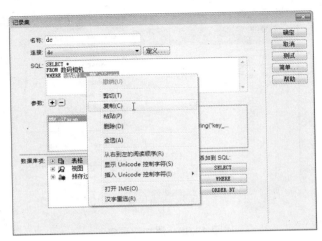

图 13.70　复制代码

图 13.71　粘贴代码

图 13.72　更改筛选项目

图 13.73　设置多个筛选条件

Step 8 在【参数】列表框中单击【添加参数】按钮 ⊞，打开【添加参数】对话框后，设置参数的内容，其中值为 Request.QueryString ("key_word")，接着在对话框中单击【确定】按钮，如图 13.74 所示。

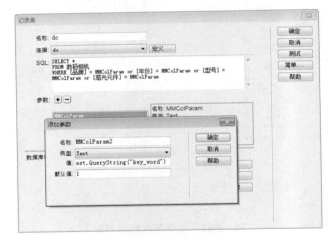

图 13.74　添加参数

Step 9 依照步骤 8 的方法，分别添加多个参数，结果如图 13.75 所示。

Step 10 此时将"年份、型号、感光元件"后面的参数分别更改为上面添加的参数，结果如图 13.76 所示。

图 13.75　添加其他参数

说　明

在上述筛选条件的设置中，将"品牌、年份、型号、感光元件"作为筛选项目，即让网页比较数据库中的"品牌、年份、型号、感光元件"字段，查看是否有与 key_word 参数(即浏览者输入的关键字)相同的数据，如果有，读取数据；如果没有，则不读取数据，直接返回空记录。

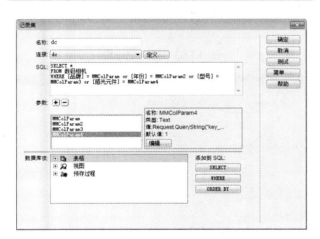

图 13.76　修改项目对应的参数

Step **11**　此时单击【测试】按钮，测试筛选代码的效果。由于文本字段没有输入关键字，因此测试结果显示为空，即没有搜索到数据，如图 13.77 所示。

Step **12**　返回【记录集】对话框后单击【确定】按钮。返回 Dreamweaver 编辑窗口后，打开记录

集，并将【品牌】记录项移至表格上"品牌"文字右边的单元格内，如图 13.78 所示。

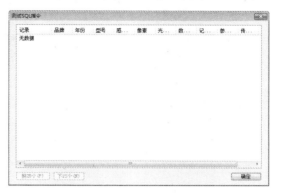

图 13.77　测试筛选代码

图 13.78　插入记录到页面

Step **13**　使用步骤 12 的方法，将记录集的其他记录项分别插入表格对应的单元格内，结果如图 13.79 所示。

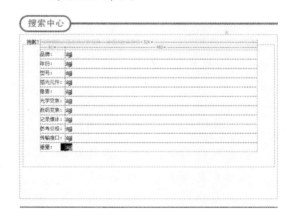

图 13.79　插入所有记录到页面

Step 14 选择插入记录的表格，然后打开【插入】面板中的【数据】选项卡，并单击【重复区域】按钮，如图 13.80 所示。

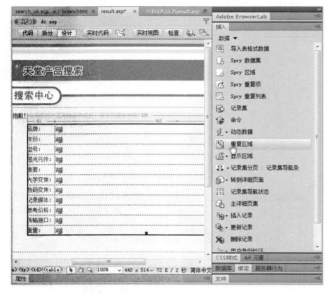

图 13.80 添加【重复区域】服务器行为

Step 15 打开【重复区域】对话框后，设置记录集为 dc、显示记录数为 1，最后单击【确定】按钮，如图 13.81 所示。

Step 16 将光标定位在重复区域下方，然后单击【数据】选项卡中的【记录集导航状态】按钮，如图 13.82 所示。

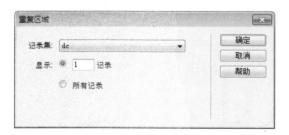

图 13.81 设置重复区域参数

Step 17 打开对话框后，设置记录集为 dc，然后单击【确定】按钮，如图 13.83 所示。

Step 18 插入导航状态后，依照需要修改导航状态的文字内容，然后套用 text 样式，接着设置文本居中对齐，结果如图 13.84 所示。

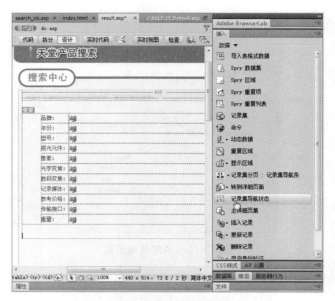

图 13.82 插入记录导航状态

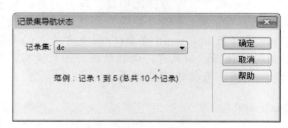

图 13.83 指定记录集

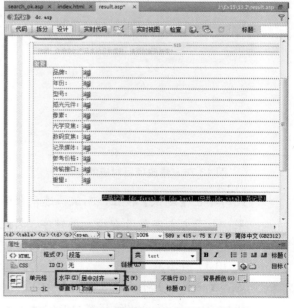

图 13.84 修改导航状态文字并设置其属性

Step 19 将光标定位在导航文本后，然后按 Enter 键换行，接着单击【插入】面板中【数据】选项卡中的【记录集分页】按钮 `<>` 右边的下三角按钮，并从打开的菜单中选择【记录集导航条】命令，如图 13.85 所示。

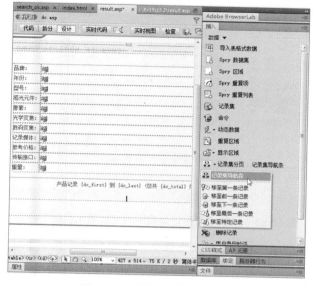

图 13.85 插入记录集导航条

Step 20 打开【记录集导航条】对话框后，设置记录集为 dc、显示方式为【文本】，最后单击【确定】按钮，如图 13.86 所示。

图 13.86 设置记录集导航条

Step 21 选择导航条生成的表格，然后打开【属性】面板，并为表格套用 text 样式，目的是让表格内的导航文字应用该样式，如图 13.87 所示。

Step 22 选择记录表格上方的"返回"文字，然后打开【属性】面板，设置文本的链接为 search_ok.asp，如图 13.88 所示。

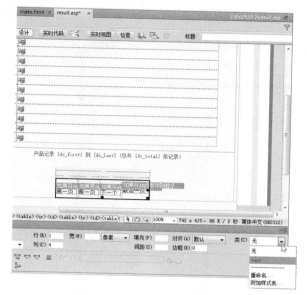

图 13.87 为导航条套用样式

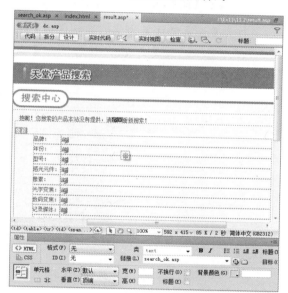

图 13.88 设置"返回"文字的链接

Step 23 选择"抱歉！您搜索的产品本站没有提供，请返回重新搜索！"文字，然后打开【服务器行为】面板，并单击【添加】按钮 ，接着选择【显示区域】|【如果记录集为空则显示区域】命令，如图 13.89 所示。

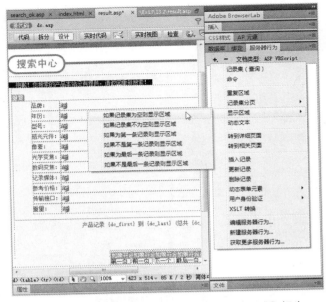

图 13.89　添加【如果记录集为空则显示区域】行为

Step 24　打开【如果记录集为空则显示区域】对话框后，选择记录集为 dc，然后单击【确定】按钮，如图 13.90 所示。

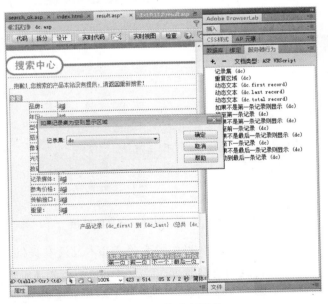

图 13.90　指定记录集

Step 25　选择包含记录和导航条的表格，然后单击【服务器行为】面板中的【添加】按钮 ，接着选择【显示区域】|【如果记录集不为

空则显示区域】命令，如图 13.91 所示。

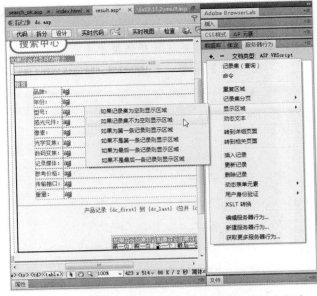

图 13.91　添加【如果记录集不为空则显示区域】行为

Step 26　打开【如果记录集不为空则显示区域】对话框后，选择记录集为 dc，然后单击【确定】按钮，如图 13.92 所示。

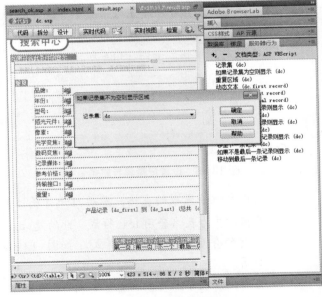

图 13.92　指定记录集

说 明

添加显示区域的操作,目的是让网页在服务器中根据关键字搜索数据库内相符的数据,若找到数据,则将数据显示在表格内。若找不到数据,则显示"抱歉!您搜索的产品本站没有提供,请返回重新搜索!"文字。

Step 27 完成上述操作后,将网页另存为 result_ok.asp 文件,如图 13.93 所示。

图 13.93　将搜索结果页面另存为新文件

Step 28 打开 search_ok.asp 文件,然后将光标定位在表单内。因为本例只使用数码相机数据库作为示范,所以可以在表单上加入提示文字,如图 13.94 所示。

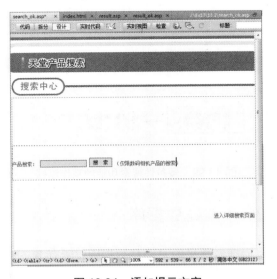

图 13.94　添加提示文字

Step 29 选择页面上的表单,然后打开【属性】面板,设置表单动作为 result_ok.asp、方法为 GET、表单名称为 form1,如图 13.95 所示。

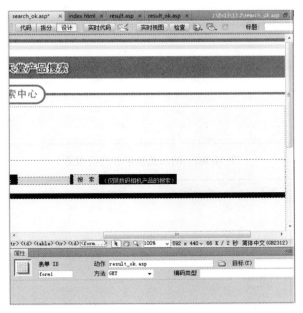

图 13.95　设置表单的属性

说 明

表单属性设置项目说明如下。

● 动作:指定将处理表单数据的页面或脚本。
● 目标:打开页面或脚本的方式。
● 方法:指定将表单数据传输到服务器所使用的方法。
　◆ 默认:使用浏览器的默认设置,将表单数据发送到服务器中。通常默认方法为 GET 方法。
　◆ GET:将值附加到请求该页面的 URL 中。
　◆ POST:将在 HTTP 请求中嵌入表单数据。

完成上述操作后,一个利用关键字搜索产品信息的功能模块就完成了。用户可以在 IIS 服务器环境下打开 search_ok.asp 网页,并输入关键字进行搜索,如图 13.96 所示。

当输入关键字在数据库中找到对应的记录后,立即出现如图 13.97 所示的搜索结果。

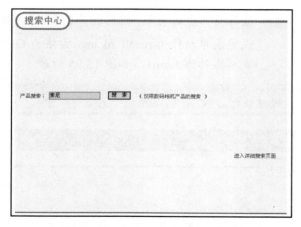

图 13.96 输入关键字并进行搜索

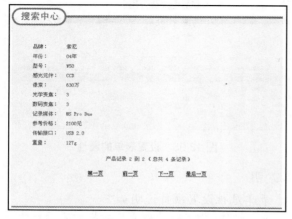

图 13.97 搜索到记录的结果

如果数据库中没有与关键字相符的记录，则显示如图 13.98 所示的结果。

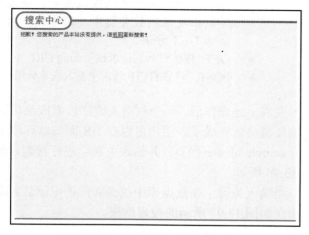

图 13.98 没有搜索到记录的结果

13.3 制作多条件搜索功能模块

多条件搜索功能模块与关键字搜索功能的基本原理一样，都是根据浏览者输入的关键字进行搜索，不同的是它可以在多个数据表中进行搜索，而且允许设置多个筛选条件。例如搜索符合"品牌、型号、年份"类型关键字的产品。经过多条件的筛选，就可以更准确地搜索到所需的结果。

与关键字搜索功能模块一样，多条件搜索功能模块主要有两个页面，包括用于设置条件的搜索页(search_more.asp)和用于显示结果的搜索结果页(result_info.asp)。同时，功能模块需要数据库支持，所以创建数据库也是必不可少的工作。

多条件搜索功能的制作流程如图 13.99 所示。

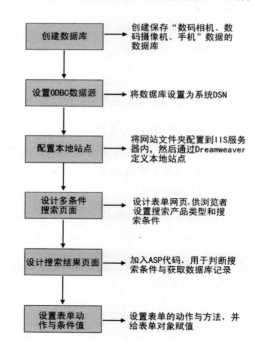

图 13.99 多条件搜索功能的制作流程

13.3.1 创建数据库

因为搜索结果的来源是数据库，所有多条件搜索功能模块同时需要创建数据库。此外，不同产品的数据需要分开管理。

本例将为"数码相机、数码摄像机、手机"三种产品分别创建数据表，结果如图 13.100 所示。

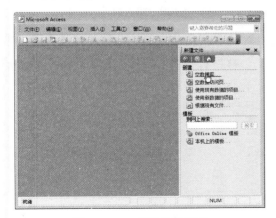

图 13.100　新建数据库和数据表的结果

创建数据库的操作步骤如下。

Step 1　打开 Access 2003 应用程序，然后在工具栏上单击【新建】按钮 ，打开【新建文件】窗格后，单击窗格上的【空数据库】链接文字，如图 13.101 所示。

图 13.101　新建空数据库

Step 2　打开【文件新建数据库】对话框后，设置保存位置和数据库文件的名称，最后单击【创建】按钮，如图 13.102 所示。

图 13.102　保存数据库文件

Step 3　创建数据库文件后，在数据库窗口选择【表】对象，然后双击【使用设计器创建表】选项，如图 13.103 所示。

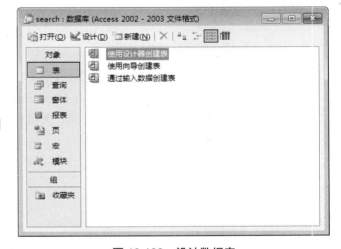

图 13.103　设计数据表

Step 4　在【字段名称】列输入字段"品牌"，并在【数据类型】列设置数据类型为【文本】，如图 13.104 所示。

Step 5　使用相同的方法，分别设置其他字段名称和数据类型，其中【详细介绍】字段的类型为【备注】，结果如图 13.105 所示。

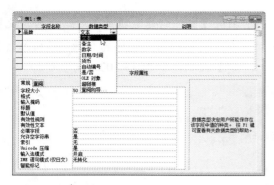

图 13.104 输入数据表字段名称和数据类型

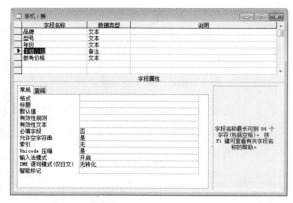

图 13.105 设计数据表的结果

 设置字段名称和数据类型后，单击【表】对话框中的【关闭】按钮 ，打开 Access 的提示对话框后，单击【是】按钮，关闭并保存数据表，如图 13.106 所示。

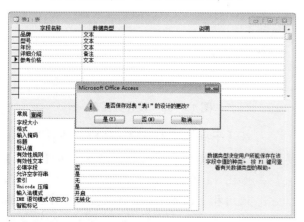

图 13.106 关闭并保存数据表

 打开【另存为】对话框后，设置数据表的名

称为"手机"，然后单击【确定】按钮，如图 13.107 所示。

图 13.107 设置数据表的名称并保存

 此时 Access 弹出提示对话框，提示用户是否定义主键，在这里不需要定义主键，所以单击【否】按钮，如图 13.108 所示。

图 13.108 取消定义主键

 返回数据库窗口后，双击新建的数据表项目，打开数据表文件，在对应字段的文本框中输入产品信息，如图 13.109 所示。输入数据后，单击【关闭】按钮 。

图 13.109 输入数据的结果

 使用相同的方法，分别新建【数码摄像机】数据表和【数码相机】数据表，然后分别输入数据表的数据，如图 13.110 所示。

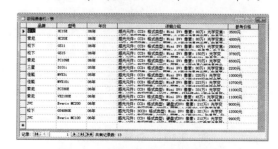

图 13.110 创建数据表并输入数据的结果

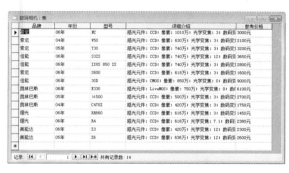

图 13.110　创建数据表并输入数据的结果(续)

13.3.2　设置 ODBC 数据源

创建数据库后，就可以通过系统的开放式数据库连接(ODBC)驱动程序连接数据库，以便后续可以通过数据源指定 DSN，并与网页建立关联。

本例将光盘中的 "..\13.3\database\search.mdb" 数据库文件指定名为 search 的系统数据源。

设置 ODBC 数据源的操作步骤如下。

 打开【系统和安全】窗口，然后单击【管理工具】链接，打开【管理工具】窗口。

 打开【管理工具】窗口后，双击【数据源(ODBC)】选项，如图 13.111 所示。

图 13.111　打开 ODBC 数据源管理器

 打开【ODBC 数据源管理器】对话框，切换到【系统 DSN】选项卡，单击【添加】按

钮，如图 13.112 所示。

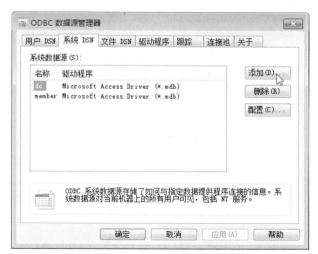

图 13.112　选择数据源的驱动程序

 打开【创建新数据源】对话框，在列表框中选择 Microsoft Access Driver(*.mdb)选项，单击【完成】按钮，如图 13.113 所示。

图 13.113　设置数据源名称

 打开【ODBC Microsoft Access 安装】对话框后，输入数据源名称，然后单击【选择】按钮，如图 13.114 所示。

 打开【选择数据库】对话框后，选择数据库文件(..\database\search.mdb)，然后单击【确定】按钮关闭所有对话框，如图 13.115 所示。

图 13.114 选择数据库

图 13.115 选择数据库文件

 返回【ODBC 数据源管理器】对话框后，可以查看已添加的数据源，确认无误后，单击【确定】按钮，如图 13.116 所示。

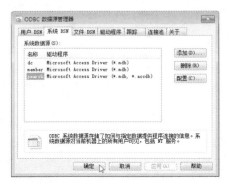

图 13.116 确定添加数据源并关闭对话框

13.3.3 配置 IIS 和定义本地站点

要制作多条件搜索功能模块，同样需要在 IIS 服务器环境下工作，而且需要通过 Dreamweaver 定义本地站点，并设置测试服务器，使网页可以正常工作。

下面将随书光盘中的 "..\Example\Ex13\13.3\" 的网站文件夹配置成 IIS 网站并通过 Dreamweaver 定义

成本地站点。

配置 IIS 和定义本地站点的操作步骤如下。

Step 1 在【管理工具】窗口中双击【Internet 信息服务(IIS)管理器】选项，打开 IIS 管理器，如图 13.117 所示。

图 13.117 打开 IIS 管理器

Step 2 打开 IIS 管理器后，在左侧列表框中选择【网站】选项后右击，然后从快捷菜单中选择【添加网站】命令，如图 13.118 所示。

图 13.118 添加网站

Step 3 打开【添加网站】对话框后，设置网站名称，然后指定网站的物理路径，接着设置绑定网站的端口，最后单击【确定】按钮，如图 13.119 所示。

图 13.119　设置网站选项

图 13.120　启动网站

Step 4 如果添加的网站没有启动，则可以选择该网站，然后单击右侧的【启动】链接，启动网站，如图 13.120 所示。

Step 5 此时单击右侧的【编辑权限】链接，准备设置本机用户对网站文件夹的完全控制权限，如图 13.121 所示。

Step 6 打开属性对话框后，切换到【安全】选项卡，选择本机的用户单击【编辑】按钮，如图 13.122 所示。

Step 7 打开权限对话框后，在下方的权限列表框中选中【完全控制】复选框，然后单击【确定】按钮，如图 13.123 所示。

图 13.121　编辑权限

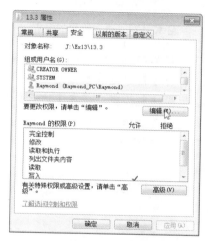

图 13.122　选择本机用户后编辑该用户的权限

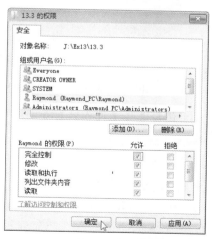

图 13.123　设置本机用户对网站文件夹的完全控制权限

Step 8　返回属性对话框后，此时可以看到本机用户的权限是完全控制，接着单击【确定】按钮即可，如图 13.124 所示。

图 13.124　确定权限的设置

Step 9　打开 Dreamweaver CS5 程序，然后选择【站点】|【新建站点】命令。

Step 10　打开网站定义窗口，在【站点】设置项中先输入站点名称，再指定本地站点文件夹，如图 13.125 所示。

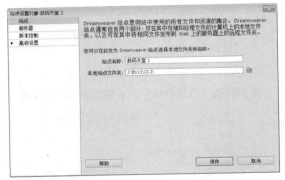

图 13.125　输入网站名称并指定本地站点文件夹

Step 11　在左侧栏选择【服务器】项目，单击添加按钮，如图 13.126 所示。

Step 12　显示服务器设置对话框，在【基本】设置中输入服务器名称、选择连接方法为【本地/网络】，再输入 Web URL 为 "http://localhost:8081/"，然后指定服务器文件夹，如图 13.127 所示。

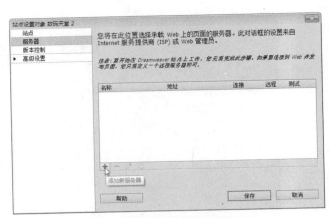

图 13.126　添加新服务器

图 13.127　设置服务器基本选项

Step 13　在服务器设置对话框中切换到【高级】选项卡，选择服务器类型为 ASP VBScript，然后单击【保存】按钮，如图 13.128 所示。

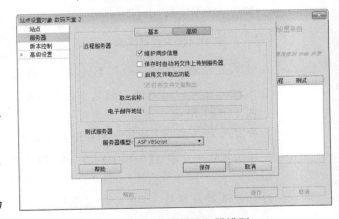

图 13.128　设置服务器模型

Step 14　新增服务器项目后，在列表中选择新增的服务器，再选中【测试】复选框，然后单击【保存】按钮，如图 13.129 所示。

此时 Dreamweaver 会自动打开【文件】面板，用户可看到新增的网站，如图 13.130 所示。

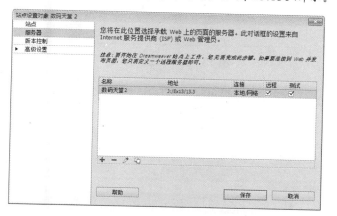

图 13.129　保存服务器设置

图 13.130　查看新建的站点

13.3.4　制作多条件搜索页面

搜索页面条件设置同样需要依靠表单对象来完成，所以在制作多条件搜索功能模块之前，先设计一个多条件搜索页面。

下面将以网站的 search_more.asp 文件为例，制作多条件搜索页面，结果如图 13.131 所示。

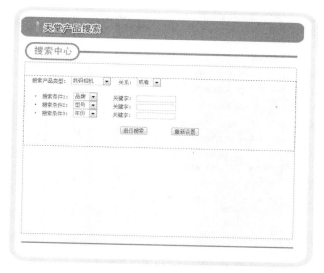

图 13.131　制作多条件搜索页面

制作多条件搜索页面的操作步骤如下。

Step 1　打开 Dreamweaver 应用程序，通过【文件】面板打开 search_more.asp 文件，然后将光标定位在"搜索产品类型"文字右边。

Step 2　打开【插入】面板的【表单】选项卡，然后单击【选择(列表/菜单)】按钮，插入【列表/菜单】元件，如图 13.132 所示。

图 13.132　插入【选择(列表/菜单)】对象

Step 3　打开【输入标签辅助功能属性】对话框后，单击【取消】按钮，取消设置标签，如图 13.133 所示。

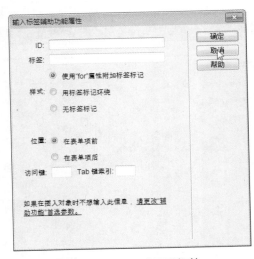

图 13.133 取消设置标签

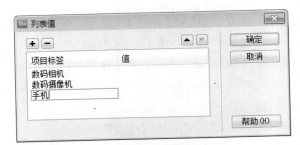

图 13.135 添加列表值

Step 4 选择插入的【选择(列表/菜单)】对象,然后打开【属性】面板,并单击【列表值】按钮,如图 13.134 所示。

Step 6 返回 Dreamweaver 编辑窗口,设置【选择(列表/菜单)】对象的名称为 odga,然后为对象套用 text 样式,如图 13.136 所示。

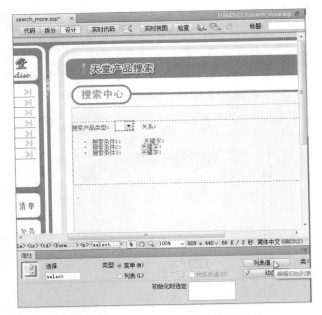

图 13.134 单击【列表值】按钮

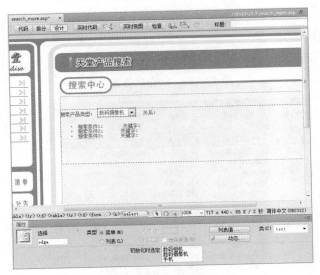

图 13.136 设置对象的属性

Step 7 依照步骤 2 到步骤 6 的方法,分别为其他项目插入【选择(列表/菜单)】对象,并设置对象类型为【菜单】。其中,【关系】项目的【选择(列表/菜单)】对象项目标签为【或者】与【和】、名称为 b1;另外三个搜索条件项目的【选择(列表/菜单)】对象项目标签均为【品牌】、【型号】与【年份】,名称分别为 s1、s2、s3,结果如图 13.137 所示。

Step 5 打开【列表值】对话框后,分别添加"数码相机、数码摄像机、手机"三个项目标签,最后单击【确定】按钮,如图 13.135 所示。

Step 8 将光标定位在"关键字"文字后,然后单击【插入】面板中的【表单】选项卡上的【文本字段】按钮,如图 13.138 所示。

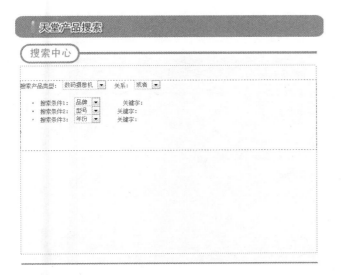

图 13.137 制作其他【选择(列表/菜单)】对象

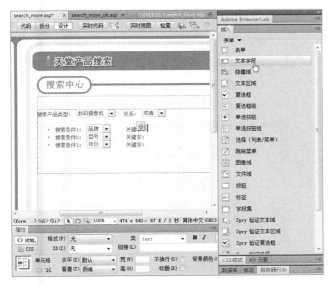

图 13.138 插入【文本字段】对象

Step 9 打开【输入标签辅助功能属性】对话框后,单击【取消】按钮,取消设置标签,如图 13.139 所示。

Step 10 选择插入的文本字段对象,然后设置文本域为 t1、字符宽度为 15,接着为对象套用 text 样式,如图 13.140 所示。

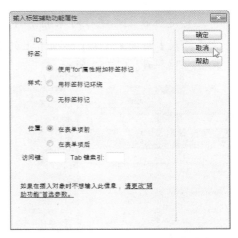

图 13.139 取消设置对象的标签

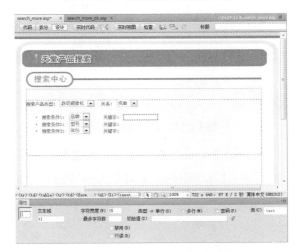

图 13.140 设置文本字段对象属性

Step 11 使用步骤 8 到步骤 10 的方法,分别为其他关键字项目插入文本字段对象,并设置文本域为 t1、t2、t3,字符宽度均为 15,并套用 text 样式,结果如图 13.141 所示。

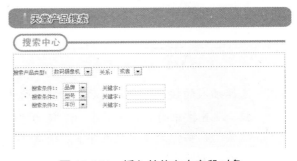

图 13.141 插入其他文本字段对象

Step 12 将光标定位在文本字段对象的下行，然后单击【插入】面板【表单】选项卡上的【按钮】按钮□，如图 13.142 所示。

图 13.142 插入按钮对象

Step 13 打开【输入标签辅助功能属性】对话框后，单击【取消】按钮，取消设置标签，如图 13.143 所示。

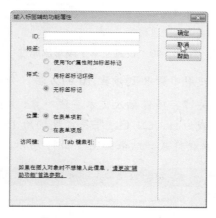

图 13.143 取消设置标签

Step 14 选择插入的按钮对象，然后打开【属性】面板，设置按钮的名称为 Submit、值为"进行搜索"、动作为【提交表单】，并套用 text 样式，如图 13.144 所示。

图 13.144 设置按钮对象属性

Step 15 使用相同的方法，插入另外一个按钮对象，设置名称为 Submit2、值为"重新设置"、动作为【重设表单】，以及套用 text 样式，最后设置按钮对象居中对齐，结果如图 13.145 所示。

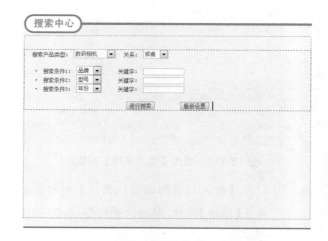

图 13.145 插入按钮对象的结果

完成上述操作后，多条件搜索页面基本完成了，此时，应将网页另存为 search_more_ok.asp 文件，以备后用。需要注意的是，上述步骤中为表单对象设置的名称非常重要，它与 ASP 程序的调用有关。

13.3.5　制作搜索结果页面

搜索结果页面对于本例多条件搜索功能模块有非常重要的作用，因为它将肩负分析关键字、搜索数据库和显示数据的责任。

下面将为网站的 result_info.asp 文件制作通过 ASP 代码连接数据库，然后通过 SQL 语句设置搜索条件，并通过 ASP 代码从数据库中获取数据，从而实现判断搜索条件和显示数据的功能。

制作搜索结果页面的操作步骤如下。

Step 1 通过【文件】面板打开 result_info.asp 文件，然后打开网站文件夹内的 asp.txt 文件，再按 Ctrl+A 快捷键全选代码，接着按 Ctrl+V 快捷键复制代码，如图 13.146 所示。

图 13.146　复制 ASP 代码

Step 2 返回 Dreamweaver 编辑窗口，然后将光标定位在"产品类型"文字上行，并单击【拆分】按钮，接着在代码窗口中找到光标，如图 13.147 所示。

Step 3 此时单击【代码】按钮打开代码窗口，按 Ctrl+V 快捷键，粘贴步骤 1 中复制的代码，如图 13.148 所示。

图 13.147　在代码中确定添加代码的位置

Step 4 在刚粘贴的 ASP 代码中找到"DBPath = Server.MapPath("db.mdb")"代码，然后修改此代码为"DBPath = Server.MapPath("database\search.mdb ")"，指定正确的数据库文件，如图 13.149 所示。

图 13.148　粘贴 ASP 代码

图 13.149　修改绑定数据库的代码

说　明

ASP 代码简述：

```
<%
set conn = Server.CreateObject("ADODB.Connection")
 \\指定 ODBC 数据源变量
DBPath = Server.MapPath("database\search.mdb")
\\指定数据库文件
conn.open    "driver={Microsoft    Access    Driver
(*.mdb)};dbq=" & DBPath
\\创建数据源，并指定数据源位置
Set rs = Server.Createobject("ADODB.Recordset")
\\绑定记录集，并赋予记录集变量为rs
s1 = request("s1")
s2 = request("s2")
s3 = request("s3")
t1 = request("t1")
t2 = request("t2")
t3 = request("t3")
b1 = request("b1")
odga = request("odga")
\\给表单对象赋予变量，以获取提交的数据
SQL="SELECT * FROM "& odga &" where "& s1 &" = '"&
t1 &"' "& b1 &" "& s2 &" = '"& t2 &"' "& b1 &" &
s3 &" = '"& t3 &"'"
\\通过SQL语句设置判断搜索的条件
rs.open SQL, conn
\\满足条件可以从数据库获取数据

%>
```

Step 5　将光标定位在"产品类型"文字代码后，然后在代码窗口添加"<%=request ("odga")%>"代码，以显示搜索的产品类型，如图 13.150 所示。

Step 6　将光标定位在"条件"文字后，然后加入以下代码，如图 13.151 所示。加入这段代码的目的是将浏览者所设置的条件关键字在页面显示，也就是说，将符合的条件记录插入到页面中。

```
<%=request("s1")%></font> = <font
color=green><%=request("t1")%></font>   <font
color=red><%=request("b1")%>  <%=request("s2")%></font> = 
<font
color=green><%=request("t2")%></font>  <font
color=red><%=request("b1")%></font>   <font
color=red><%=request("s3")%></font> = <font
color=green><%=request("t3")%>
```

图 13.150　插入搜索产品类型的记录

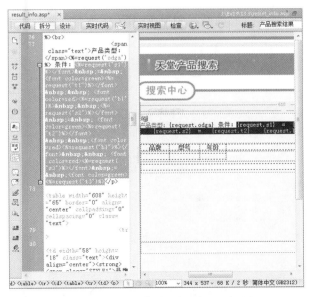

图 13.151　插入显示搜索条件关键字的代码

Step 7　选择 "<%=request("odga")%>" 代码，然后打开【属性】面板，单击【粗体】按钮 **B**，接着设置代码的颜色为蓝色，如图 13.152 所示。

图 13.152　设置记录的属性

Step 8　由于是通过 CSS 规则来设置记录的颜色，因此程序会弹出【新建 CSS 规则】对话框，

此时输入选择器名称，再单击【确定】按钮，如图 13.153 所示。

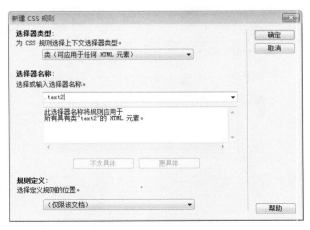

图 13.153　新建 CSS 规则

Step 9　将光标定位在"品牌"下方的单元格内，然后在【代码】窗口输入 "<%=rs("品牌")%>" 代码，以便从数据库中获取记录，如图 13.154 所示。

Step 10　使用步骤 9 的方法，分别在其他单元格内输入 "<%=rs("型号")%>"、"<%=rs("年份")%>"、"<%=rs("详细介绍")%>" 代码，结果如图 13.155 所示。

图 13.154　输入获取记录的代码

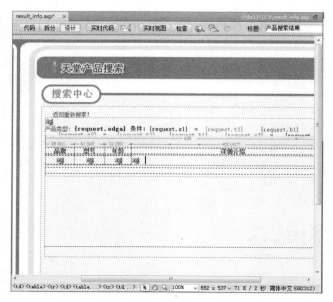

图 13.155　输入其他获取记录的代码

Step 11 输入获取记录的代码后，将光标定位在第
87 行的</tr>标签右边，并按 Enter 键，接着
输入以下代码，如图 13.156 所示。

```
<%
Do while not rs.eof
%>
```

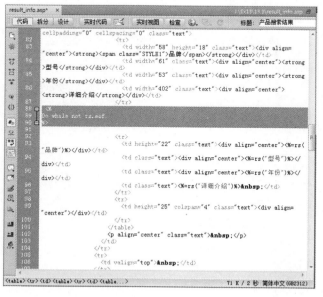

图 13.156　加入判断代码

Step 12 使用步骤 11 的方法，在第 98 行代码中加入

以下代码，如图 13.157 所示。

```
<%
rs.MoveNext
loop
%>
```

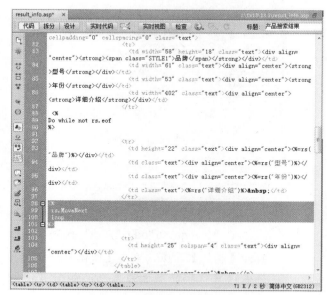

图 13.157　加入循环显示记录代码

Step 13 选择页面上的"返回重新搜索！"文本，然
后打开【属性】面板，设置链接为
search_more_ok.asp，如图 13.158 所示。

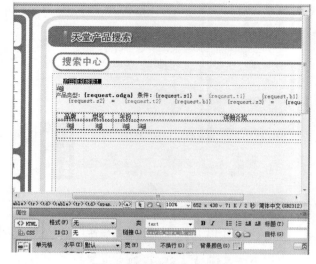

图 13.158　设置文本链接

完成上述操作后，将网页另存为 result_info_

ok.asp 文件，以备后用。

13.3.6　设置表单动作与条件值

完成搜索页面和搜索结果页面的设计后，开始为两个页面建立关联，即为表单设置提交数据到搜索结果页面的动作。此外，还需要为"或者"与"和"条件设置值，让搜索页面 ASP 程序上的 SQL 语句可以识别并判断条件。

下面将使用 search_more_ok.asp 文件，介绍设置表单动作与条件值的方法。

设置表单动作与条件值的操作步骤如下。

Step 1　通过 Dreamweaver 的【文件】面板打开search_more_ok.asp 文件，然后选择页面上【关系】项目后的【选择(列表/菜单)】对象，如图 13.159 所示。

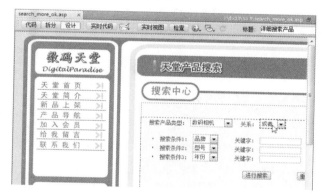

图 13.159　选择【选择(列表/菜单)】对象

Step 2　单击【代码】按钮，然后在代码窗口找到【选择(列表/菜单)】对象的代码，接着在 option代码后分别加入 "value="OR"" 和 "value="AND"" 代码，为对象设置条件值，如图 13.160所示。

Step 3　使用步骤 2 的方法，分别为三个搜索条件的【选择(列表/菜单)】对象设置对应值，如图 13.161 所示。

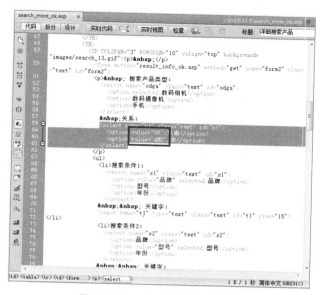

图 13.160　为对象设置条件值

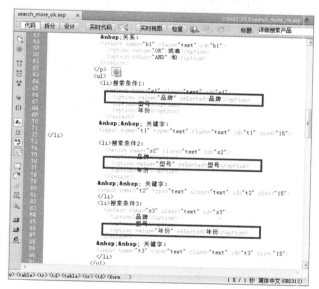

图 13.161　设置搜索条件的【选择(列表/菜单)】对象值

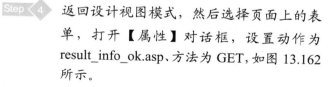

Step 4　返回设计视图模式，然后选择页面上的表单，打开【属性】对话框，设置动作为result_info_ok.asp、方法为 GET，如图 13.162所示。

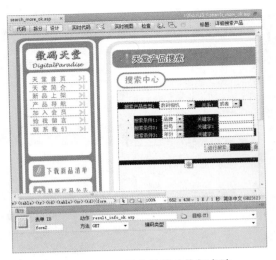

图 13.162　设置表单的动作与方法

经过上述的设置与制作，一个允许设置多个条件的搜索功能模块即完成。此时，用户可以在 IIS 服务器环境下打开 search_more_ok.asp 文件，然后通过输入搜索条件进行产品搜索，如图 13.163 所示。产品记录的搜索结果如图 13.164 所示。

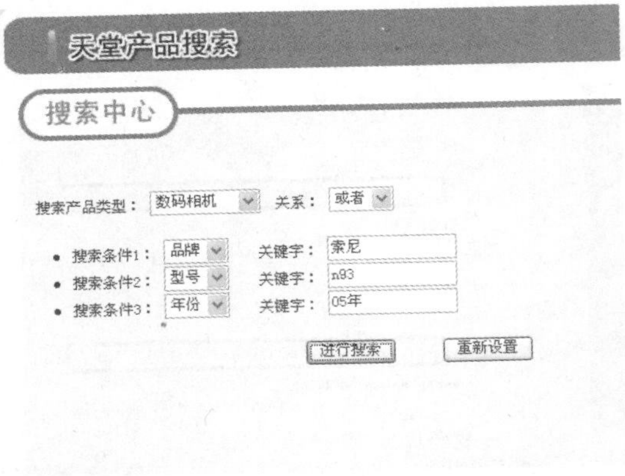

图 13.163　设置搜索条件和关键字

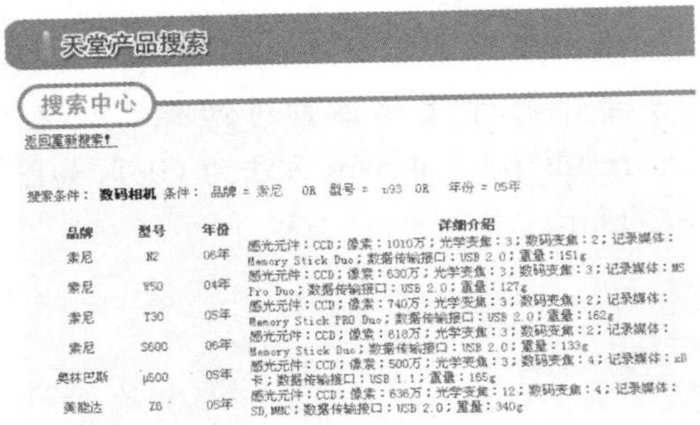

图 13.164　根据条件搜索出产品的结果

13.4　章　后　总　结

本章通过"关键字搜索功能模块"和"多条件搜索功能模块"两个实例，详细介绍了通过 Dreamweaver CS5、ASP 并配合数据库开发网站动态功能模块的应用。

13.5　章　后　实　训

本章实训题以随书光盘的 "..\Example\Ex13\13.5\result.asp" 文件和 "..\Example\Ex13\13.5\search.asp" 文件为例，设计利用关键字搜索手机产品信息的搜索功能，结果如图 13.165 所示。

在操作之前，请先将范例文件夹的 database\search.mdb 数据库文件设置为 ODBC 数据源，然后配置 IIS 网站并将 13.5 文件夹定义为本地站点，最后根据操作流程进行制作。

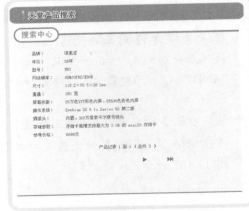

图 13.165　本章实训题的结果

本章实训题的操作流程如图 13.166 所示。

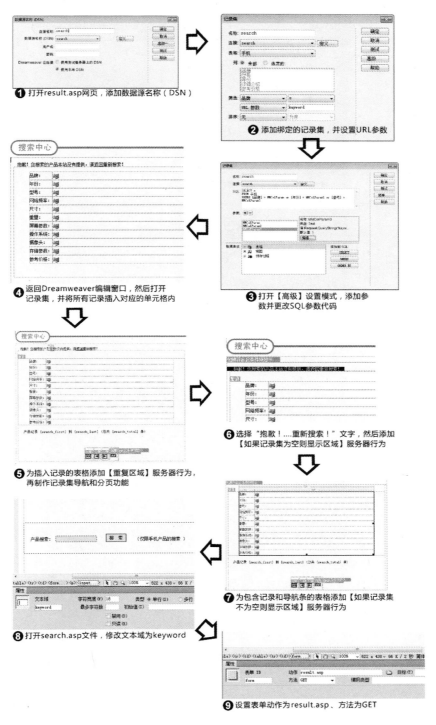

图 13.166　本章实训题的操作流程